高 等 学 校 规 划 教 材

生态文明导论

鞠美庭　楚春礼　于明言　叶　頔　等 编著

U0301456

化学工业出版社

·北京·

内容简介

《生态文明导论》结合物质文明生态化、精神文明生态化和政治文明生态化战略，介绍了生态文化体系、生态经济体系、生态文明目标责任体系、生态文明制度体系和生态安全体系的建设目标。具体内容包括：文明与生态文明的内涵、我国生态文明战略解读、我国生态文明建设的基础、生态文明建设面临的挑战、生态文化解析、生态教育解析、生态治理解析、生态经济解析、生态消费解析。

《生态文明导论》可以作为高等院校本科生或者研究生普及生态文明的教学用书，还可作为生态文明相关培训教材使用，同时可为相关研究者、决策者、管理者和教育者提供全面系统的参考。

图书在版编目（CIP）数据

生态文明导论/鞠美庭等编著. —北京：化学工业出版社，
2020.10（2024.1重印）
高等学校规划教材
ISBN 978-7-122-37416-5

Ⅰ.①生…　Ⅱ.①鞠…　Ⅲ.①生态文明-高等学校-教材
Ⅳ.①X24

中国版本图书馆 CIP 数据核字（2020）第 131105 号

责任编辑：满悦芝　　　　　　　　　　　文字编辑：杨振美　陈小滔
责任校对：李雨晴　　　　　　　　　　　装帧设计：张　辉

出版发行：化学工业出版社（北京市东城区青年湖南街 13 号　邮政编码 100011）
印　　装：大厂聚鑫印刷有限责任公司
787mm×1092mm　1/16　印张 12　字数 288 千字　　2024 年 1 月北京第 1 版第 4 次印刷

购书咨询：010-64518888　　　　　　　　售后服务：010-64518899
网　　址：http://www.cip.com.cn
凡购买本书，如有缺损质量问题，本社销售中心负责调换。

定　价：45.00 元

《生态文明导论》编写人员名单

鞠美庭　楚春礼　于明言

叶　頔　王军锋　齐　宇

前　言

　　人类进入工业文明后，随着人类利用自然、改造自然能力的快速发展，人类与自然的矛盾也越来越突出，可以说，人类近二百年来工业文明的掠夺式发展已经造成了严重的环境污染、生态破坏及各种资源环境危机。工业文明发展为什么会引发如此严重的资源和环境问题？我们要首先反思工业文明的人类中心主义价值观：人类中心主义将人类视为自然万物的中心和主宰，人们利用自然、改造自然和征服自然，最后正如恩格斯所说，"我们不要过分陶醉于对自然界的胜利。对于我们的每一次胜利，自然界都报复了我们"。我们还要反思工业文明的线性发展方式：工业文明的大量生产、大量消费、大量废弃的线性发展方式，必然导致资源耗竭、环境污染和生态破坏。

　　中国如何才能突破可持续发展面临的资源环境瓶颈？党的十七大报告在实现全面建设小康社会奋斗目标的新要求中，第一次明确提出了建设生态文明的目标——要基本形成节约能源资源和保护生态环境的产业结构、增长方式、消费模式。党的十八大报告提出，要把生态文明建设放在突出地位，融入经济建设、政治建设、文化建设、社会建设各方面和全过程，努力建设美丽中国，实现中华民族永续发展。党的十九大报告明确指出"建设生态文明是中华民族永续发展的千年大计"，提出"必须树立和践行绿水青山就是金山银山的理念，坚持节约资源和保护环境的基本国策，像对待生命一样对待生态环境"。

　　本书从马克思主义认识论角度，解读物质文明生态化、精神文明生态化和政治文明生态化战略；结合生态文化体系、生态经济体系、生态文明目标责任体系、生态文明制度体系和生态安全体系的建设目标，重点对生态文明倡导的生态文化、生态教育、生态治理、生态经济和生态消费进行了解析。

　　《生态文明导论》共分为九章。第一章，文明与生态文明的内涵，概述了人类文明的演进过程，探讨了物质文明生态化、精神文明生态化和政治文明生态化的目标和内容。第二章，我国生态文明战略解读，从马克思主义认识论角度解读我国生态文化体系、生态经济体系、生态文明目标责任体系、生态文明制度体系和生态安全体系的建设策略。第三章，我国生态文明建设的基础，系统介绍了我国生态文明建设的经济基础、社会基础、文化基础和法律基础。第四章，生态文明建设面临的挑战，系统分析了我国生态文明建设面临的经济压力、环保压力、国际形势压力以及生产-生活-生态多目标平衡的诸多挑战。第五章，生态文明——生态文化解析，探讨生态文化的法律政策体系建设和多元化发展机制。第六章，生态文明——生态教育解析，探讨了学校生态教育、社会生态教育、职业生态教育以及全民生态教育的任务使命。第七章，生态文明——生态治理解析，探讨了政府主导责任、企业主体责任以及各利益相关方参与生态文明治理的责任，探讨了生态治理的区域协调机制和统一监管机制。第八章，生态文明——生态经济解析，探讨了生态经济的绿色循环低碳发展理念、绿色 GDP 核算制度、产业生态化路径、生态产业规划管理、绿色供应链体系以及生态，经济体制建设。第九章，生态文明——生态消费解析，探讨了生态消费的法律政策体系、绿色产品认证标识体系以及政府绿色采购机制建设思路。

本书在各章的开始都设置了知识体系示意图，以展示本章知识结构关系以及各节主要内容；在各章的末尾设置了本章重要知识点，以便于使用者把握学习重点；此外，每章还设置了思考题，以便于使用者检验学习效果，引发对于生态文明建设的思考。在各章参考文献中列出了本章参考的主要研究成果，便于使用者按图索骥，拓展相关知识。

本书由鞠美庭、楚春礼、于明言（中共天津市委党校）、叶頔、王军锋、齐宇编著。各章编写人员分别为：第一章，叶頔、鞠美庭；第二章，于明言、鞠美庭；第三章，楚春礼、鞠美庭；第四章，于明言、鞠美庭；第五章，叶頔、鞠美庭；第六章，叶頔、鞠美庭；第七章，楚春礼、鞠美庭；第八章，王军锋、齐宇、鞠美庭；第九章，楚春礼、鞠美庭。全书由鞠美庭、楚春礼统稿（未注明单位者的单位均为南开大学）。

感谢化学工业出版社对本书出版的大力支持。本书参考了相关研究领域众多学者的著作、图表资料及科研成果，在此向有关作者致以诚挚的谢意。

由于编者水平所限，书中可能存在疏漏之处，敬请专家、学者和广大读者给予批评和指教。

鞠美庭
2020 年 8 月于南开园

目 录

第一章　文明与生态文明的内涵

第二章　我国生态文明战略解读

第三章　我国生态文明建设的基础

第四章　生态文明建设面临的挑战

第五章　生态文明——生态文化解析

第六章 生态文明——生态教育解析

第七章 生态文明——生态治理解析

第八章　生态文明——生态经济解析

第九章　生态文明——生态消费解析

第一章　文明与生态文明的内涵

　　文明的发展和进步在不同的历史阶段呈现出不一样的特色，文明离不开人类、社会和自然。原始文明时期，人类在自然的帮助下生存，逐渐学习和掌握生产生活手段，并且学会使用工具。农业文明时期的人类已经不满足于现状，尝试用种植的方式解决温饱，逐渐变得依赖和利用自然。人类社会发展到工业文明时期，自然和人类的矛盾出现，贪婪和欲望驱使着人们伤害和破坏自然，同时人类也在自食恶果。多种保障型资源的短缺，不可再生能源面临枯竭，人类发展的脚步被迫放缓，现实的残酷催促着人类开始重新审视和修正与自然的关系，生态文明应时而生。生态文明思想的提出标志着人类已经意识到必须学会同自然和谐相处，必须懂得尊重自然和善待自然。新的文明出现并不是偶然，生态文明是人类自己的选择，因此每个人都要认识、掌握和实践这一人类共同的选择，为了子孙后代还能够呼吸到新鲜空气，为了吾辈后人还能够看到绿水青山。

本章知识体系示意图

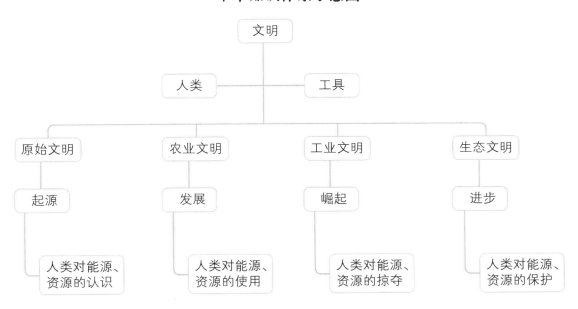

1.1 文明的内涵

著名的哲学家奥斯瓦尔德·斯宾格勒曾在他的代表作《西方的没落》中定义："文明是开化的人群所能达到的最为外在和非自然的状态。文明是取代了大地母亲的理智时代和用石头堆砌而成的呆板的城市。它们是不可更改的终结。但在内在必然性的驱使下人们已经一次次地走到之一时刻"，斯宾格勒还认为机器和人类成为了彼此的奴隶，自然做出了牺牲变得日益枯竭。在这位哲学家看来，文明与自然的发展关系是此消彼长的。文明的定义被赋予了时代特征和意义。现今的学者对文明的定义是"人类文化和社会发展的新阶段，文明是在国家管理下创造出的物质、精神和制度方面的发明创造的总和"。西方学者对文明的定义认知划分为三个阶段：最开始他们认为文明是人民生活于城市和社会集团中的能力；之后他们把文明总结为一种先进的社会和文化发展状态；到了19世纪前期，文明又被定义为代表先进的生产方式和丰富的知识，与野蛮是反义词，但这种定义在后世被认定是对文明的一种狭义的解释。

恩格斯认为人类进入新阶段的文明时代的重要标志是从人类掌握冶炼技术、使用铁器和发明使用文字等进步开始的。文明在各国之间的内涵定义也没有统一，在学者的总结中文明是人类外在物质的表达，是有迹可循的，文明的形式是多种多样的，但是会随着生产力水平、社会管理水平等因素的变化而改变。

1.1.1 物质文明的内涵

物质文明是人类物质生活的进步，通俗地说就是关系人类的衣食住行。人类温饱问题的解决程度和对精神世界的向往和追求热情体现出物质文明的水平。一般情况下，物质文明的发展水平同人类与自然的关系相关：人类依赖自然代表物质文明水平低；人类控制自然，代表物质文明水平高。目前，全世界的物质文明水平普遍偏高，只有少数国家还有温饱问题待解决。物质文明还经常反映农业、畜牧业及手工业的发展水平，物质文明代表了生产力的发展。人类的祖先从"茹毛饮血""靠山吃山、靠水吃水"到"刀耕火种、男耕女织"再到机械化的耕作养殖，表现出物质文明水平在随着人类思想的进步和科技发展速度的提升而逐渐提高。

1.1.2 精神文明的内涵

精神文明同物质文明是相辅相成的，物质文明是基础，精神文明是引领。精神文明是指人类在社会历史实践中所创造的精神财富，包含社科文化和思想道德两方面，其中社科文化包括科学、教育、文化、卫生、体育、艺术等，而思想道德包含政治思想和面貌、世界观、人生观、价值观等思想的、觉悟的认知。中国古代的精神文明发展为之后历朝历代的思想发展提供了广大的空间和借鉴（表1-1）。

表1-1 中国明清之前各时期主要思想家及其代表思想

时期	代表人物	代表思想
春秋战国	儒家——孔子	"仁""有教无类"
	墨家——老子	"兼爱、非攻"
	道家——老子	"无为"
	法家——韩非	"法治"

时期	代表人物	代表思想
西汉	董仲舒	"君权神授" "罢黜百家，独尊儒术"
魏晋南北朝	—	佛教、道教"政教合一"
唐朝	韩愈	复儒学、三教并行
宋朝	程颐、程颢、朱熹	"程朱理学" "存天理灭人欲"
明清	黄宗羲	"法治""工商皆本"
	顾炎武	"学以致用"
	王夫之	"经世致用" 反对君主专制

1.1.3　政治文明的内涵

有学者在阅读学习中共十六大报告对"政治文明"的概念评述后总结道："政治文明"是我国生产力发生深刻变革，生产关系不断发展之后，对上层建筑领域发展提出的必然性要求。从不同角度理解政治文明，可以是一种有生命可持续的政治形态；或是人类为解决问题所制定的制度和技术，是社会政治领域的进步；同时政治文明代表政治发展，是评判政治发展的标准和准则。政治文明主要包括政治制度和政治观念两部分。中国古代的政治制度多为封建的君主专制制度（表 1-2），提倡皇权至上，直到 1911 年辛亥革命爆发，中央集权和君主专制彻底被推翻。

表 1-2　清代之前各代政权形式及人才选拔制度

时期	中央集权	君主专制	人才选拔
西周	分封制、宗法制	分封制	世袭制
秦	郡县制	三公九卿制	军功爵制
西汉	推恩令、刺史制	中外朝制	察举制、征辟制
魏晋南北朝	八公并置	三长制	九品中正制
隋	—	三省六部制	科举制
唐	节度使	三省六部制	科举制
宋	收精兵、文官制	两府三司制	科举制
元	行省制	中书省	科举制
明	三司、厂卫制	内阁、司礼监	科举制
清	议政王大臣会议	南书房、军机处	科举制

1.2　人类文明的演进

世界上的普遍观点认为，人类文明是由物质文明和精神文明共同组建的，是指人类从原始野蛮逐渐建立起了公平社会的发展过程。研究者试图寻找和猜测关于人类文明起源的蛛丝马迹，结果众说纷纭，其中多数科学家甚至爱因斯坦都认为，南极曾经是人类文明的起源地，并且有证据表明南极曾经没有冰雪覆盖，很可能曾经有人类在南极生活和定居。虽然人类的起源还是个谜，但是科技是推进人类文明进步的动力，这一点毋庸置疑，工业文明时期的快速发展就是最好的佐证。学者们将人类文明的演进划分为四个阶段：原始文明、农业文明、工业文明和生态文明，每一阶段都有其发展阶段的特点和进步的方向，这是人类的选择，也是自然的选择。世界四大文明古国及其特点见表1-3。

表 1-3　世界四大文明古国及其特点

四大文明古国	古埃及	古印度	古巴比伦	中国
文明	埃及文明	印度文明	两河文明	华夏文明
发源地	尼罗河流域	恒河流域	幼发拉底河和底格里斯河	黄河流域
文化形成时间	大约公元前5250年	大约公元前1000年	大约公元前5500年	大约公元前3300年
文字	象形文字	梵文	楔形文字	甲骨文
早期城市	孟斐斯和底比斯	德里	大马士革和巴格达	良渚古城和殷墟

华夏文明源远流长，中国最早的新石器文明出现在黄河流域；第一个统一各部落的首领是黄河流域的黄帝。有这样一句话流传至今："有了黄河才有了人，有了人才有了渠，有了渠才有了文明。"宁夏两千多年前就有引黄河水灌溉的历史记载，留下了秦渠、汉渠和唐徕渠等古老水利工程的见证并使用至今。黄河水不仅养育了沿岸的居民，更重要的是它为文化传承提供了源源不绝的动力。黄河在每个文明阶段都有它自己的文明印记，它能让子孙后代感受来自远古文明的魅力。

1.2.1　原始文明的起源

原始文明时期是由自然掌握和支配的，人类还没有足够的能力改变和利用自然，生产生活主要依靠采集和集体狩猎。人类不仅受到温饱问题的困扰，而且突如其来的野兽和天灾也在时刻侵扰着他们宁静的生活，直到后来人类受到鸟巢的启发，开始学习用树枝和藤条搭造简易住房。黄河被称为"母亲河"，是中华文明的发源地，它为人类的发展进步做出了不可磨灭的贡献。

在藏语中黄河源头有一个好听的名字叫"玛多"，黄河从青海省发源并带给这里的人民吉祥和安康。1995年一座距今5000多年的马家窑文化遗址——宗日遗址在青海省同德县被发掘，其中一件精美的舞蹈纹彩陶盆吸引了考古工作者的目光。该盆由泥质红陶所造，盆内绘有24个舞蹈人，下方绘有类似水波纹的纹饰，两组纹饰表现出人们喜庆丰收、欢快舞蹈的喜悦场景，同时连绵不绝的波浪承载着人们对黄河水土的依恋与感恩。先民把美好和欢乐深深地烙印在陶盆中，并作为一种寄托陪伴主人长眠地下。

陶寺遗址位于黄河中游地区山西省襄汾县陶寺村，有"最早中国"之称，1980年考古学家在该遗址发掘出一件特色陶器——土鼓。那时的鼓是非常神圣的，作为礼乐器只有首领和大巫师才能使用它，据考古学家推断，土鼓主要用于祭祀和祈福。先民为了感恩自然、庆祝丰收和祈祷风调雨顺，通过敲响土鼓发出的声音向上天传达他们的敬意，同时鼓声亦如奔腾的黄河象征着勃勃生机。在那个距今4300多年的年代，土鼓的制作表达了中国先民对自然的崇敬和热爱，同时也是先民们美好生活的展现。

1.2.2　农业文明的发展

从公元前 4000 年到公元 1763 年是人类农业文明时期，伴随着人类的进化和生产生活需要，青铜器、铁器、陶器等工具被发明和大量使用，人类的温饱已经不能依靠自然解决，他们开始尝试刀耕火种、开垦农田、制造农具和工具，这时的人类依旧懂得尊重自然和敬畏生灵。黄河依旧见证了人类在该时期的发展，可是它偶尔的"顽皮"会给人类带来灭顶之灾，濮阳市作为黄河故道上的一座城市就深有体会。

2005 年 4 月在河南省濮阳市五星乡高城村发生了轰动考古界的大事件，一直神秘隐藏的"东周时期卫国都城遗址"在该地被发现。这处占地约 916 万平方米的古城遗址一直尘封于地下，究其原因竟然是西汉时期的一场洪水。其实，高城村只是诸多平凡小村落之一，如果非要找出该地的独特之处，那就是村民口中关于附近地名的有趣流传和该地曾是卫国都城的传说，出乎意料的是这一传说被证实成真。该遗址出土的大量陶片和生活场景的遗迹，向现代人生动地展示了古代的人民生活。由于该地位于黄河故道，地势平坦且多为泥沙土质，因此多受黄河水患袭扰。据史料记载，黄河决堤时有发生，此地居民苦不堪言，从西汉到东汉是黄河水患泛滥最为严重的时期，明朝万历年间发生决口直到清朝道光年间才得到解决。在众多遗迹中发现了一座庭院，院内还留有整齐码放的瓦片，墙角处还有一处泥池，据推测，黄河水患来袭之前，屋主人正打算修缮房屋，如今只留存断壁残垣供人们想象。考古学家还注意到土层中还有兽骨架和人头骨，猜测应该是举行某种祭祀活动时遗留下来的。此地的消失因黄河水患而起，此地的闻名也因黄河水患而成就，人类与自然的关系维持着此消彼长的平衡，当人们不再维持这份稳定，自然灾难发生时并不会"心慈手软"。

1.2.3　工业文明的崛起

工业文明改变了人类与自然的关系，黑格尔认为"自然对人无论施展和动用怎样的力量——寒冷、凶猛的野兽、火、水，人总是会找到对付这些力量的手段"，人类想要利用和征服自然。人类心中不再有敬畏，也就不再害怕与畏惧失去，在利益面前人类选择做自然的主宰者，黄河养育的人民在它周围建起了工厂，搭起了烟囱，建起了楼房，开垦了农田，人类与黄河的互动更频繁了，但是黄河却逐渐变了模样。

黄河沿岸地区流传着这样一句顺口溜："50 年代淘米洗菜，60 年代洗衣灌溉，70 年代水质变坏，80 年代鱼虾绝代，90 年代人畜受害"，这句话说出了 20 世纪黄河水质逐渐变差的事实，也体现出沿岸居民对黄河污染的失望和无奈。黄河作为我国北方地区的重要水源，关系人民的生命和生活，黄河沿岸的矿业开采和工厂排污都对黄河水质及周边生态造成严重破坏，严重威胁了人民的生活质量和生命安全。据原环境保护部编制的《2015 年全国环境统计年报》显示，黄河中上游流域的工业废水排放前 4 位是化学原料和化学制品制造业、煤炭开采和洗选业、石油加工-炼焦和核燃料加工业以及造纸、纸制品业，小皮革厂及小造纸厂不计其数，造成了"乱排污、偷排污"的不良影响。黄河总用水量的 90% 用于农业，但是由水污染直接造成的农业经济损失高达 33 亿元，其中个别农民错用污水灌溉，导致大量耕地被污染。根据表 1-4 中统计的 1989 年到 2018 年黄河流域的主要污染问题和水质变化就能理解，黄河饱受工业废水、生活污水、过度养殖、水土流失、植被退化、土地荒漠化等多重问题的困扰。

表 1-4 黄河流域不同年份主要环境问题

年份	主要问题及主要污染指标	环境质量状况
1989 年	氨氮、耗氧有机物污染加剧	干流水质轻微改善,砷污染减轻
1992 年	大部分支流污染严重;耗氧有机物、氨氮、挥发酚	干流水质较好
1998 年	生态破坏及水体污染严重;悬浮物及挥发酚	断流天数减少
2002 年	总体水质较差;石油类、高锰酸盐指数、生化需氧量	支流污染普遍严重
2008 年	支流水质为重度污染;氨氮、石油类、五日生化需氧量	干流水质总体为优
2012 年	轻度污染;五日生化需氧量、化学需氧量、氨氮	支流水质为中度污染
	渔业水域污染严重;总氮、总磷、非离子氨、高锰酸盐指数、铜	
	黄河口大型底栖生物密度、生物量偏低,浮游植物丰度偏高	
	上中游发生 1989 年以来最大洪水	
2018 年	轻度污染;氨氮、化学需氧量、五日生化需氧量	主要支流轻度污染

内容来源：1989—2018 年《中国（生态）环境状况公报》。

1.2.4 生态文明的进步

黄河之水翻涌奔流，它带着自然的恩赐和友好从源头出发，把生命和祝福带给中华儿女，它是自然的使者，是自然与人类沟通的桥梁，如今自然的初心未改，但是有些人却在摧毁这座"友谊之桥"，试想如果这座桥塌了，人类又能得到什么好处呢？还好修桥的人及时出现了，他们知道黄河是我国生态安全战略格局"两屏三带"的重要组成部分，是支撑和维系生态系统平衡和生态功能保护的基础，是关系着 50 多个城市居民饮水、温饱的重要保障，是保护生物多样性和水生动植物的重要港湾。

保护和修复黄河的工作陆续展开，从制度建设到法律监管、从生态监测到整体防控，国家和人民正在参与一场保卫黄河的无声战斗。围绕有针对性和问题导向的目标制定出合理的治理整治方案，相关政府及部门从 2005 年开始加强对黄河水质、水量的监测评估，增设 20 多个地下水自动监测系统；从环境、生物、地下水和土壤等多方面加强对黄河整体水生态的监测和评估；运用现有科研成果对污染流域进行修复，充分发挥科技力量和科研经验对黄河流域进行生态修复；建立完整的监测评估体系，建立生态修复示范区和试点，加大对黄河流域水资源及生物资源的保护。国家方面也出台了相关的办法和条例以敦促各地方政府抓紧落实工作。1998 年国家计划委员会和水利部联合颁布《黄河水量调度管理办法》，明确规定黄河水资源统一配置、统一调度，配套编制出台《黄河水量调度突发事件应急处置规定》，达到了黄河干流 19 年不断流、13 年未预警的良好效果，后期针对维护黄河生物繁衍和植被绿化，编制《黄河下游生态流量试点工作实施方案》。2002 年政府出台第一部关于治理黄河的行政法规《黄河近期重点治理开发规划》，一方面便于规范黄河整体流域治理工作，另一方面为地方政府因地制宜加快推进地方治理法规政策出台提供示范和标准。黄河沿岸的地区政府部门出台制定了一系列地方条例以方便具体地区具体落实，例如《东营市湿地保护条例》《山东黄河三角洲国家级自然保护条例》等。黄河流域的生态文明建设道路还在探索和完善，但是保护黄河流域生态环境的决心已经树立，2018 年《中国生态环境状况公报》的数据显示黄河的生态状况正在逐渐好转，这条承载着中华文明发展的大河依旧奔腾不息、生命不止。

如图 1-1 所示为 2018 年黄河流域水质特征。

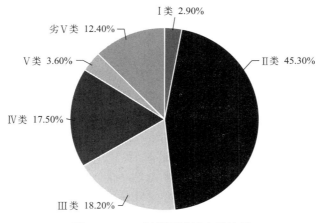

图 1-1　2018 年黄河流域水质特征

数据来源：2018 年《中国生态环境状况公报》

1.3　生态文明的内涵

文明的包含内容和表现形式多种多样，一般从物质、制度和心理三方面体现和分类，对于生态文明可以理解为物质文明、精神文明和政治文明的生态化。在如今生态环境破坏严重，生态环境保护工作迫在眉睫的国际形势下，我国秉承既要发展经济，也要保护环境的发展宗旨，提出生态文明建设和人类命运共同体理念。全世界各国都意识到在高速的经济发展背景下，生态环境问题日益严重和突出，环境问题治理和修复刻不容缓。

"全社会确立起追求人与自然和谐相处的生态价值观"，建设生态文明不仅要依靠国家重视和政府提倡，更需要在社会中转变公民思想观念，弘扬生态文明。习近平总书记在全国生态环境保护大会上作出重要批示："要加快构建生态文明体系，加快建立健全以生态价值观念为准则的生态文化体系，以产业生态化和生态产业化为主体的生态经济体系，以改善生态环境质量为核心的目标责任体系，以治理体系和治理能力现代化为保障的生态文明制度体系，以生态系统良性循环和环境风险有效防控为重点的生态安全体系。"生态文明建设的落实和提倡是发展建设的必然要求，可造福子孙后代。

过去和现代文明特征比较见表 1-5。

表 1-5　过去和现代文明特征比较

时期	物质文明	精神文明	政治文明
过去	物质主义，过度开采能源资源，奢侈浪费的消费	征服、利用自然	生态环境保护法律不完善
现代	适度开发、合理利用能源资源，绿色消费	与自然和谐相处	生态环境保护法律及各项规定逐渐健全，禁止生态破坏行为

1.3.1 物质文明生态化

树立生态系统可持续发展前提下的生产观。人类打破了自然循环的规律，造成资源能源枯竭、水体污染、物种灭绝等一系列恶果，人类错误地认为自然是"取之不尽、用之不竭"的，然而现实告诉人类自然的有限性、脆弱性和稀缺性。人类必须彻底转变"高能耗、高污染、高排放"的错误生产观念，要学会节约和综合有效地利用自然资源，充分发挥资源能源的最大价值，杜绝浪费。生产过程中原料开采、制造直至废渣废液的处置都要保证遵循能源消耗尽量减少、排放废气废液不产生污染、废渣废料可以再循环利用的生态循环生产模式。

树立满足自身需要、不危害自然的生活习惯和消费观。人类应该已经认识到对自然的伤害造成的恶劣影响，所以在生活中应该约束自己，拒绝奢侈和过分享受，要在生态文明建设的大环境下，养成绿色生态生活习惯和消费观念。绿色消费观念的提倡主要是针对社会中铺张浪费和奢靡追风等消费陋习提出的新型消费观念。绿色消费是一种环保、节约和科学理性的消费生活方式，一方面减轻了社会供给压力，另一方面减缓了资源和能源不足带来的物资紧缺现象的发生。我国为了缓解供水和供电的压力，实施"阶梯式"定价策略，鼓励居民合理利用资源，节约资源，从经济的角度调控资源合理化利用，提升利用效率。绿色消费是从居民的消费形式和消费观念的转变来提升物质及资源的利用效率，培养积极健康的消费观念，遏制社会不良消费风气的形成和发展。

1.3.2 精神文明生态化

树立人与自然平等的认知观念。生态文明建设作为全民参与的重要国家战略，应该理解人与自然平等的重要性。古代先民是在自然的保护和哺育下繁衍生息，并在自然精神的感召下逐渐成长、强大。人类在发展过程中盲目地自信和膨胀，认为人类可以征服自然并且无限制地利用自然，最终打破了人与自然的平衡关系，引发生态环境恶化的同时限制了自身的发展。生态心理是人类与自然更深层次的情感上的联结，是对生态保护意识和心理健康素质的双重培养，生态心理与生态意识的培养有着紧密的联系，是从人类的内心出发所产生的真情实感的反馈和对和谐生态环境的渴望，同时也是被唤醒的对生态环境保护和生态文化传承的责任感和使命感。

树立人与自然和谐共生的文化价值观。人类对生态知识的学习是必要的，了解生态发展规律和生态平衡规律是为人、社会和自然三者和谐共处奠定知识基础。生态发展规律从最初人类遵循自然法则，狩猎和采集发展到利用自然条件，进行作物种植和牲畜养殖，再到退耕还林；从靠山吃山，靠海吃海到模拟生态种植，创造条件养殖，再到休渔期的禁止捕捞；从开垦土地建造房屋到填海造陆再到禁止围填海，这些发展规律揭示了人类在利用自然，使自然承受改变带来的巨大压力过后，最终回归、恢复到发展初期阶段状态的自然法则和可持续发展规则。对生态平衡规律的认知使人类学会尊重自然、敬畏生命，把自然作为生存伙伴，呵护并关心它的发展与变化，明确人类与自然生态的关系是"一荣俱荣，一损俱损"，确立人、社会和自然三者和谐共生的平衡发展模式。

1.3.3 政治文明生态化

建立法律的政策的保障。我国目前针对生态环境保护和修复已经出台了一系列的法律法规，环境保护以《中华人民共和国宪法》为根本大法，相继出台《中华人民共和国环境保护法》等生态环境保护的相关法律，《中华人民共和国森林法》等针对自然资源保护的法律法规以及《城市绿化条例》等关乎绿色城市建设的规章制度，为保护生态环境建立了行之有效的监督和法律保障机制。健全的法律法规体系是生态文明施行的保障，也是生态文明建设体制的形成标志。法律法规的制定是为了约束违法违规行为的出现，是对破坏生态文明建设行为的有力威慑和惩罚，同时有利于生态补偿机制的贯彻落实，即"谁破坏、谁补偿，谁污染、谁治理"。法律通过强制的手段，束缚并阻止人类的私心和贪欲对自然生态的破坏，法律为人类树立正确的认知和价值观提供了指引，走传统老路的发展模式和以自然环境为牺牲品的发展模式最终会受到法律的约束和制裁。

建立监督和评价标准。生态执法和监督队伍的建设必须紧跟法律的制定和落实，一方面从根本上杜绝法律空当的出现，另一方面避免"有心之人"利用法律空当逃避责任。加强生态执法人员的生态素养和生态知识储备，提升生态执法部门软能力和硬实力，充分利用现代科技手段和平台提高执法效率和水平，建设现代化和科学化的执法队伍。丰富完善生态执法监督体系和机制，全面完善各种监督管理体系和机制，严格按照"有法可依、有法必依、执法必严、违法必究"的原则行事。生态执法队伍的建立是为了更好地落实生态文明建设，纠正错误及违法行为，而对生态文明建设工作的评价还要依靠完善评价体系和评价办法，客观可行地对工作水平和效果进行正确有效的评价。通过评价结果一方面找出工作的漏洞和不足，另一方面发现工作中更多的可能性。仅仅制定评价办法并不能满足对工作监督的需要，还要科学合理地制定评价考核标准，整体有序地按照考核标准严格执行工作考核评定，保证考核结果的客观公正，同时更有助于解决集中出现的问题，便于提高工作质量。

1.4　生态文明建设的目标

十八大报告中对于生态文明建设提出的目标是"必须树立尊重自然、顺应自然、保护自然的生态文明理念，把生态文明建设放在突出地位，融入经济建设、政治建设、文化建设、社会建设各方面和全过程，努力建设美丽中国，实现中华民族永续发展"。有学者分析指出，生态文明建设的直接目标是和谐共生、良性循环和全面发展，生态文明建设的重要目标是单位国内生产总值能源消耗量和二氧化碳排放量大幅减少，主要污染物排放总量显著减少；森林覆盖率提高，生态系统稳定性增强，人居环境明显改善；最终形成节约资源和保护环境的空间格局、产业结构、生产及生活方式。通俗地理解，生态文明建设的目标就是在保证自然不被破坏的情况下，坚持对自然和人类都有利的发展方式，经济增长的快慢不能以国内生产总值（GDP）作为唯一评价标准，要把生态的概念放在与发展同等重要的地位上才是提倡生态文明建设的核心目标。

1.4.1　生态环境现状

根据2018年《中国生态环境状况公报》的统计，我国的主要生态环境保护工作重点在"蓝天、碧水、净土、生态保护和修复、生态环境保护督察执法及防范化解环境风险"等多方面，目的在于改善人民生活环境质量，满足人民对美丽中国的期望。在生态文明建设的倡导下，我国的空气质量、水污染和自然生态等方面都有了很大的改善和根本的提升（图1-2），全世界各国都在努力探索和实践生态修复的办法以阻止生态环境的恶化。根据遥感观测分析显示，2010—2017年全球大气二氧化碳浓度呈快速上升趋势，值得一提的是中国的碳排放虽然总体呈现增长趋势，但是在国家提倡清洁能源等举措之后，增长趋势得到有效控制，甚至在2013年以来增速基本为零。我国2017年的单位GDP碳排放强度相较于2005年下降了46%，为全世界的减排事业分享了经验。我国的森林公园建设和植被保护修复工作都在有条不紊地展开，生态环境得到了改善和稳定。虽然仍然面临着水资源短缺、能源资源短缺等棘手的问题，但是通过全人类的共同努力和维护，生态环境质量会逐渐改善。

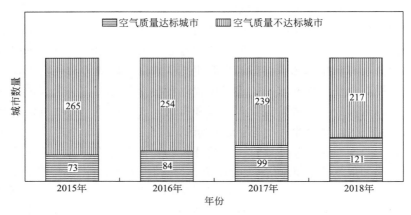

图1-2　2015—2018年中国城市空气质量变化

数据来源：《中国（生态）环境状况公报》

1.4.2　生态文明建设的战略任务

我国生态文明建设战略任务的制定，一方面是为了实现美丽中国的奋斗目标，另一方面是为了人类命运共同体精神的贯彻。十八大报告中提及生态文明建设的战略内容主要包含四方面内容。其一是落实优化国土空间发展格局，遵循人口、资源、环境均衡发展，经济、社会、生态三者共赢的发展原则，合理控制能源资源开发，优化能源资源效益，提升利用效率。合理布局人类活动空间，为自然生态留出发展空间，为子孙后代保留优美宜居的生存环境。合理规划城市、农村和自然的功能格局，构建良好人居环境、绿色农业环境和可持续生态环境。第二点全面促进资源节约，重点加强对人类赖以生存的水资源、土地及大气环境的保护。优先发展节能低碳产业和开发新能源、可再生能源的技术和产业，建设节约型城市、海绵城市和无废城市。重点发展循环经济和绿色农业，注重生产、流通和消费过程中的节能减排行为。第三点加大自然生态系统和环境保护力度，落实生态修复和生态保护工程，积极促进土地荒漠化、水土流失等问题的综合治理工作。提倡加强水利建设和防灾减灾工作体系完善，构建基于互联网＋大数据的监测监督平台。协助全世界共同应对和解决气候变暖、海平面上升等危害全人类的危机。最后加强生态文明制度建设，把资源能耗、环境损害和生态效益纳入经济发展评价体系，依据生态文明建设要求完善目标考核、评价标准和奖惩机制的确立。全面落实生态补偿制度，不放过任何破坏生态环境的行为，加强环境监管，实施生态环境保护责任追究制度和环境损害赔偿制度，为实现生态文明建设目标而努力。

1.5　生态文明建设的内容

我国的生态文明建设已经从起步阶段逐渐向发展阶段进步，生态文明建设的内容已经从单一方面发展向整体全面发展扩展。生态文明建设的内容充分考虑到经济发展、产业结构调整、人民日常生活、教育等多方面，生态文明建设事关中国乃至全球人类的发展未来。生态文明建设的基础和主要核心内容是毋庸置疑和不可改变的，但是随着发展的深入和发展要求的提升，丰富和扩充生态文明建设的内容是发展的必然趋势，即从生态文明建设、美丽中国目标的实现，拓展到实现全人类命运共同体的和谐统一发展。目前，根据当今社会的发展需要，主要从生态意识文明建设、生态行为文明建设、生态制度文明建设和生态产业文明建设四方面总结归纳生态文明建设的内容，归纳由理念观念的转变到行为的改变，在制度的提醒和约束下，正确地发展产业的全过程。

1.5.1　生态意识文明建设

生态意识文明旨在塑造人类正确对待生态问题的观念，其中包含生态观念、生态道德和人与自然和谐共生等价值观的树立。通过开展广泛的生态意识教育来强化生态观念和道德观念的培养，树立爱护自然、保护自然的生态道德观念。按照不同的人员结构划分，首先要加强对政府公职人员的生态宣传，提升各级工作人员的生态文明觉悟，将生态文明思想更好地融入决策程序和日常生活之中。其次要加强对企业的生态观念宣传，鼓励企业构建新型的生态管理模式和公司文化，提高管理者的生态自觉性并形成良好的生态工作氛围。第三点要加大对普通群众的生态宣传，让生态理念内化于心，成为全社会的自觉行为，形成生态文明伦理道德观。大力弘扬生态环保意识，加强公众环保理念，培育公众参与意识，构筑生态消费观，将个人发展融入培育公众生态环保意识的整体之中，激发人民群众内心的参与愿望，树立良好的环保意识。第四点要通过生态教育的途径加强对学生生态观念和价值观的树立。学生是国家的未来和希望，下一代的生态教育关系着生态文明建设的发展进度和落实效率，学生是学习和践行生态文明观念的中流砥柱。

1.5.2　生态行为文明建设

生态行为文明是在生态意识观念引导下，在生产、消费和日常生活等方面的实践，包含清洁生产、循环经济、绿色消费、生态旅游等一系列生产生活方式的养成。清洁生产是在生产到产品的过程中，通过环境保护策略的应用，减少对人类和自然的双重伤害，清洁生产强调"效率最大化、污染最小化"的生产理念并将该理念用于产业发展和升级。循环经济是追求一种"减量化、再利用、再循环"的经济发展模式，通过提升资源能源的利用效率和减少废弃物排放，实现再生资源的再次利用。绿色消费提倡人们的消费应以不破坏自然生态系统正常物质循环为前提，在全社会积极倡导节约自然资源、敬畏一切生命、爱护地球家园等生态行为观念以及可持续的绿色低碳生活方式。科学低碳绿色的消费观体现了人们的一种行为观念、一种价值取向，代表着经济社会与生态环境、人类社会与自然环境的一种和谐共生。生态旅游是一种创新性的旅游体验和旅游观念，在原有旅游模式的基础上，提倡"人景合一"的和谐相处模式，突出旅游景点的生态性、旅游行程的生态性和游客体验后所形成的生态认识，生态旅游对经济、政治、文化和社会的建设都有所体现。生态旅游的提出为旅游业的经济发展带来了创新点和新的活力，把生态特色作为旅游的新亮点，而且生态旅游不再受传统旅游业的禁锢，集娱乐性、教育性和保护性于一体，多元化发挥生态旅游优势。

1.5.3 生态制度文明建设

生态制度文明是包括法律、规范和乡规民约等方面的制度建立，生态制度体系包含生态服务、公众参与和监督、生态法规、生态评价等。由此，生态制度建设是从实际应用出发，引导民众落实和遵循生态制度的要求，制约社会整体及民众对待自然的错误行为和错误态度，满足生态文明建设的发展要求和规范。生态制度文明主要强调建立健全生态文化法律法规和管理体系，生态知识和生态常识的普及，生态教育的施行，树立以生态观念为指导的生产生活方式等方面。生态制度建设从生态行为的层次性、整体性和多样性角度考虑。生态制度层次性体现在以"绿色""可持续"和"循环"思想为主导的生产生活方式及产品的物质浅层，以生态文化传播活动为代表的形式层面，以法律法规、社会制度建设体现的体制层面和培养生态价值观的观念层面。生态制度整体性是从生态服务到生态落实再到生态监督等一系列关于生态文明建设的体制机制的系统性落实。关于健全生态信息披露制度，要明确划定环境信息的公开范围，即除涉及国家安全、国家机密、商业秘密和个人隐私之外的关于生态环境质量、生态环境管理等的信息应当公开发布。生态制度多样性体现在建立生态文明决策制度、生态文明评价制度、生态文明管理制度以及生态文明考核制度等多方面完整制度体系，实现从制度确立、制度管理、制度评价优化和制度监督考核全方面有效推进生态文明建设的制度体系建设。生态制度多样性建设为生态文明建设保驾护航，有效防止和杜绝发展过程中的漏洞。

1.5.4 生态产业文明建设

生态产业从工业、农业等多领域提倡产业内部的良性有序循环和绿色健康可持续的发展理念，从生产流程、制作工艺、种植技术到产品的加工、出厂和销售等多角度充分发挥生态生产的优势。生态产业发展提高了对生态、产业和科技等各方面的要求。任何新的产业发展都需要科学技术的推动和支持，生态产业的创新性一方面体现在其对生态和文化两方面的高标准，另一方面体现在由大量的科学技术支撑该产业的发展。科学技术在生态产业中应用于节能减排，受低碳环保的发展要求和该产业对人民群众生态意识的影响。科技是生态产业创新的保障，在"大数据"和"互联网＋"的时代，科技把网络技术运用到产业的生产、沟通和监督等多个环节，产业也通过网络连接世界市场，推广生态产品和服务，实现采购和销售环节的生态化。在清洁能源的开发以及可再生能源的生产和运用过程中，科技不断地把这两项技术融合到生态产业中，完善产业能源结构重组和优化，从而促进生态产业更快更好发展，在科学技术的辅助下提升产业文化含量和生态化水平，充分发挥传统的基础优势，完善产业在生态保护和绿色生产方面的发展优势。科技拉近了不同产业之间的关系，最大程度地减小产业发展对自然和生态的污染和损害，打破了生态产业发展过程中的局限性，推动了生态产业的进步。

本章重要知识点

（1）文明：人类改造自然和改造社会的实践活动在物质和精神两个方面取得的积极成果

的总和；人类开化状态和社会进步的标志，与"野蛮"相对。

（2）生态文明：广义指人类文明发展的一个阶段，是继工业文明之后的人类文明新形态。狭义则指文明的一个方面，即相对于物质文明、精神文明、政治文明和社会文明而言，人类在处理与自然的关系时所达到的一种文明形态。

（3）原始文明：人类从动物界分化出来以后，经历几百万年的原始社会，通常将这一阶段的人类文明称为原始文明或渔猎文明。原始人的物质生产能力非常低下，为维持自身生存，开始推动自然界人化的过程。在这一漫长时期中，人化自然的代表性成就是人工取火和养火及骨器、石器、弓箭的制造等。在原始社会中，主要物质生产活动是采集和渔猎。

（4）农业文明：建立在农业经济基础之上、以农业发展为特征的人类社会进步形态。

（5）工业文明：以机械生产为标志的人类社会文明形态。美国未来学家阿尔文·托夫勒（Alvin Toffler）将工业文明称为第二次浪潮文明。主要特点表现为工业化、城市化、法制化与民主化，社会阶层流动性增强，教育普及，消息传递加速，非农业人口比例大幅度增长，经济持续增长等。

（6）生态文明建设的主要内容：生态意识文明，生态行为文明，生态制度文明，生态产业文明。

思考题

（1）试分析生态文明同其他阶段文明的本质区别。

（2）从自身的角度谈谈生态文明建设的发展意义。

（3）从生态文明的角度思考，当今社会产生了哪些变化？

（4）生态文明在其他国家的体现有哪些？有哪些方面值得中国学习和借鉴？

（5）我国为什么要发展具有中国特色的生态文明？现阶段还有哪些发展不成熟的地方需要提高？

（6）分析影响我国生态文明建设的有利因素和不利因素。

参考文献

[1]　佩里·安德森.文明及其内涵 [J].读书，1997（11）：37-46.

[2]　佩里·安德森.文明及其内涵：续完 [J].读书，1997（12）：65-70.

[3]　朱贻庭，崔宜明，罗国杰.伦理学大辞典 [M].上海：上海辞书出版社，2002.

[4]　祝光耀，张塞.生态文明建设大辞典：第三册 [M].南昌：江西科学技术出版社，2016.

[5]　祝光耀，张塞.生态文明建设大辞典：第一册 [M].南昌：江西科学技术出版社，2016.

[6]　姜振寰.技术学辞典 [M].辽宁：辽宁科学技术出版社，1990.

[7]　王奇，王会.生态文明内涵解析及其对我国生态文明建设的启示：基于文明内涵扩展的视角 [J].鄱阳湖学刊，2012（1）：92-97.

[8]　黄海东.谈建设生态文明的内涵与意义 [J].商业时代，2009（1）：6-7.

[9]　张鸣年."文化"与"文明"内涵索解与界定 [J].安徽大学学报（哲学社会科学版），2003（4）：151-156.

[10]　河南省文化厅，河南省文物局.河南文化文物年鉴 [M].北京：线装书局，2007.

[11]　陈洪海，王国顺，梅端智，等.青海同德县宗日遗址发掘简报 [J].考古，1998（5）：3-16，37，99-103.

[12]　李长江.生态文明内涵及建设途径的探析 [D].长春：东北师范大学，2009.

[13] 刘占良，黄长才.论政治文明的内涵及其建设 [J].南昌大学学报（人文社会科学版），2002，33（4）：18-22.

[14] 郭欣根.试论政治文明的内涵及与物质文明精神文明的关系 [J].陕西社会主义学院学报，2004（4）：18-21.

[15] 王静.以德育教育为核心不断丰富校园精神文明建设内涵 [J].成都师范学院学报，2003，19（12）：34-35.

[16] 吴会.生态文明建设的概念及内涵 [J].智库时代，2019（3）：26，28.

[17] 鞠昌华.生态文明概念之辨析 [J].鄱阳湖学刊，2018（1）：54-64.

[18] 卢风."生态文明"概念辨析 [J].晋阳学刊，2017（5）：63-70.

[19] 陈怡平，傅伯杰.关于黄河流域生态文明建设的思考 [N].中国科学报，2019-12-20（6）.

[20] 付标，唐正清，时统成，等.河南省黄河生态带建设研究 [J].国土与自然资源研究，2019（6）：13-15.

[21] 王建华，胡鹏，龚家国.实施黄河口大保护　推动黄河流域生态文明建设 [J].人民黄河，2019（10）：7-10.

[22] 张柏山.黄河生态文明建设的探索与实践 [J].中国三峡，2018（11）：56-59.

[23] 王乐飞.黄河流域水生态文明建设的探索与实践 [J].环境与发展，2017（7）：195-196.

[24] 王汉文.濮阳黄河故道生态文明建设 [C]//中国水利学会.中国水利学会2016学术年会论文集：上册，2016.

[25] 成志.山东黄河水生态文明建设模式探讨 [D].乌鲁木齐：新疆大学，2016.

[26] 柴青春，鲁学玺，陈国宝.河南省濮阳市黄河生态建设探析 [J].黄河水利职业技术学院学报，2014（4）：24-27.

[27] 司毅铭.黄河流域水生态文明建设的探索与实践 [J].中国水利，2013（15）：60-62.

[28] 张鸣年."文化"与"文明"内涵索解与界定 [J].安徽大学学报（哲学社会科学版），2003（4）：151-156.

[29] 倪珊，何佳，牛冬杰，等.生态文明建设中不同行为主体的目标指标体系构建 [J].环境污染与防治，2013（1）：100-105.

[30] 陈游天.物质文明的内涵和外延：兼与刘学经同志商榷 [J].江西社会科学，1982（5）：86-89.

第二章　我国生态文明战略解读

生态兴则文明兴，生态衰则文明衰。生态文明建设关乎民族未来，关乎子孙后代。2012年11月，党的十八大报告提出"要把生态文明建设放在突出地位，融入经济建设、政治建设、文化建设、社会建设各方面和全过程，努力建设美丽中国，实现中华民族永续发展"。十八大报告将生态文明建设上升到与经济建设、政治建设、文化建设同等战略地位，体现了中国共产党人对于社会建设、生态发展规律的认识更加深刻。2018年3月，十三届全国人大一次会议表决通过《中华人民共和国宪法修正案》，把新发展理念、生态文明和建设美丽中国的要求写入《中华人民共和国宪法》。2018年6月，中共中央、国务院印发《关于全面加强生态环境保护坚决打好污染防治攻坚战的意见》，明确了打好污染防治攻坚战的路线图、任务书、时间表。党的十九大更是着眼于生态文明建设的实际进程与具体问题，习近平总书记明确提出这样一个伟大号召："我们要牢固树立社会主义生态文明观，推动形成人与自然和谐发展现代化建设新格局，为保护生态环境作出我们这代人的努力！"这意味着生态文明建设已经上升至国家发展战略的高度，成为建设新时代中国特色社会主义的总遵循之一，成为全党的奋斗目标，成为国家发展的理念基础。这充分彰显以人为本理念、倡导人与自然和谐相处与共生共荣。

本章知识体系示意图

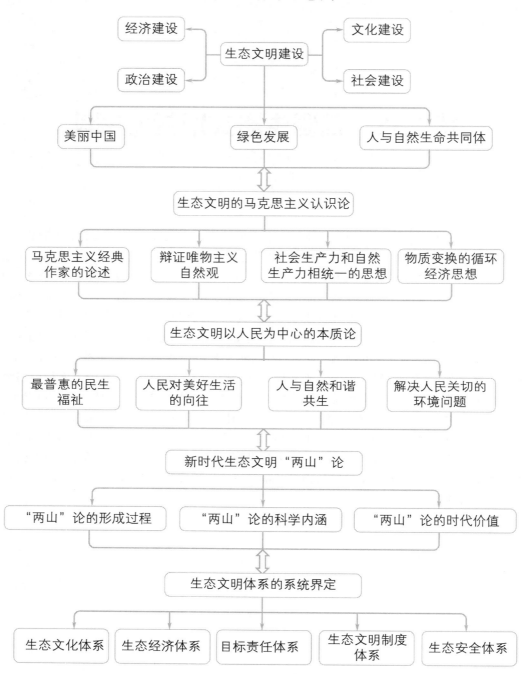

2.1 生态文明建设的中国思考

党的十八大以来，我国把生态文明建设作为统筹推进"五位一体"总体布局和协调推进

"四个全面"战略布局的重要内容，提出了建设美丽中国的奋斗目标，体现了生态文明建设思想不断丰富和完善，体现了对生态文明建设规律的把握，体现了生态文明建设在新时代党和国家事业发展中的地位，体现了对建设生态文明的部署和要求。

2.1.1　加快建成美丽中国

"美丽中国"是以习近平同志为核心的党中央在全面分析当前国际国内背景和我国未来发展定位的基础上提出的一个国家战略。美丽中国建设是关系中华民族永续发展的根本大计，也是落实联合国《2030 年可持续发展议程》的中国实践。走向生态文明新时代，建设美丽中国，是实现中华民族伟大复兴的中国梦的重要内容。

（1）美丽中国的提出

党的十八大报告明确提出"要把生态文明建设放在突出地位，融入经济建设、政治建设、文化建设、社会建设各方面和全过程，努力建设美丽中国，实现中华民族永续发展"。党的十八大报告从"五位一体"高度阐释了生态文明建设的重要性，突出了生态文明建设在社会主义现代化总布局中的地位，对于实现"两个一百年"的伟大奋斗目标有着指导性意义。

2013 年 11 月，党的十八届三中全会《中共中央关于全面深化改革若干重大问题的决定》进一步提出要紧紧围绕建设美丽中国深化生态文明体制改革，推动形成人与自然和谐发展的现代化建设新格局。

2018 年 5 月，习近平总书记在全国生态环境保护大会上明确了建设美丽中国的"时间表"和"路线图"。通过加快构建生态文明体系，使我国经济发展质量和效益显著提升，确保到2035 年节约资源和保护环境的空间格局、产业结构、生产方式、生活方式总体形成，生态环境质量实现根本好转，生态环境领域国家治理体系和治理能力现代化基本实现，美丽中国目标基本实现。到本世纪中叶，建成富强民主文明和谐美丽的社会主义现代化强国，物质文明、政治文明、精神文明、社会文明、生态文明全面提升，绿色发展方式和生活方式全面形成，人与自然和谐共生，生态环境领域国家治理体系和治理能力现代化全面实现，建成美丽中国。

党的十九大报告指出"加快生态文明体制改革，建设美丽中国"。明确提出到 2035 年要基本实现社会主义现代化，美丽中国目标基本实现。到本世纪中叶，把我国建成富强民主文明和谐美丽的社会主义现代化强国。美丽中国建设是习近平总书记提出的到 2035 年基本实现社会主义现代化的五个核心目标之一，也是落实联合国《2030 年可持续发展议程》的核心目标。

（2）美丽中国的内涵

"美丽中国"从字面上理解，主要就是要在特定时期内，遵循国家经济社会可持续发展规律、自然资源永续利用规律和生态环境保护规律，实现生态环境有效保护、自然资源永续利用、经济社会绿色发展、人与自然和谐共处的可持续发展目标，建设一个天蓝地绿、山清水秀、美丽的中国，具体可以理解为整个社会呈现这样一幅画面——山清水秀、天蓝地绿，整个大自然可以按自身发展规律存在、运作，人为的成分很少或者几乎不存在；而另一方面从更深层次讲，"美丽中国"不仅是要实现对生态和生活空间的科学布局，更为重要的是，要使人类生存发展与自然生态环境之间的关系达到一种更加和谐的局面，而要实现这个目标，必须采取一定的措施，制定一些合理的、适时的、具有强制性的政策。"美丽中国"的内涵可以从以下三个方面来分析。

"美丽中国"的题中之意：生态文明的自然之美。首先就是要使大自然按其自身规律运行。只有做到思想和行动上的统一，在思想上坚定生态保护信念，行动上做到保护生态环境，才能把我国建设成为一个拥有良好生态环境的国家。2015 年 5 月 6 日发布的《中共中央　国务院关于加快推进生态文明建设的意见》中指出："加快建设美丽中国，使蓝天常在、青山常在、绿水常在，实现中华民族永续发展。"蓝天绿地、青山绿水，这些都是对"美丽中国"建设目标的生动描述。"美丽中国"是一个拥有优美的生存生活环境、丰富的物质资源和多样的物种的一个充满自然原本味道的生态乐园。

"美丽中国"的价值追求：人民群众的美好幸福生活。中国共产党从成立之初，就一直坚持以人民的利益为核心价值追求，坚持全心全意为人民服务，从群众中来，最后回归到群众中去。"良好生态环境是最公平的公共产品，是最普惠的民生福祉"，"美丽中国"目标的实现，不仅是让广大人民群众有充足的物质资源可以利用，同时也能让他们生活在一个优美的自然环境之中，获得精神上的满足与享受。"美丽中国"要建设的是一个人与自然和谐共生的现代化社会，对生态环境的改善就是对民生的改善，这是"美丽中国"的价值追求。

"美丽中国"的制度保障：体制机制的强制实施。保护生态环境必须依靠制度、依靠法治。只有实行最严格的制度、最严密的法治，才能为生态文明建设提供可靠保障。加快生态文明体制改革是实现"美丽中国"的重要基础。制度本身所具有的强制力为"美丽中国"目标的实现提供了更大的可能，如节约资源和保护环境被确定为我国的基本国策之一。只有根据我国的生态状况变化，随时作出体制机制上的改革、创新，不断促使体制机制更符合当前的发展，才能更快更好地建成"美丽中国"。"美丽中国"是一个美好的目标、愿望，不为之付出艰辛努力，不可能轻易实现。"美丽中国"是针对我国当前存在的生态问题提出的，想要从根本上改善我国当前的生态环境，旨在到 2050 年如期建成富强民主文明和谐美丽的社会主义现代化强国。

（3）建设美丽中国的意义

建设美丽中国，就是要把生态文明建设融入经济建设、政治建设、文化建设、社会建设各方面和全过程，形成节约资源和保护环境的空间格局、产业结构、生产方式、生活方式，自觉把经济社会发展建立在资源承载能力和环境纳污容量限度内，既创造更多物质财富和精神财富以满足人民日益增长的美好生活需要，又让天更蓝、山更绿、水更清、生态环境更美好，由此提供更多优质生态产品以满足人民日益增长的优美生态环境需要，促进人的全面发展。建设美丽中国就是要按照生态文明要求，通过建设资源节约型、环境友好型社会，实现人与自然、环境与社会、人与社会和谐共荣。

建设美丽中国，是提高人民群众生活质量的重要途径。随着我国经济持续快速发展和人民生活水平大幅提高，人民群众对农产品、工业品等物质产品虽然仍有巨大需求，但需求强度相对减弱，边际消费倾向递减，而对清新空气、清澈水质、安全食品、优美环境等生态产品的需求却越来越迫切，需求强度不断增加。保护生态环境就是保障民生，改善生态环境就是改善民生。于是，建设美丽中国，保护和改善生态环境，着力解决群众普遍关注的环境问题，让人们在优美的环境中工作和生活，成为提高人民群众生活质量的重要途径。

此外，人类在漫长的进化过程中，与生态环境中的动植物、微生物等形成的和谐共生关系构成了人类的免疫系统，能保护人类免遭各种大规模瘟疫、疾病的侵害。生态环境如果遭到严重污染或破坏，必将危害人民群众的身体健康。建设美丽中国，还自然以宁静、和谐、美丽，其实就是在保护和强化人类的免疫系统，有利于提高人民群众的健康水平。

建设美丽中国，为中华民族的永续发展奠定坚实基础。生态环境提供了人类生产生活所需要的一切物质资料，是经济社会持续发展最为重要的基石。也就是说，包括水、空气、土地、动植物等的生态环境不仅直接提供生态产品，而且其本身就是资源，形成自然生产力，而社会生产力是建立在自然生产力基础之上的。因此，没有良好的生态环境，就没有发达的生产力，破坏生态环境就是破坏生产力，保护生态环境就是保护生产力，改善生态环境就是发展生产力。如果破坏了生态环境，也就破坏了自然生产力的恢复能力，也就削弱了国民经济和社会发展的环境容量与资源基础，从而使经济社会发展失去可持续性。保护生态环境，促进生态环境良性循环，有利于促进自然生产力的恢复和发展，从而为经济社会持续发展提供充足的物质基础。建设美丽中国，加强生态环境的保护和建设，能够使自然生态系统以更加强大的资源承载能力和更加充足的环境容量促使社会充满活力，促进经济长期繁荣，为中华民族的永续发展提供坚实支撑。

（4）建设美丽中国的举措

首先，树立和践行尊重自然、顺应自然、保护自然的生态文明理念。人与自然是生命共同体，决定了人与自然是一荣俱荣、一损俱损的共生关系。一旦自然生态系统的资源环境承载能力被突破，生态环境就会严重退化，经济社会系统也会因为失去依托而走向崩溃。因此，建设美丽中国，实现人与自然和谐共生，必须摒弃人与自然对立的机械性思维方式，坚持以大自然生态圈整体运行规律审视经济社会发展问题，尊重自然、顺应自然、保护自然，充分认识到善待自然、保护自然就是关爱、保护人类自己，伤害自然必定伤害人类自己，破坏自然就是毁灭我们自己。与此同时，全社会必须确立绿水青山就是金山银山的观念，让生态环境保护的思想在法律和政策中得到更多体现，成为社会各界的共同遵循，由此实现自然的健康发展，为经济社会发展提供良好基础。

其次，实行最严格的生态环境保护制度。制度具有根本性，能起长久作用，是节约资源和保护环境的基石。建设美丽中国，必须实行最严格的制度、最严密的法治，坚决遏制种种基于利益冲动对生态环境的破坏，为保护青山绿水筑起坚不可摧的铜墙铁壁。

完善经济社会发展考核评价体系。要把资源消耗、环境损害、生态效益等体现生态文明建设状况的指标纳入经济社会发展评价体系，使之成为建设美丽中国的重要导向和约束。

建立责任追究制度。要建立环保督察工作机制，严格落实环境保护主体责任，完善领导干部目标责任考核制度。坚持依法依规、客观公正、科学认定、权责一致、终身追究的原则，针对决策、执行、监管中的责任，明确各级领导干部责任追究细则。

建立健全生态环境监管体制。设立国有自然资源资产管理和自然生态监管机构，统一行使全民所有自然资源资产所有者职责，统一行使所有国土空间用途管制和生态保护修复职责，统一行使监管城乡各类污染排放和行政执法职责。构建国土空间开发保护制度，完善主体功能区配套政策，建立以国家公园为主体的自然保护地体系。完善生态环境监测网络，通过全面设点、全面联网、自动预警、依法追责，形成政府主导、部门协同、社会参与、公众监督的新格局，为生态环境保护提供科学依据。

再次，加大生态系统保护力度。建设美丽中国，提供更多的优质生态产品以满足人民日益增长的优美生态环境需要，必须加大生态系统保护力度。一是要以解决损害群众健康突出环境问题为重点，坚持预防为主、综合治理，强化水、大气、土壤等污染防治，着力推进重点流域和区域水污染防治，着力推进颗粒物污染防治，着力推进重金属污染和土壤污染综合治理，集中力量优先解决好细颗粒物、饮用水、土壤、重金属、化学品等损害群众健康的突出环境问题，切实改善环境质量。二是实施山水林田湖草生态保护和修复工程，构建生态廊道和生物多样性保护网络，全面提升森林、河湖、湿地、草原、海洋等自然生态系统的稳定性和生态服务功能。三是完成生态保护红线、永久基本农田、城镇开发边界三条控制线划定工作。四是开展国土绿化行动，推进荒漠化、石漠化、水土流失综合治理，强化湿地保护和恢复，加强地质灾害防治。

最后，推动形成绿色发展方式和生活方式。建设美丽中国，就是要从根本上缓解经济社会发展与自然生态系统资源环境承载能力有限之间的矛盾。为此，必须推动形成绿色发展方式和生活方式。

形成绿色发展方式。要努力构建科技含量高、资源消耗低、环境污染少的产业结构，加快发展包括环保产业、清洁生产产业、清洁能源产业、绿色服务业等绿色产业，有效降低发展的资源环境代价。此外，要大力开发绿色生物技术和绿色新能源技术、污染物清除和不产生污染物的技术以及废弃物再利用技术和无废料生产技术，为绿色发展方式提供强大的技术支撑。

形成绿色生活方式。要在全社会倡导和践行自然、环保、节俭、健康的生活方式，反对过度的物质消费，抑制对自然的过度索取，使绿色消费、绿色出行、绿色居住成为人们的自觉行动，让人们充分享受社会发展所带来的便利和舒适的同时，履行应尽的环境责任。为此，要将环境教育纳入国民教育体系，将绿色生活教育融入公民教育，通过加强生态文明宣传教育，强化公民环境意识，推动形成简约适度、绿色低碳、文明健康的生活方式和消费模式，形成全社会共同参与的良好风尚。

只要我们坚持把生态文明建设放在突出地位，将其融入经济建设、政治建设、文化建设、社会建设各方面和全过程，努力建设美丽中国，就一定能给子孙后代留下天蓝、地绿、水净的美丽家园，为中华民族赢得永续发展的光明未来。

2.1.2 全面推动绿色发展

习近平总书记指出："绿色发展，就其要义来讲，是要解决好人与自然和谐共生问题。"绿色发展是新发展理念的重要组成部分，与创新发展、协调发展、开放发展、共享发展相辅相成，相互作用，是全方位的变革，是构建高质量现代化经济体系的必然要求。

习近平总书记在 2019 年北京世界园艺博览会开幕式上发表致辞指出，地球是全人类赖以生存的唯一家园。我们要像保护自己的眼睛一样保护生态环境，像对待生命一样对待生态环境，同筑生态文明之基，同走绿色发展之路。

（1）绿色发展的内涵

所谓绿色发展，是在生态环境容量和资源承载能力的制约下，通过保护自然环境实现可持续科学发展的新型发展模式和生态发展理念。绿色发展目的是改变传统的"大量生产、大量消耗、大量排放"的生产模式和消费模式，使资源、生产、消费等要素相匹配相适应，实现经济社会发展和生态环境保护协调统一、人与自然和谐共处。

合理利用资源、保护环境、维系生态平衡是绿色发展内在的核心要素；实现经济社会、政治社会、人文社会和生态环境可持续的科学发展是绿色发展的目标；通过绿色环境、绿色经济、绿色政治、绿色文化等实践活动的生态化，实现天人和谐、共生共荣的理想境界是绿色发展的核心内容和发展途径。因此，绿色发展成为当今世界的重要发展趋势，许多国家在绿色理念的指导下，把绿色发展作为推动本国社会发展的重要举措和基本国策。

绿色发展观是在可持续发展观基础上的创新，具有如下几个方面的特征。

首先，绿色发展强调经济系统、社会系统与自然系统的共生性和发展目标的多元化，具有系统性、整体性和协调性，这与中国传统哲学思想中所主张的"天人合一"的自然观非常接近。

其次，绿色发展的基础是绿色经济增长。绿色经济增长模式的显著特征是绿色经济比重不断提高，即以绿色科技、绿色能源和绿色资本带动的低能耗、适应人类健康、环境友好的相关产业占 GDP 比重不断提高，这种增长模式强调低资源消耗、低污染排放，实现经济增长与资源消耗、污染排放脱钩。

最后，绿色发展强调全球治理。由于全球气候变化对人类社会的整体性威胁有可能进一步加剧，应对气候变化的全球治理的重要性和必要性日益凸显。其中，"共同但有区别责任原则"已经成为全球气候变化谈判的基本原则，也成为绿色发展全球治理的基本原则。一方面，发达国家要真正承担起绿色发展的国际责任，为发展中国家实施绿色发展提供技术援助和资金援助；另一方面，发展中国家也应该建立基于本国国情的绿色发展战略，并通过有效的政策工具加以落实。从某种意义上讲，绿色发展战略不是基于一国的，而是基于全球的。

绿色发展体现了马克思主义理论与中国生态文明建设实践的科学结合，打开了中国特色社会主义理论体系对人类生存与发展命题研究的理论视野，使马克思主义生态观在新时代的绿色发展实践中彰显出了强大的理论力量。

（2）形成绿色发展方式和生活方式

加快形成绿色发展方式，是解决污染问题的根本之策。只有从源头上使污染物排放大幅降下来，生态环境质量才能明显好上去。形成绿色发展方式的重点是调结构、优布局、强产业、全链条。调整经济结构和能源结构，既提升经济发展水平，又降低污染排放负荷。对重大经济政策和产业布局开展规划环评，优化国土空间开发布局，调整区域流域产业布局。培育壮大节能环保产业、清洁生产产业、清洁能源产业，发展高效农业、先进制造业、现代服务业。推进资源全面节约和循环利用，实现生产系统和生活系统循环链接。

加快形成绿色生活方式。绿色生活方式涉及老百姓的衣食住行。要倡导简约适度、绿色低碳的生活方式，反对奢侈浪费和不合理消费。广泛开展节约型机关、绿色家庭、绿色学校、绿色社区创建活动，推广绿色出行，通过生活方式绿色革命，倒逼生产方式绿色转型。

加快形成绿色发展方式和生活方式，需要从调结构、优布局、强产业、节资源、绿生活几个方面着手。

① 需要调结构。调结构才能有更好的发展、更优的生态，调结构是推动经济发展与环境保护共赢的重大举措。必须把发展的基点放到创新上来，深入推进供给侧结构性改革，促进产业结构优化升级和绿色转型，建立健全绿色低碳循环发展的经济体系。加快推动生产方式绿色化，构建科技含量高、资源消耗低、环境污染少的产业结构和生产方式，大幅提高经济绿色化程度。加快发展绿色产业，形成经济社会发展新的增长点，更多依靠创新驱动，更多发挥先发优势的引领作用。

② 需要优布局。国土是绿色发展的空间载体。要优化现代化经济体系的空间布局，整体谋划国土空间开发，统筹人口分布、经济布局、国土利用、生态环境保护，科学布局生产空间、生活空间、生态空间，给自然留下更多修复空间，给子孙后代留下天蓝、地绿、水净的美好家园。落实主体功能区规划，把该开发的地方高效集约开发好，该保护的区域严格保

护起来，调整优化不符合生态环境功能定位的产业布局、规模和结构。严格控制重点流域、重点区域环境风险项目，严守生态红线，守护好重要生态空间。

③需要强产业。打造绿色低碳循环发展的产业体系是推动绿色发展的重要环节。抓住新一轮科技革命和产业革命的历史机遇，深入实施创新驱动发展战略，强化科技创新引领，做大做强新兴产业，鼓励更多社会主体投身创新创业，对已初具规模的新兴产业，要推动其向产业集群的方向发展。推动传统产业智能化、清洁化改造，不断提高发展的质量效益。完善支持政策，构建以市场为导向的绿色技术创新体系，发展高效农业、先进制造业、现代服务业，为生态环境保护做好产业加法。

④需要节资源。节约资源是保护生态环境的根本之策。树立节约集约循环利用的资源观，实行最严格的耕地保护、水资源管理制度，强化对能源、水资源、建设用地总量和强度的双控管理，用最小的资源环境代价取得最大的经济社会效益。全面推动重点领域低碳循环发展，加强高能耗行业能耗管理，强化建筑、交通节能，发展节水型产业，推动各种废弃物和垃圾集中处理和资源化利用。形成节约资源和保护环境的空间格局、产业结构、生产方式、生活方式，推进资源全面节约和循环利用，实现生产系统和生活系统循环链接。

⑤需要绿生活。绿色是美好生活的底色，现代社会需要绿色生活方式。实现生活方式绿色化要推动消费方式绿色转型，反对奢侈浪费和不合理消费，使绿色消费成为每一个公民的责任。广泛开展创建绿色家庭、绿色学校、绿色社区、绿色商场、绿色餐馆等行动，倡导鼓励绿色消费、绿色居住、绿色出行。加强生态文明宣传教育，强化公民环境意识，在全社会牢固树立生态文明理念。

（3）践行绿色发展理念

在党的十八届五中全会上，习近平总书记鲜明地提出了创新、协调、绿色、开放、共享的发展理念。绿色发展强调以人与自然和谐为价值取向，以绿色低碳循环为主要原则，以生态文明建设为基本抓手。

第一，坚定绿色发展的信心和决心。推动绿色发展，需要坚定绿色发展的信心和决心。绿色发展是全方位的变革，涉及发展理念、体制机制、生产方式、生活方式、领导方式等一系列改变，必须全面实施绿色行动计划，坚持绿色发展、绿色生活，坚持节约优先、保护优先，做到善待自然，与自然为友，更好扛起绿色发展的责任，把绿色发展进行到底。充分发挥制度优势，紧紧依靠广大人民群众，走出一条具有中国特色的绿色发展新道路。

第二，形成全方位全地域全过程推进格局。推动绿色发展，需要形成全方位、全地域、全过程推进格局。首先，在制度建设上发力。加快建立绿色生产和消费的法律制度和政策体系，加快构建绿色低碳循环发展的经济体系，加快构建市场导向的绿色技术创新体系。其次，在战略导向上发力。把绿色发展和生态保护放在更突出、更重要的位置，让绿色发展成为一种战略导向，结合经济高质量发展和供给侧结构性改革，促使经济社会向绿色靠拢、向绿色看齐，大力培育和发展节能环保产业、清洁生产产业、清洁能源产业，切实推进资源的全面节约和循环利用，实现生产系统和生活系统循环链接，在社会真正形成绿色发展方式和生活方式。再次，在战略推进上发力。树立一盘棋思想，着力处理好企业与社会、个人与集体、局部与整体以及短期与长期的关系。坚持发展与保护相互促进，在保护中发展，在发展中保护，以保护助推发展，以发展助力保护。坚持城乡共治共绿，对城乡绿色发展进行统一规划，统筹协调推进。强化乡村重点治理，包括土壤污染防治、环境整治和生态保护。坚持增量与存量并重，把发展与治理结合起来，在推动增量绿色发展的同时，加快存量动能的接续转换，加快对生态环境和污染问题的整治。坚持生产和生活一起抓，把绿色发展贯穿于经济和社会发展的全过程，在积极打造绿色生产方式的同时，全力打造绿色生活方式，以更加绿色的生活方式改变人们的衣、食、住、行，让"绿色"成为生活常态。

第三，全面动员和全社会参与。推进绿色发展，需要全面动员和全社会参与。绿色发展和生态环境保护不仅仅涉及发展理念、空间格局、产业配置、资源开发与节约、环境保护、生态建设、生产方式和生活方式，也涉及经济社会各个领域、各个方面以及人民群众。推动绿色发展需要全民参与，全民共治。

首先，充分调动社会成员参与的积极性。做到从自己做起，从家庭做起，让简约适度绿色低碳成为全社会共同的生活方式，人人都能够成为绿色发展和生态环境的建设者、保护者、受益者。其次，调动企业以及各类组织参与的积极性。让企业有主动参与意识，在改变生产方式、践行绿色发展方面，与政府的政策指向和民众的诉求相向而行。让社会组织积极参与其中，通过创建节约型机关、绿色家庭、绿色学校、绿色社区等，打造多种多样的社会性绿色建设平台，推动绿色发展横向扩大到边、纵向延伸到底。

第四，发挥好政府与市场的作用。推进绿色发展，需要发挥好政府与市场的作用。从政府方面看，要有效发挥政府对绿色发展的引领和管控作用。加快推动绿色发展的顶层设计和制度体系建设，加快推动生态环境风险机制和管理系统建设。用制度和政策机制以及法律手段，对生产方式和生活方式进行引导和调节，对各种有悖绿色发展的行为与做法进行约束和治理。通过生活方式的绿色革命，倒逼生产方式绿色转型。坚持预防为主，实行"治理点"前移，强化源头治理，真正从源头解决生态保护和环境治理问题。从市场方面看，要充分发挥市场机制对绿色发展的导向作用。依靠市场撬动绿色生态产品和环保产品的生产，依靠市场机制推动企业绿色发展和绿色创新，依靠市场的力量推动生产方式和生活方式的变革，把绿色优势转化为市场优势和经济优势。通过政府和市场协同发力，共同促进绿色发展。

第五，建立考核评价和问责制度。推动绿色发展，需要建立严格的考核评价和问责制度。科学设立绿色发展具体考核目标和考核办法，必须建立起"绿色"政绩考核评价和问责制度。同时，要切实发挥考核评价结果的作用，让考核评价结果作为领导干部政绩考核和提拔使用的重要依据。通过建立正常的考核问责制度，对那些绿色发展不力、损害生态环境的地区予以追责问责，不能让考核结果和问责制度成为"稻草人""纸老虎""橡皮筋"。通过建立考核评价体系，把全面推动绿色发展落到实处，让天蓝地绿水清的生态环境成为常态，让人民群众有更多获得感、幸福感和自豪感。

2.1.3　构建人与自然生命共同体

生态文明强调人类在改造自然过程中要受到自然规律的约束，实现人与自然关系和谐发展。改革开放四十多年来，中国经济迈向"高质量发展"，人与自然作为一个"生命共同体"的思考也越来越得到重视。新时代，我国将"美丽中国"作为社会主义现代化强国建设的重要目标之一，我们要建设的现代化是人与自然和谐共生的现代化。

（1）生态环境形势依然严峻

经过改革开放四十多年的快速发展，中国一跃成为世界舞台上屈指可数的经济大国。但过去过度依赖资源要素大规模、高强度投入驱动经济增长的粗放型发展方式，也导致社会经济发展跨越生态边界，冲击了原本脆弱的生态系统，有造成各类生态环境问题的风险。据2018年5月生态环境部公开发布的2017年《中国生态环境状况公报》数据显示，

2017 年全国 338 个地级及以上城市中，空气质量不达标城市占 70.7％。全国七大流域中，黄河、淮河、松花江等五大流域水质均遭受不同程度污染，其中海河流域水质为中度污染。随着国家经济的快速增长和人民生活水平的不断提高，人民不再满足于求生存、盼温饱，出于追求自身的物质文化需要，对"干净的水、清新的空气、安全的食品、优美的生态环境"等优质生态产品的需求也日益增长。求生态、盼环保，希望政府提供更多优质生态产品已成为人民对新时代美好生活的重要期待，改善生态环境质量成为回应人民生态诉求，构建人类命运共同体的重要奋斗目标。

正确认识和处理好人与自然的关系是保护生态环境，维护生态安全，是构建人类命运共同体的前提和基础。在全球化时代，各国人民利益交织，关联程度空前加深，成为同一个生态环境下唇齿相依的命运共同体。尽管科学技术的迅猛发展大大拓展了人类利用自然、改造自然的空间深度和范围，增强了人类的主体性和能动性，但人类与自然的关系依旧没有改变。人类因自然而生，是在自身所处的生态环境中发展起来的产物，并与生态环境共同发展，是自然界的重要成员；自然界是"人类社会产生、存在和发展的基础和前提"，是人类基本生存状态的底线。人类与自然的关系是相互依赖、共生共存的生命共同体。

人类可以通过发挥主观能动性，有目的地利用自然、改造自然，但不能盲目地凌驾于自然界之上，不能超出自然界所能承受的阈值，必须以尊重自然规律为前提。否则，人类将不可避免地在开发利用自然的过程中出现事倍功半、两败俱伤的情形。在构建人类命运共同体的过程中，必须把握住人与自然和谐共生的生态价值尺度，正确处理好人与自然的关系，确保关乎人类前途命运的自然生态系统健康运行。

（2）生命共同体的科学内涵

生命共同体理念首先要求人们超越种群的局限，将人置于与其他生命形式及其物质环境共存的整体之中。要走出现代人类中心主义的思维困境，就要尊重各种生物物种生存的权利，更要维护好所有生命赖以生存的生态环境。

一方面，生态系统的和谐稳定是生命共同体持续存在的前提条件。当前的生态问题是真正的全球性问题，它必然会突破地域和国家的界限造成更大影响：良好的生态环境会辐射到周边区域，而严重的生态问题也会向周边扩散，面对日益严峻的生态问题，没有哪个国家和地区可以独善其身。我们必须从人类整体持续生存的高度看待生态问题。

另一方面，生态问题的系统性与不可分割性也决定了全人类必须团结起来，共同应对日益严峻的生态危机。在当前的全球生态治理体系建设中，各个国家都应该承担起各自的责任，精诚合作，走可持续发展道路，避免生态治理在全球化过程中的"公地悲剧"。广大发展中国家应该避免发达国家曾经走过的弯路，自觉摒弃以环境为代价走不可持续的发展道路。

生命共同体理念也要求超越当下时间的限制，将人置于代际传承的连续体之中。新中国成立七十多年来，特别是改革开放四十多年来，中国完成了持续快速增长的经济发展奇迹，但由于早期粗放型的发展，也积累了严重的生态安全隐患，甚至局部还存在环境继续恶化的危险。进入新的历史时期，习总书记深刻指出"绿水青山就是金山银山"，"环境就是民生，青山就是美丽，蓝天也是幸福"。保护生态环境功在当代，利在千秋，这是关系到中华民族永续发展的千年大计，关系到人民群众的根本福祉，也关乎民族未来。

人与自然和谐共生包括两个方面：一方面，人类要提高发展的质量和资源的利用效率，将对自然的开发、利用和改造限定在自然容许的范围内，使之为人类提供持久的物质资料，持续提高人类生活水平；另一方面，人类要平等地对待自然界，自觉维护自然界的稳定、和谐与美丽，努力促进自然生产力的恢复，使自然界得到持续发展。人与自然的和谐共生，实现了经济社会发展与维护、改善生态环境的统一，既减少或消除了因生态破坏、环境污染和资源短缺而导致的各种社会矛盾，促进了社会安定有序、充满活力，保障了经济繁荣和持续发展，又保持了自然的本色和风貌，满足了人民群众对更优美生态环境的需要，从而构成建设美丽中国的本质内涵。

首先，要尊重自然、顺应自然、保护自然。正如马克思所说："不以伟大的自然规律为依据的人类计划，只能带来灾难。"习近平总书记精要阐明了生态环境各要素之间休戚与共的关系，作出了山水林田湖草是一个生命共同体的科学论断。他曾多次强调，"山水林田湖是一个生命共同体，人的命脉在田，田的命脉在水，水的命脉在山，山的命脉在土，土的命脉在树"。这一论述形象地描绘了一幅人与自然和谐共生的世界图景。"人类只有遵循自然规律才能有效防止在开发利用自然上走弯路，人类对大自然的伤害最终会伤及人类自身，这是无法抗拒的规律。"

观念变革是生态文明建设的关键，时代要求社会主义现代化建设要有新理念、新思维。针对当前人类过度开发资源、破坏环境的生态问题，树立尊重自然、顺应自然、保护自然的意识，自觉把生产劳动实践控制在自然承受的范围之内，要像保护眼睛一样保护生态环境，像对待生命一样对待生态环境，这是实现人与自然和谐相处的根本前提条件。

其次，树立正确的生态义利观。共同体是人们在共同的利益和条件下结成的集体，人与自然生命共同体理念属于思想范畴，主要涉及人类的行为规范和价值取向问题。它内含了人与自然间的道德关系、利益关系，凸显了人与人、人类社会与自然界之间的共同诉求。一方面，生态环境保护是功在当代、利在千秋的事业，在处理人与人的关系上，以不阻碍他人和后人的生存与发展为前提，以对人民群众、对子孙后代高度负责的态度推进生态文明建设，寻求永续发展之路。另一方面，要以德处理好个体生命与群体生命之间的利益关系，正如老子曰："道生之，德蓄之，物形之，势成之。是以万物莫不尊道而贵德。"不能只强调人类利益的至高无上性而忽视其他物种的福利，要尊重生命、善待万物，树立正确的义利观和"大生命体"的共同感，只有把人类的利己性与利他性统一起来，才能达到人与自然的和谐相处、共生共荣。

再次，实现人的全面可持续发展。人与自然关系的实质是人与人、人类社会与自然界的关系，在处理人与自然的关系时，坚持"主体是人，客体是自然"。马克思主义认为"美"是人类履行的创造性活动及其成果对人的自由的肯定，它通过人的美感表现出来。人类的实践活动既要体现人的全面性特点，又要以马克思主义生态自然观的美学思想为指导，使人与自然完美结合，最终实现马克思恩格斯所主张的人与自然界的统一。

（3）全球携手推进生态文明建设

自西方进入工业文明起，日益加速的生产和社会发展速度引发了生态问题并日益严峻，早在1930年比利时就出现了由工业废气排放引发的烟雾事件，导致了近60人死亡，这是工业生产带来的环境污染及其对人类生命本身造成危害的典型事件。此后，越来越多的因工业生产造成的环境污染、生命安全问题被暴露出来。

世界范围内的空气污染事件、水污染事件、核污染事件等也时有发生，这些都是由人类生产活动造成的环境污染导致的危害生命安全的公共事件。除此之外，频发的自然灾害又一次为全球生态问题敲响警钟。地震、海啸、洪涝灾害等自然灾害不仅对全球生态系统造成极大的损害，而且威胁到人类自身的生活生产安全。当前，全球气候变暖、海洋环境质量下降、资源供给紧缺、空气污染严重、全球生物多样性锐减、环境污染带来的新的疾病等都是当前全球需要共同面对的问题。中国作为全球发展的重要组成部分，十四亿人口的资源消耗量、废弃物排放量等都决定了我国必须担负起改善生态环境的重任，为全球生态文明建设做出贡献。

合作解决生态问题，推动绿色和可持续发展是国际社会的心之所向。全人类携手推进生态文明建设是应对全球生态危机，维护人类生态安全的重要手段，也是推进全球绿色治理，实现全球绿色发展，进而推动人类永续发展的必由之路。世界各国应主动承担应尽的责任和义务，树立和践行绿色、低碳、可持续发展理念，"加强生态环保合作，建设生态文明"，维护全人类共同的生态福祉。

中国是应对全球生态危机、维护世界生态安全的重要力量，是构建人类命运共同体，促进世界可持续发展的倡议者、推动者和建设者。十九大以来，中国特色社会主义进入新时代，习近平总书记顺应人民群众对更多优质生态产品的新期待，在党的十九大报告中明确提出建设美丽中国的宏伟目标，并在2018年全国生态环境保护大会上明确了具体的"时间表"和"路线图"。在习近平总书记的带领下，全国上下开展了内容丰富、形式多样的生态文明建设学习活动，"人与自然是生命共同体""绿水青山就是金山银山"等绿色发展理念深入人心，并正在中华大地上引领着一场前所未有的涉及价值观念、思维方式、生产生活方式的绿色变革。与此同时，针对生态退化、环境污染、资源短缺的国情，我国全面加强统筹山水林田湖草系统治理和全国主体功能区建设，持续开展大气、水、土壤等各类环境污染防治行动，加快推进生态文明建设体制机制改革创新，全力执行史上最严格的生态环境保护制度和法律法规，让生态文明建设以接地气的方式呈现在世人面前，有效推动了全国生态环境保护和美丽中国建设。这为世界各国推进绿色发展，共同构建人类命运共同体提供了良好的中国示范。

习近平总书记强调，我们要坚定不移地走绿色发展的生态文明之路。人类同住地球村，在自然的庇护中同呼吸、共命运。建设美丽家园是人类的共同梦想，没有哪个国家是旁观者。唯有携手合作，我们才能有效应对气候变化、海洋污染、生物保护等全球性环境问题，实现联合国2030年可持续发展目标。

近年来，中国积极参与全球环境事务治理，日益成为建设美丽地球家园和构建人类命运共同体的积极维护者、建设者、贡献者。2000年至2017年全球新增绿化面积中，约四分之一来自中国，中国贡献比例居世界首位。在全球森林资源持续减少的背景下，中国森林面积和蓄积量持续双增长，成为全球森林资源增长最多的国家。

2.2 生态文明的马克思主义认识论

马克思和恩格斯的许多著作中都十分重视人与自然之间的关系。虽然没有对生态文明这一概念给予明确定义，但其经典著作中包含了丰富的生态文明思想，不仅推动了我国生态文明理论的形成，而且对我国的生态文明建设实践也有重要的指导作用。

2.2.1 马克思主义经典作家的论述

马克思恩格斯关于生态自然观的思想主要体现在《1844年经济学哲学手稿》《资本论》《反杜林论》和《自然辩证法》等经典著作中。在这些著作中，马克思恩格斯从对自然界的肯定入手指出自然的价值，通过阐释"自然的人化"和"人的自然化"的辩证运动，来论述人与自然相统一的思想。

恩格斯在《自然辩证法》中写到：美索不达米亚、希腊、小亚细亚以及其他各地的居民，为了得到耕地，毁灭了森林，但是他们做梦也想不到，这些地方今天竟因此而成为不毛之地，因为他们使这些地方失去了森林，也就失去了水分的积聚中心和贮藏库。阿尔卑斯山的意大利人，当他们在山南坡把那些在山北坡得到精心保护的枞树林砍光用尽时，没有预料到，这样一来，他们把本地区的高山畜牧业的根基毁掉了；他们更没有预料到，他们这样做，竟使山泉在一年中的大部分时间内枯竭了，同时在雨季又使更加凶猛的洪水倾泻到平原上。

按照马克思主义的观点，人是社会发展的主体，人的解放和自由全面发展是社会进步的最高目标。从人与自然的关系角度，原始文明是人适应自然才能生存的完全依赖关系，农业文明是人尊重自然、敬畏自然的半依赖关系，工业文明是人利用自然、主宰自然的欲脱离关系，生态文明则表明了人是自然界的组成部分，人与自然界相辅相成。从控制人口、保护环境、治理污染到协调发展生态与经济、建设生态文明国家，都是为了满足人民的物质与精神、生理与心理等需求。社会发展和建设改革的根本目的就是为了更好地满足人民群众的需求，包括物质文化需求，也包括对良好生态环境基本条件的需求。中国生态文明建设坚持以人为本，摒弃人类中心主义观念，注重全体人民的发展，而不是部分人的生存发展，维护好最广大人民的根本利益，建立更加公正合理科学的社会制度，促进人与自然、人与人、人与社会的全面协调可持续发展。

2.2.2 辩证唯物主义自然观

马克思恩格斯在对旧唯物主义自然观扬弃的基础上，首先合理地肯定了自然价值，指出人只是自然界的一部分，人类社会是"人化的自然"，从自然之维度为人们展开了理解人与自然辩证关系的生态视角。

唯物主义自然观强调自然界的客观存在。人和他物一样，"连同我们的肉、血和头脑都是属于自然界和存在于自然界之中的"，是从属于自然界的客观存在物。马克思认为，人类生产、生活以及繁衍后代的活动都要依赖自然环境这个"客观条件"。换言之，"人作为具有自然力、生命力和能动的自然存在物，是不能离开自然界这一对象而生活的"。在这里，马克思肯定了"外部自然界的优先地位"，强调自然对人及社会的本原性。那么人作为自然界长期发展的产物，其行为活动在一定程度上就会受到自然的制约，如若超出这个限度，"自然界都会对我们进行报复"。这就要求人们要始终尊重自然的优先地位，尊重自然的客观规律。

同时，马克思反对费尔巴哈旧唯物主义忽视历史过程、认为自然始终如一的纯粹自然观。在马克思看来，除"自在自然"这种先于人类而存在的自然界之外，还包含着一个强调人的历史作用、以人类劳动实践为中介的"人化自然"。也就是说，自然界既是"人的直接的生活资料"，又是"人的生命活动的对象（材料）和工具"，人们通过实践，通过对生活资料的利用、对生命活动对象的改造，把自然界变成"人的无机的身体"。

总之，马克思辩证唯物主义自然观既认可自然的客观存在和优先地位，又强调人与自然关系是在人类实践基础上的相互影响、相互作用、相互制约。这种自然观可以有效指导我们正确处理好发展速度与生态保护的关系，对我国进行生态文明建设具有重大的启发意义。

2.2.3　社会生产力和自然生产力相统一的思想

马克思恩格斯生产力理论中强调的自然生产力的作用，充分体现了其生态经济思想。生产力理论是马克思全部经济理论的基础。马克思的生产力理论克服了传统的经济学哲学理论把生产力界定为人类征服和改造自然的能力的论断，提出生产力即劳动生产力，是生产和创造财富的一种能力。马克思认为生产力既包括人的要素，又包括物的要素。马克思依据生产力要素的不同，将生产力分为自然生产力与社会生产力两类。

自然生产力指自然物本身蕴藏着的有助于物质财富生产的一种能力。马克思强调从实践的角度将人类的外部自然划分成第一自然与第二自然。第一自然也称作初始自然，是指还未被纳入到人类实践范围内的那部分自然，也就是人类出现以前的自然和存在于人类实践领域之外的自然，正像完全未被人类有效利用和控制的自然资源，如地力、水力、风力、太阳能等，它们是自然生产力构成的基础要素，表现为自然界中存在的最原始的自然力。第二自然也称作人化自然，是人类出现之后才进入人类实践范围内的那部分自然，像作为人类生产生活原始的食物仓和资料库而存在的土地、森林、未被开采的矿藏、河流、瀑布和丰富的鱼类资源等，都被运用于人类的社会生产领域之中，它们构成了自然生产力的核心与主体，表现为一种人化的自然力。

自然生产力与社会生产力之间的关系为：

其一，自然生产力条件制约着社会生产力。一方面，自然生产力对社会生产力的影响既包括生活资料，又包括劳动资料。马克思认为生产力来自自然界，离开了自然条件，社会难以存在和发展。因此，人类社会生产力的发展不能超越生态资源承受能力。另一方面，自然生产力对社会生产力的发展起着加速或延缓的作用。一般来说，自然生产力条件优越的地方，社会生产力就相对发达。土壤肥力的不同，这片土地和那片土地上生产的庄稼长势不一样，收获的果实肯定也不同。马克思以农业劳动的生产率状况与自然条件的密切相关性作了相关的阐释，指出农作物生产很大程度上依赖于自然力。同样，如果自然的再生产能力被破坏，社会再生产所需要的资源得不到补充，社会再生产就无法进行。

其二，社会生产力的发展也制约着自然生产力。一方面，社会生产力是使自然生产力成为现实的生产力。自然和劳动共同创造了物质财富的使用价值，自然生产力无论有多强大，如果离开了人类的实践活动，它永远不能变成现实的生产力。另一方面，社会生产力可以改变自然生产力。人可以发挥自己的主观能动性去改变自然的面貌，甚至引起生物种群的减少或消失。随着社会生产力越来越强大，对自然生产力的影响也越来越大，科学技术进步进一步加大了这种影响。此外，合理的资源配置，也可以充分释放自然生产力的能量。自然生产力和社会生产力一起构成了劳动生产的合力。

2.2.4　物质变换的循环经济思想

马克思在《资本论》中指出："由此产生了各种条件，这些条件在社会的以及由生活的自然规律所决定的物质变换的联系中造成一个无法弥补的裂缝，于是就造成了地力的浪费。"工业化大生产对人类自然力和土地自然力的破坏，造成人和自然之间的物质变换的失衡现象。马克思、恩格斯揭示了资本主义生产方式的不可持续性，提出了废物再利用的循环经济思想，以期实现人类可持续发展。马克思有关循环经济的思想在《资本论》第三卷第一篇第五章中作了深刻的阐发。

（1）关于废弃物作为资源再利用思想

马克思认为传统线性生产方式对资源的浪费和环境的污染是不可避免的，从而提出通过工业废弃物的回收和再利用的方法来促进废物资源化，从而达到节约资源、保护环境的目的。马克思、恩格斯明确提出了废弃物可以作为资源再利用的循环经济思想。随着资本主义生产方式的迅速发展，合理利用排泄物将会降低流动资本的支出。那么，这些排泄物循环利用又是如何成为可能？一是源于物种的多种属性。属性不同用途也不尽相同。在同一劳动过程中，同一产品可以既充当劳动资料，又充当原料。如谷物可用来磨面、制淀粉、酿酒，还可作为种子，变成自身生产的原料。二是生产规模的扩大化也为废弃物再利用的实现提供了条件。由于大规模社会劳动所产生的废料数量很大，这些废料本身才重新成为商业的对象，从而成为新的生产要素。三是依靠科学技术的力量。马克思指出，随着自然科学的新发现，人类将会更全面、科学地认识废弃物中有用的成分与属性，开发其不为人知的使用价值，为废料可以再利用提供现实可能。

（2）关于废弃物的减量化思想

马克思指出可以通过废物利用和废料减少等方式来节约资源。废物利用和废料减少是两种不同的节约方式。所谓"废物利用的节约"是指通过生产排泄物的再利用而产生的节约，所谓"废料减少的节约"则是指通过最大限度地提高生产中的原料辅料的利用率和最大限度地降低生产排泄物的方式产生的节约。马克思从经济视角强调了自然生产力的重要作用，指出了自然生产力和社会生产力的辩证关系，为我们认识自然环境在社会生产中的重要作用提供了理论依据。马克思、恩格斯提出废弃物的减量化思想，以期实现人类可持续发展。

总之，马克思、恩格斯从经济的角度强调了生态的可持续发展对经济发展的重要作用，从生态的角度指明了经济发展的必由之路，高度彰显了马克思主义的生态与经济协调发展的文明观念。

2.3　生态文明以人民为中心的本质论

习近平总书记在党的十九大报告中指出："我们要建设的现代化是人与自然和谐共生的现代化，既要创造更多物质财富和精神财富以满足人民日益增长的美好生活需要，也要提供更多优质生态产品以满足人民日益增长的优美生态环境需要。"

2.3.1　良好生态环境是最普惠的民生福祉

民之所好好之，民之所恶恶之。环境就是民生，青山就是美丽，蓝天也是幸福。发展经济是为了民生，保护生态环境同样也是为了民生。既要创造更多的物质财富和精神财富以满足人民日益增长的美好生活需要，也要提供更多优质生态产品以满足人民日益增长的优美生态环境需要。

当今，随着社会的进步和人民生活水平的提高，生态环境在人民群众生活幸福指数中的地位不断凸显，生态环境问题日益成为重要的民生问题。一定程度上讲，保护环境就是保障民生、改善生态就是改善民生。我们要坚持生态惠民、生态利民、生态为民，把能否为百姓提供优质的生态产品、谋求更多的生态福祉作为衡量我们工作的重要标尺，积极回应群众所想、所盼、所急，重点解决损害群众健康的突出环境问题，多干保护自然、修复生态的实事，多做治山理水、显山露水的好事，持续改善生态环境质量，提供更多优质生态产品，不断满足人民日益增长的优美生态环境需要，让生态文明建设成果更多、更好、更公平地惠及全体人民。

2.3.2 满足人民对美好生活的向往

人民对美好生活的向往是我们党的奋斗目标，当然也是生态文明建设的根本目标。随着中国特色社会主义进入了新时代，我国社会的主要矛盾发生了重要变化。十九大报告指出，"人民日益增长的美好生活需要和不平衡不充分的发展之间的矛盾"成为新时代我国社会的主要矛盾。人民群众对清新空气、干净饮水、安全食品、优美环境的要求已成为"人民日益增长的美好生活需要"的重要内容。人民的需求指向就是我们的工作方向。我们一定要把生态文明建设融入中国特色社会主义建设的各方面和全过程，为子孙后代留下天蓝、地绿、水清的生产生活环境。

中国追求的现代化致力于将经济价值与生态价值、代内价值与代际价值统一起来权衡，将经济增长与自然环境承载力、财富增长与生态秀美结合起来考量，是在认识自然、尊重自然、顺应自然、保护自然中致力于创造更多的物质财富和精神财富，不断满足人民日益增长的美好生活需要的同时，提供更多优质生态产品及其服务功能，以满足人民日益增长的优美生态环境需要，本质上是人与自然协调发展、共生共荣的现代化的价值诉求与情感依归。

人与自然是统一的整体，两者相互依存、相互联系。面对自然界，我们既不能只讲索取而不讲建设，也不能只讲利益而不讲保护。应当清醒地认识到，保护生态环境就是保护人类自身，建设生态文明就是造福人类自己。"你善待环境，环境是友好的；你污染环境，环境总有一天会翻脸，会毫不留情地报复你。这是自然界的客观规律，不以人的意志为转移。""人类对大自然的伤害最终会伤及人类自身。只有尊重自然规律，才能有效防止在开发利用自然上走弯路，这个道理要铭记于心、落实于行。"

2.3.3 实现人与自然和谐共生

中国追求的现代化是人与自然和谐共生的现代化。人与自然和谐共生的现代化为新时代中国特色社会主义现代化提出了一系列亟待完成的新任务，这些新任务涉及人与自然和谐共生的生态文明思想观念现代化、人与自然和谐共生的生态文明体制机制现代化、人与自然和谐共生的生态技术现代化、人与自然和谐共生的生态行为方式现代化等一系列价值意蕴和价值追求。

生态环境是自然资源的发源地，为经济发展提供了丰富的资源和物质基础，但是，人类在经济发展过程中为了经济的增长和自身的需求，对自然资源进行了无限制的开采和消耗，这种不合理的行为造成了巨大的生态破坏。人类的这种不顺应自然、不尊重自然的经济发展行为势必会影响人类的可持续发展和经济的永续发展。生态文明强调人类在改造自然过程中要受到自然规律的约束，实现人与自然关系和谐发展。此时，转变经济发展方式刻不容缓，它要求人类合理利用资源，在追求经济增长的前提下也要做好环境保护、资源节约工作，只有人与自然和谐共处才能实现可持续发展。因此，促进人与自然的和谐相处，是生态文明的基本要求，同时是转变经济发展方式的着力点。因此，二者在关系处理上是一致的，都是为了追求和谐发展。

马克思指出："凡是有某种关系存在的地方，这种关系都是为我而存在的。"显然，此处的"我"，即指人类自身。这表明人类社会发展的历程是一个不断理清各种关系，并据此协调各种关系的过程。这类关系是复杂多样的，而人与自然之间的关系是其极为重要且不可或缺的方面，尤其是随着社会生产力的发展与人类生态足迹的扩展，其重要性与紧迫性日益彰显。生态文明建设的根本目的恰恰在于不断统筹人与自然之间的和谐共生。"在自然面前，人类不是所有者，而是使用者，必须尊重和爱护自然，合理分配和利用自然资源。""无论人与自然的现实统一程度如何，外部自然界的优先地位仍然会保持着，人并没有创造物质本身，甚至人创造物质的这种或那种生产能力，也只是在物质本身预先存在的条件下才能进行。"马克思主义经典作家关于协调人与自然关系的思想，逻辑地内含了保护优先、节约优先、自然修复的自然生态本体论理念。"人与自然的关系是人类社会最基本的关系。自然界是人类社会产生、存在和发展的基础和前提，人类可以通过社会实践活动有目的地利用自然、改造自然，但是人类归根到底是自然的一部分，人类不能盲目地凌驾于自然之上，人类的行为方式必须符合自然规律。"习近平总书记反复强调：人与自然是生命共同体。中国致力的现代化是人同自然界共生和谐的生存与发展模式，在提供丰富的满足人民日益增长的美好生活需要的物质财富与精神财富的同时，必须不断创造丰裕的满足人民日益增长的优美生态环境生活需要的优质生态产品。

习近平总书记从生态文明建设的全球命运共同体论视阈强调了建设生态文明、协调处理人与自然关系的原则、目标和意义，指出"要牢固树立尊重自然、顺应自然、保护自然的意识，以人与自然和谐相处为目标，解决好工业文明带来的矛盾，实现世界的可持续发展和人的全面发展"。

2.3.4　优先解决人民关切的环境问题

解决人民最关心最直接最现实的利益问题是执政党的使命所在。人心是最大的政治，我们要积极回应人民群众所想、所盼、所急，大力推进生态文明建设，提供更多优质生态产品，不断满足人民日益增长的优美生态环境需要。有利于人民群众的事再小也要做，危害人民群众的事再小也要除。打好污染防治攻坚战，集中优势兵力，集中力量攻克老百姓身边的突出生态环境问题。动员各方力量，群策群力群防群治，一个战役一个战役打，打一场污染防治攻坚的人民战争。

坚决打赢蓝天保卫战。这既是国内民众的迫切期盼，也是我们就办好北京冬奥会向国际社会作出的承诺。以京津冀及周边、长三角、汾渭平原等为主战场，以北京为重点，以空气质量明显改善为刚性要求，强化联防联控，基本消除重污染天气，还老百姓蓝天白云、繁星闪烁。调整产业结构，减少过剩和落后产能，增加新的增长动能。要推进达标排放，降低重点行业污染物排放，实施火电、钢铁等重点行业超低排放改造。在全国推开"散乱污"企业治理，坚决关停取缔一批，整改提升一批，搬迁入园一批。调整能源结构，减少煤炭消费比重，加快清洁能源发展。要坚持因地制宜、多措并举，宜电则电、宜气则气，坚定不移推进北方地区冬季清洁取暖，加快天然气产供储销体系建设，优化天然气来源布局，加强管网互联互通，保障气源供应。提供补贴政策和价格支持，确保"煤改气""煤改电"后老百姓用得上、用得起。加大燃煤小锅炉淘汰力度，暂停一部分污染重的煤电机组，加快升级改造。调整运输结构，减少公路运输量，增加铁路运输量。要抓紧治理柴油货车污染，推动货运经营整合升级、提质增效，加快规模化发展、连锁化经营。

深入实施水污染防治行动计划。打好水源地保护、城市黑臭水体治理、渤海综合治理、长江保护修复攻坚战，保障饮用水安全，基本消灭城市黑臭水体，形成清水绿岸、鱼翔浅底的景象。

全面落实土壤污染防治行动计划。推动制定和实施土壤污染防治法。突出重点区域、行业和污染物，强化土壤污染管控和修复，有效防范风险，让老百姓吃得放心、住得安心。全面禁止洋垃圾入境，大幅减少进口固体废物种类和数量，严厉打击危险废物破坏环境违法行为，坚决遏制住危险废物非法转移、倾倒、利用和处理处置。

积极推进"美丽乡村"建设。农村环境直接影响米袋子、菜篮子、水缸子、城镇后花园。要调整农业投入结构，减少化肥农药使用量，增加有机肥使用比重，完善废旧地膜回收处理制度。要持续开展农村人居环境整治行动，实现全国行政村环境整治全覆盖，基本解决农村的垃圾、污水、厕所问题，打造美丽乡村，为老百姓留住鸟语花香田园风光。

2.4　践行新时代生态文明"两山"论

2013 年 9 月 7 日，习近平在哈萨克斯坦纳扎尔巴耶夫大学演讲时说："我们既要绿水青山，也要金山银山。宁要绿水青山，不要金山银山，而且绿水青山就是金山银山。""绿水青山就是金山银山"（简称"两山"论）是重要的发展理念，也是推进现代化建设的重大原则。

绿水青山就是金山银山，但是绿水青山并非天然就是金山银山。实现二者之间的辩证转化需要实事求是的分析，因地制宜地规划，脚踏实地地实施，需要人的主观能动性的发挥。"保住绿水青山要抓源头，形成内生动力机制。"绿水青山只有遇到勤劳的人、智慧的人才能变成金山银山！

"绿水青山就是金山银山"，从内容上说，是对经济与环境的相互依赖关系、人对自然的能动作用和受动作用的辩证统一关系的科学而深刻的认识；从表达形式来看，真正体现了"真理质朴"的旨趣，使用的是超短的日常用语句式，是老百姓口中的俚语和俗语。所以，这一命题是运用中国语言，具有中国风格、中国气派的马克思主义中国化的创新典范，是中国特色社会主义生态文明建设的重要指南。

习近平总书记启发人们："现在，许多贫困地区一说穷，就说穷在了山高沟深偏远。其实，不妨换个角度看，这些地方要想富，恰恰要在山水上做文章。要通过改革创新，让贫困地区的土地、劳动力、资产、自然风光等要素活起来，让资源变资产、资金变股金、农民变股东，让绿水青山变金山银山，带动贫困人口增收。"他要求："要坚定推进绿色发展，推动自然资本大量增值，让良好生态环境成为人民生活的增长点。"

习近平所提出的激活"自然风光等要素","资源变资产、资金变股金",以及"推动自然资本大量增值"等观点,其核心要义就是要求以新生产力要素理论审视当地经济发展的综合条件。尤其要发掘出长期以来一直不被重视甚至被忽视的,事实上可成为经济发展增长点的生产力要素,如环境生产力要素,充分发挥其在经济增长中的作用。不能守着绿水青山这个"金饭碗"没饭吃,而是要让这个"金饭碗"源源不断地涨溢出大米白面、真金白银!

2.4.1 "两山"论的形成过程

习近平"两山"论源于梁家河的基层工作经历,形成于主政浙江时期的生动实践,在党的十八大后治国理政的过程中得到进一步丰富和发展,是一个科学全面、系统完备的科学体系,是指导新时代中国特色社会主义生态文明建设的重要理论指南。

(1)"两山"论源于梁家河基层工作经历

习近平对生态环境问题始终保持高度关注,在长期的基层工作实践中,始终将生态环境问题放在突出位置。二十世纪六七十年代,作为知青的习近平插队到陕西省延川县梁家河村大队,后担任大队党支部书记,他带领村民们一起筑坝修路,大力发展农业生产,齐心协力战贫困。同时,立足陕北地区生态环境相对脆弱的实际,习近平积极引导广大村民形成正确的生产生活方式和生态观念。沼气是农村地区广泛分布的一种可以进行集中收集和利用的清洁能源。在物质生活相对贫乏的年代,部分村民对沼气的功效和作用认识不足。作为一名从"城里来的年轻人",习近平坚持通过试点,用行动来说话,带领村民建立了陕西省第一口沼气池,在满足村民日常生产生活需要的同时,也有效改善了当地的生态环境状况,村民们对开发利用沼气、保护植被生态环境形成了普遍的共识,梁家河开发利用沼气的成功经验也在陕西全省得到推广。牢固树立生态环境保护意识在青年的习近平心中打下了深深的烙印,也让他深刻认识到只要积极引导群众解放思想、自觉树立保护环境的生产生活观念,那么人民群众是最强大最可靠的"环保主力军",这也为日后习近平继续指导生态文明建设工作奠定了重要的基层实践基础和群众基础。

(2)"两山"论形成于主政浙江时期

2005年8月,在"两山"论的诞生之地、诞生之际,时任浙江省委书记的习近平在安吉天荒坪镇余村考察调研时指出,"绿水青山就是金山银山"。习近平亲自把脉,为群众指点迷津,传授他们绿水青山转变为金山银山的秘诀。他语重心长地对余村的干部群众说,生态资源是你们最宝贵的资源。安吉离上海、苏州和杭州,都只有一两个小时的车程,是一块宝地。当经济发展到一定程度时,逆城市化现象会更加明显。你们一定要抓好度假旅游这件事,把山恢复青了,把水变绿了,自然而然就会有人"送钱"来了!十几年过去了,余村人遵从习近平当年的教导,以生态建设促经济发展,真正实现了"自然而然就会有人'送钱'来了"的预言。"逆城市化"的时间预测、都市圈的空间丈量、绿水青山的现实资源……余村的事例充分体现了习近平总书记高瞻远瞩的战略谋划和洞幽察微的智慧眼光。

同年8月24日,习近平在《浙江日报》的《之江新语》专栏发表了《绿水青山也是金山银山》的重要文章,深刻论述了"金山银山"与"绿水青山"的辩证统一关系。他指出,如果各地能够结合本地区的生态环境状况,充分发挥生态资源的禀赋优势,那么作为生态环境的"绿水青山"将会不断创造出更大更多推动经济发展的"金山银山",但是如果一味追求"金山银山"而忽视了作为支撑经济发展重要载体的"绿水青山",那么再多的"金山银山"也换不回生态宜居的"绿水青山"。

　　同时，习近平在深入丽水、衢州、杭州等地调研的过程中，从生态环境认识论的角度深刻论述了"金山银山"与"绿水青山"之间的辩证关系，他指出："人们在实践中对绿水青山和金山银山这'两座山'之间的关系的认识经过了三个阶段：第一个阶段是用绿水青山去换金山银山，不考虑或者很少考虑环境的承载能力，一味索取资源。第二个阶段是既要金山银山，但是也要保住绿水青山，这时候经济发展和资源匮乏、环境恶化之间的矛盾凸显出来，人们意识到环境是我们生存发展的根本，要留得青山在，才能有柴烧。第三个阶段是认识到绿水青山可以源源不断地带来金山银山，绿水青山本身就是金山银山，我们种的常青树就是摇钱树，生态优势变成经济优势，形成了一种浑然一体、和谐统一的关系。"

　　（3）"两山"论在十八大以后不断完善

　　在长期指导基层和地方工作实践的基础上，习近平对生态文明建设形成了比较系统全面的认知，深刻认识到社会经济发展与自然资源供需上的矛盾，日益突出的环境问题已经成为制约经济社会持续发展的生态短板。在负责主持起草党的十八大报告的过程中，习近平建议将"大力推进生态文明建设"作为一个单独的部分进行阐述，纳入中国特色社会主义事业"五位一体"总体布局中。党的十八大报告中指出，"面对资源约束趋紧、环境污染严重、生态系统退化的严峻形势，必须树立尊重自然、顺应自然、保护自然的生态文明理念，把生态文明建设放在突出地位，融入经济建设、政治建设、文化建设、社会建设各方面和全过程，努力建设美丽中国，实现中华民族永续发展"。

　　在工作举措方面，提出要坚持节约资源和保护环境的基本国策，从源头上根治生态环境问题，努力形成节约资源和保护环境的空间格局和生产生活方式，积极营造保护生态环境的社会风气，为人民创造良好的生产生活环境。生态文明建设的最终目标是要努力建设美丽中国和实现中华民族的永续发展，突出强调了生态文明建设在中国特色社会主义事业"五位一体"总体布局中的重要作用，全党上下对建设社会主义生态文明形成了普遍的共识。

　　2015年3月24日，习近平总书记主持召开的中央政治局会议审议并通过了《关于加快推进生态文明建设的意见》（以下简称《意见》），将"坚持绿水青山就是坚持金山银山"的理念写入《意见》中，标志着"两山"论已上升为国家生态文明建设层面的顶层设计，成为指导中国特色社会主义生态文明建设的重要指导思想。中共十八届五中全会通过了《中共中央关于制定国民经济和社会发展第十三个五年规划的建议》（以下简称《建议》）。《建议》中指出，"实现'十三五'时期发展目标，破解发展难题，厚植发展优势，必须牢固树立创新、协调、绿色、开放、共享的发展理念"。绿色发展理念是对习近平"两山"论的丰富和发展，"必须坚持节约资源和保护环境的基本国策，坚持可持续发展，坚定走生产发展、生活富裕、生态良好的文明发展道路，加快建设资源节约型、环境友好型社会，形成人与自然和谐发展现代化建设新格局，推进美丽中国建设，为全球生态安全作出新贡献"。

2.4.2　"两山"论的科学内涵

　　（1）指明经济发展与生态保护的关系

　　绿水青山就是金山银山，阐述了经济发展和生态环境保护的关系，揭示了保护生态环境就是保护生产力、改善生态环境就是发展生产力的道理，指明了实现发展和保护协同共生的新路径。生态环境保护和经济发展不是矛盾对立的关系，而是辩证统一的关系。绿水青山既是自然财富、生态财富，又是社会财富、经济财富。良好生态本身蕴含着无穷的经济价值，能够源源不断地创造综合效益，实现经济社会可持续发展。经济发展不应是对资源和生态环境的涸泽而渔，生态环境保护也不应是舍弃经济发展的缘木求鱼，而是要坚持在发展中保护、在保护中发展。保护生态环境就是保护自然价值和增值自然资本，就是保护经济社会发展潜力和后劲，使绿水青山持续发挥生态效益和经济社会效益。

（2）蕴含着丰富的辩证唯物主义观点

"两山"论蕴含着丰富的辩证法思想，体现出了辩证唯物主义的思维方式，展示了唯物辩证法的精髓。"绿水青山"和"金山银山"即环境保护与经济发展不是简单的替代关系，而是复杂的辩证关系。习近平对"两山"的深刻论述与认识经历了一个漫长的发展过程，在历史与逻辑的实践中逐渐展开清晰的辩证逻辑——对经济发展理念与生态保护理念的辩证扬弃。在认识论上，"两山"论深刻地揭示了自然环境与经济社会发展两者由对立到统一，最终走向和谐统一的否定之否定的趋势和内在逻辑。在方法论上，则阐明了造成"绿水青山"和"金山银山"矛盾对立的深层原因乃是传统的主客对立、单向度的思维方式。根据辩证法思想，我们可以总结出"绿水青山"与"金山银山"的辩证关系：肯定—否定—否定之否定—再否定—最终肯定。

首先，肯定——虽有绿水青山，但没有金山银山。这是人类历史的第一阶段，是原始的、自发的生态文明阶段。这个阶段有自然生态环境，但存在经济短缺。由于人类有限的改造大自然的能力，"绿水青山"多于"金山银山"。

其次，否定——只要金山银山，不要绿水青山。这是人类历史发展的第二个阶段，用"绿水青山"换"金山银山"，人类没有意识到自然环境承载能力的有限性。这是工业文明时代，人类由"短缺经济"时代走向"消费经济"时代，人类仅仅专注"金山银山"，把"金山银山"放在第一位，却没有意识到这种发展方式最终会对环境造成毁灭性的影响。

再次，否定之否定——既要绿水青山，也要金山银山。这个阶段是对前两个阶段的辩证扬弃，实质是要实现经济生态化和生态经济化的双重构建。当代生态危机的出现促使人类思考生态环境保护与经济发展、生态文明与工业文明之间的关系。人们开始自觉地意识到生态危机的严重性，所以当经济发展与环境保护产生矛盾时，需舍弃前者而取后者，从而再否定——宁要绿水青山，不要金山银山。正如"环境库兹涅茨曲线"所指，经济发展的初期，生产力水平较低的时候，资源要素成为了获取经济发展的重要来源，人们不惜牺牲资源和环境来换取经济发展。但是，生产力发展到一定阶段，人们发现资源利用有更好的技术手段，资源有价值更高的使用途径，这时人们便意识到了"绿水青山"的重要性。生产力水平的提高推动经济发展，也对经济社会制度提出了新的要求，对现代化治理提出了新的要求，从而实现"绿水青山"和"金山银山"的双赢。在此意义上，"两山"论是对以往文明的扬弃，是历史上文化哲学的辩证。

如今要破解经济发展与环境保护的两难问题，并不是仅仅有"绿水青山"就足够了，因为许多贫困地区乃是青山绿水之地，但因为交通不便，开发欠缺等，仍然处于贫困状态。如何依托绿水青山减贫是值得人们深思的。当人们的温饱问题解决之后，物质的富足早已不能满足人们的生态审美需求，人们开始关注生存和生活质量，包括优质的生态产品和服务。过去人们盼望温饱，现在人们求生态。如果还像贫困时期一样"只要金山银山，不要绿水青山"，便会与民生发展需求背道而驰。

从历史的辩证眼光来看，过去老百姓要吃饱穿暖关注"金山银山"，现在基本实现小康的老百姓更关注"绿水青山"。在一定意义上，历史唯物主义是马克思主义哲学的根本方法，根据以往的对历史唯物主义的理解方式，生产方式就是物质生产方式，与对人的理解疏离了。但是，生产力的提高与人自身能力的提高紧密相关。换言之，生产力的提高直接关系到人的劳动能力的改变。作为能够改善人类生存和发展境遇的内在支撑力量，生产力是一种不依赖人的外在力量。"两山"论的阶段性发展就是在人类活动的历史性演进中，不断创造生产力，改变生产关系，从而改变自身的生存状态，由追求温饱向追求生态转变，也就是达到"绿""富""美"的理想状态。

2.4.3 "两山"论的时代价值

（1）为人类指明了正确的发展道路

"绿水青山就是金山银山"体现了"人与自然是生命共同体"的深刻认识。"两山"关系，从狭义上理解是指经济发展与环境保护的关系，从广义上理解则指人与自然的关系。"绿水青山就是金山银山"隐含着人类对发展道路的选择指向。在人与自然"二元对立观"的指导下，有些人获取财富的方式是"攫取"，手段极其粗暴：开山炸石、围海造田、焚林种粮、大量使用化肥农药、滥捕滥杀等等。"生命共同体"指导之下的人们获取财富的方式则是"顺取"，它视山为涌金之山，视水为流银之水。从"绿水青山"中得金获银之后，青山依旧苍翠涌金不断，绿水依旧长流流银不止，绿水青山源源不断地向人们提供财富，绿水青山真正成为传说中的聚宝盆。如果说前者采取的是竭泽而渔式的发展方式，可称之为"攫财"方式，后者要求的则是蓄水养鱼式的发展方式，可称之为"生财"方式。前者和后者的差距就在于思路，正如习近平所说："让绿水青山充分发挥经济社会效益……关键是要树立正确的发展思路，因地制宜选择好发展产业。"思路一变天地宽，"攫财"财路断绝，"生财"财源滚滚。

（2）经济生态化和生态经济化的辩证统一

"两山"论实质是要实现经济生态化和生态经济化的辩证统一。一方面，要注意在经济增长过程中防止环境恶化，要保护生态和修复环境，保障生态环境的应有功能，简单而言，就是经济生态化。另一方面，要把优质的生态环境资源转化为居民看得见的经济收入，同时也意味着要让那些生态资源丰富或者生态环境优美但经济欠发达地区的人民走上小康的道路，简单而言，就是生态经济化。从经济学的角度来说，就是将生态资本转化为经济资本。实现经济生态化和生态经济化要求人们做到以下两点。

首先"还旧账"。在现代化发展道路上，不管是先起的发达国家，还是后起的发展中国家，均是不持续的、以环境破坏为代价换取经济增长的模式，特别是以高投入、高消耗、高污染为特征的发展模式。中国经济四十多年的高速增长在给人民带来巨大物质财富的同时，生态环境问题也日益突出。经济生态化就是要求人们在发展经济的同时加强治污力度，将人类对环境欠下的账"还清"。

其次"不欠新账"。也就是说要大力发展生态经济，在发展经济的过程当中，将其对环境破坏的程度降到最低。这就需要在"两山"论的指导下，大力推进"黑色经济""线性经济"和"高碳经济"向"绿色经济""循环经济""低碳经济"的转变，创造生态产业美、绿色消费美等美丽经济的风景线。"绿水青山就是金山银山"属于一种新兴的发展思想，有着特别重要的战略性意义，是我们需要一直坚持的基本理论。

（3）"两山"论对新时代发展的意义

首先，为新时代的发展提供了所遵循的新发展理念。从生态学的视角，生态系统属于各部分能够相互依存的科学动态系统，其中包含的内容有动物、植物、人类等。对于任何有机体，要想实现生存，就一定会受到来自环境的约束，所以需要不断地对外部环境进行更新式的适应，并且个体之间也要努力做到"以更加有效的利用栖息地的方式彼此调适"。这种"绿水青山就是金山银山"的重要观点，所彰显的就是"人-社会-自然界"能够实现和谐共生的这一重要观点。

其次，为当前发展提供了必须要尊重大自然发展规律的生态理念。"两山"论旗帜鲜明地赞成"非人类中心主义"，驳斥"人类中心主义"，牢固树立了人与自然和谐共生的理念，阐述了人类必须要尊重自然、保护环境，才能够实现自身可持续发展、永续发展的观点。

再次，更加凸显了自我约制的人类幸福观点。在人类发展的历史进程当中，需要不断地进行各种认知的持续更新，即需要正确地认识到人和自然之间的关系。人要正确地认识到自身的欲望，并且要认识到自身应该采用何种方式才能实现自身的欲望。另外，如何处理好人和人、人和社会，以及人和自然之间所存在的关系，这些问题都需要妥善地做出处理。假如这些问题无法得到正确的处理，那么人与自然之间的和谐关系也就难以建立。为了能够更好地追求幸福，实现"金山银山"，必然就会依赖"绿水青山"，所以两者之间建立起统一合作的发展方式是尤为重要的。

2.5　生态文明体系的系统界定

习近平总书记在全国生态环境保护大会上强调，生态文明建设是关系中华民族永续发展的根本大计。中华民族向来尊重自然、热爱自然，绵延5000多年的中华文明孕育着丰富的生态文化。生态兴则文明兴，生态衰则文明衰。中国特色社会主义新时代推进生态文明建设必须加快构建生态文明体系。

要通过加快构建生态文明体系，使我国经济发展质量和效益显著提升，确保到2035年节约资源和保护环境的空间格局、产业结构、生产方式、生活方式总体形成，生态环境质量实现根本好转，生态环境领域国家治理体系和治理能力现代化基本实现，美丽中国目标基本实现。

到本世纪中叶，建成富强民主文明和谐美丽的社会主义现代化强国，物质文明、政治文明、精神文明、社会文明、生态文明全面提升，绿色发展方式和生活方式全面形成，人与自然和谐共生，生态环境领域国家治理体系和治理能力现代化全面实现，建成美丽中国。

2.5.1　建立以生态价值观念为准则的生态文化体系

生态文化是生态文明建设的灵魂。良好的生态文化体系包括人与自然和谐发展，共存共荣的生态意识、价值取向和社会适应。加快建立健全以生态价值观念为准则的生态文化体系。树立尊重自然、顺应自然、保护自然的生态价值观，把生态文明建设放在突出地位，才能从根本上减少人为对自然环境的破坏。我们在处理人与自然的关系时，要坚守生态价值观，坚持"以人为本"的原则，并把这一原则贯穿到生态文化体系建设的全过程。尊重自然、保护自然，最终目的也是为了人类自身的生存与发展。对于普通老百姓来说，每天喝上干净的水，呼吸新鲜的空气，吃上安全放心的食品，生活质量越来越高，过得既幸福又健康，这就是百姓心中的梦。建立健全以生态价值观念为准则的生态文化体系要大力倡导生态伦理和生态道德，提倡先进的生态价值观和生态审美观，注重对广大人民群众的舆论引导，在全社会大力倡导绿色消费模式，引导人们树立绿色、环保、节约的文明消费模式和生活方式。只有当低碳环保的理念深入人心，绿色生活方式成为习惯，生态文化才能真正发挥出它的作用，生态文明建设就有了内核。

2.5.2 建立以产业生态化和生态产业化为主体的生态经济体系

生态经济体系是生态文明建设的物质基础。加快建立健全以产业生态化和生态产业化为主体的生态经济体系。绿水青山就是金山银山，保护生态环境就是保护生产力，改善生态环境就是发展生产力。只有坚持正确的发展理念和发展方式，才可以实现百姓富、生态美的有机统一。要构建以产业生态化和生态产业化为主体的生态经济体系，深化供给侧结构性改革，坚持传统制造业改造提升与新兴产业培育并重，扩大总量与提质增效并重，扶大扶优扶强与招商引资引智并重，抓好生态工业、生态农业，抓好全域旅游，促进一二三产业融合发展，让生态优势变成经济优势，形成一种浑然一体、和谐统一的关系。

2.5.3 建立以改善生态环境质量为核心的目标责任体系

加快建立健全以改善生态环境质量为核心的目标责任体系。生态环保目标落实得好不好，领导干部是关键，要树立新发展理念、转变政绩观，就要建立健全考核评价机制，压实责任，强化担当。各级领导干部要彻底转变观念，再也不能简单以国内生产总值增长率来"论英雄"，而是将生态环境放在经济社会发展评价体系的突出位置，使其占有较大的权重，探索建立生态环境一票否决制。建立责任追究制度，特别是对领导干部的责任追究制度。对那些不顾生态环境盲目决策、造成严重后果的人，必须追究其责任，而且应该终身追究。针对决策、执行、监管中的责任，明确各级领导干部责任追究情形。对造成生态环境损害负有责任的领导干部，不论是否已调离、提拔或者退休，都必须严肃追责。各级党委和政府要切实重视、加强领导，纪检监察机关、组织部门和政府有关监管部门要各尽其责、形成合力。一旦发现需要追责的情形，必须追责到底。

2.5.4 建立以治理体系和治理能力现代化为保障的生态文明制度体系

保护生态环境必须依靠制度、依靠法治。只有实行最严格的制度、最严密的法治，才能为生态文明建设提供可靠保障。加快建立健全以治理体系和治理能力现代化为保障的生态文明制度体系。这就要求从治理手段入手，提高治理能力，并要把资源消耗、环境损害、生态效益等体现生态文明建设状况的指标纳入经济社会发展评价体系，建立体现生态文明要求的目标体系、考核办法、奖惩机制，使之成为推进生态文明建设的重要导向和约束。党的十八届三中全会通过的《中共中央关于全面深化改革若干重大问题的决定》首次确立了生态文明制度体系，从源头、过程、后果的全过程，按照"源头严防、过程严管、后果严惩"的思路，阐述了生态文明制度体系的构成及其改革方向、重点任务。从制度层面，要建立健全资源生态环境管理制度，加快建立国土空间开发保护制度，强化水、大气、土壤等污染防治制度，建立反映市场供求和资源稀缺程度、体现生态价值和代际补偿的资源有偿使用制度和生态补偿制度，健全生态环境保护责任追究制度和环境损害赔偿制度，强化制度约束作用。

2.5.5 建立以生态系统良性循环和环境风险有效防控为重点的生态安全体系

生态安全关系人民群众福祉、经济社会可持续发展和社会长久稳定，是国家安全体系的重要基石。建立生态安全体系是加强生态文明建设的应有之义，是必须守住的基本底线。要加快建立健全"以生态系统良性循环和环境风险有效防控为重点的生态安全体系"。首先就是要维护生态系统的完整性、稳定性和功能性，确保生态系统的良性循环；其次要处理好涉及生态环境的重大问题，包括妥善处理好国内发展面临的资源环境瓶颈、生态承载力不足的问题，以及突发环境事件问题，这是维护生态安全的重要着力点，是最具有现实性和紧迫性的问题。

本章重要知识点

（1）生态文明建设重要性：将生态文明建设放在突出地位，融入经济建设、政治建设、文化建设、社会建设各方面和全过程；生态文明建设已经上升至国家发展战略的高度，成为建设新时代中国特色社会主义的总遵循之一，成为全党的奋斗目标，成为国家发展的理念基础。

（2）"美丽中国"建设目标：到 2035 年要基本实现社会主义现代化，美丽中国目标基本实现；到本世纪中叶，把我国建成富强民主文明和谐美丽的社会主义现代化强国。

（3）绿色发展：是在生态环境容量和资源承载能力的制约下，通过保护自然环境实现可持续科学发展的新型发展模式和生态发展理念。

（4）绿色发展方式和生活方式：从调结构、优布局、强产业、节资源、绿生活几个方面着手统筹发展。

（5）人与自然生命共同体：人类在改造自然过程中要受到自然规律的约束，实现人与自然关系和谐发展。新时代，我国将"美丽中国"作为社会主义现代化强国建设的重要目标之一，就是要建设人与自然和谐共生的现代化，构建"人与自然生命共同体"。

（6）自然生产力：指自然物本身蕴藏着的有助于物质财富生产的一种能力。马克思强调从实践的角度将人类的外部自然划分成第一自然与第二自然，前者表现为自然界中存在的最原始的自然力，后者表现为一种人化的自然力。

（7）"两山"论：既要绿水青山，也要金山银山；宁要绿水青山，不要金山银山；绿水青山就是金山银山。

（8）辩证唯物主义自然观：合理地肯定了自然价值，指出人只是自然界的一部分，人类社会是"人化的自然"，从自然之维度为人们展开了理解人与自然辩证关系的生态视角。

（9）新时代我国社会的主要矛盾：十九大报告指出，"人民日益增长的美好生活需要和不平衡不充分的发展之间的矛盾"成为新时代我国社会的主要矛盾。

（10）"两山"论的时代价值：为人类指明了正确的发展道路，是经济生态化和生态经济化的辩证统一；为新时代的发展提供了所遵循的新发展理念、规律；为当前发展提供了必须要尊重大自然发展规律的生态理念；凸显了自我约制的人类幸福观点。

思考题

(1) 践行生态文明战略从哪些方面有益于我国实现两个百年的奋斗目标？

(2) 如何从辩证唯物主义和历史唯物主义视角看待"两山"论？

(3) 生态文明体系包含哪些组成部分？如何加快构建生态文明体系？

(4) 为什么说美丽中国建设是关系中华民族永续发展的根本大计？

(5) 马克思主义经典作品如何认识和看待生态文明？

参考文献

[1] 金璐.论中国特色生态文明建设的理论基础与道路创新 [J].厦门特区党校学报，2019，166（2）：15-19.

[2] 曹新.对推进生态文明建设加快构建生态文明体系的思考 [N].中国审计报，2018-05-30（6）.

[3] 习近平.推动我国生态文明建设迈上新台阶 [J].求是，2019（3）：4-19.

[4] 裴艳丽，倪素香.马克思生态文明思想的三重维度 [J].江西师范大学学报：哲学社会科学版，2018（6）：47-51.

[5] 黄小毅.论构建人类命运共同体的生态意蕴 [J].西部学刊，2019（3）：56-59.

[6] 林学俊.美丽中国的内涵及其实现问题 [J].中学政治教学参考，2019（3）：41-43.

[7] 杨振华，杨艇.构建人与自然的生命共同体 [J].汉字文化，2019（11）：165-166.

[8] 穆艳杰，于宜含."人与自然是生命共同体"理念的当代建构 [J].吉林大学社会科学学报，2019（3）：161-169.

[9] 张光紫，张森年."两山"理论的哲学意蕴与实践价值 [J].南通大学学报（社会科学版），2018（2）：21-25.

[10] 方创琳，王振波，刘海猛.美丽中国建设的理论基础与评估方案探索 [J].地理学报，2019（4）：619-632.

[11] 生态环境部.2018 中国生态环境状况公报.（2019-05-29）[2019-10-19].http://hbdc.mep.gov.cn/hjyw/201905/t20190529_704848.shtml.

[12] 高涛涛."美丽中国"的哲学意蕴 [J].知与行，2019（3）：97-101.

[13] 胡鞍钢，周绍杰.绿色发展：功能界定、机制分析与发展战略 [J].中国人口·资源与环境，2014（1）：14-20.

[14] 李百汉.推动绿色发展需抓住五大"着力点"[N].经济日报，2019-07-19（12）.

[15] 李飞.推动形成绿色发展方式 [N].学习时报，2019-07-17（1）.

[16] 顾姝斌.利用"两山"理念指导湖州市生态文明建设的实践与思考 [D].杭州：浙江大学，2018.

[17] 高红贵，罗颖.践行习近平"两山"理念的基本路径与政策主张 [J].湖州师范学院学报，2018（7）：1-6.

[18] 刘琦.马克思的生态观及其在当代中国的发展 [J].黑河学刊，2019（3）：90-92.

[19] 赵佳佳.社会主义生态文明话语体系的建构：基于生态文明建设的思考 [J].甘肃理论学刊，2018（6）：13-19.

第三章 我国生态文明建设的基础

我国经过改革开放和工业化快速发展，经济持续健康发展，国内生产总值和城乡居民人均收入均实现快速增长，人民物质文化生活水平显著提高，成为世界第二大经济体和最具活力经济体之一。工业化基本实现，信息化水平大幅提升，城镇化质量明显提高，农业现代化和社会主义新农村建设成效显著，区域协调发展机制基本形成。对外开放水平进一步提高，国际竞争力明显增强。社会主义核心价值体系深入人心，公共文化服务体系基本建成。

同时，我国仍处于并将长期处于社会主义初级阶段。2017年10月18日，习近平同志在十九大报告中强调，中国特色社会主义进入新时代，我国社会主要矛盾已经转化为人民日益增长的美好生活需要和不平衡不充分的发展之间的矛盾。我国仍是世界最大的发展中国家。我国仍然处于工业化中期阶段，工业化水平还有很大提升空间，工业化质量、效率均有待提高，高投入、高消耗、高污染和不平衡、不协调、不可持续的问题亟待解决，资源短缺、环境污染和生态破坏问题成为可持续发展的瓶颈。

在这样的背景下，中国推进生态文明建设，以为当代人和后代人均衡负责为宗旨，寻求传统工业化向新型工业化转变，转变生产方式、生活方式和消费模式，调整经济结构，节约利用资源，保护和改善自然环境，修复和建设生态系统，为国家和民族的永续生存和发展保留和创造坚实的自然物质基础。

1995年，环保部门启动实施生态建设示范区。2000年以来，环保部门以生态省、生态市、生态县、生态乡镇、生态村、生态工业园区等六个层级建设为主要内容，构建工作体系、制定量化指标、出台管理规程，积极推进生态建设示范区创建工作。

2007年，党的十七大报告首次明确提出建设生态文明，提出"建设生态文明，基本形成节约能源资源和保护生态环境的产业结构、增长方式、消费模式。循环经济形成较大规模，可再生能源比重显著上升。主要污染物排放得到有效控制，生态环境质量明显改善。生态文明观念在全社会牢固树立"。2009年，党的十七届四中全会提出，我国经济建设、政治建设、文化建设、社会建设以及生态文明建设全面推进，工业化、信息化、城镇化、市场化、国际化深入发展。2010年，党的十七届五中全会通过的《中共中央关于制定国民经济和社会发展第十二个五年规划的建议》明确提出，"加快建设资源节约型、环境友好型社会，提高生态文明水平"。2012年，党的十八大报告明确提出，必须更加自觉地把全面协调可持续作为深入贯彻落实科学发展观的基本要求，全面落实经济建设、政治建设、文化建设、社会建设、生态文明建设"五位一体"总体布局，要把生态文明建设放在突出地位，融入经济建设、政治建设、文化建设、社会建设各方面和全过程。2017年，党的十九大报告明确指出"建设生态文明是中华民族永续发展的千年大计"，要求必须树立和践行"绿水青山就是金山银山"的理念，统筹山水林田湖草系统治理。2018年5月，全国生态环境保护大会召开，习近平总书记再次强调：生态文明建设是关系中华民族永续发展的根本大计；山水林田湖草是生命共同体，要统筹兼顾、整体施策、多措并举，全方位、全地域、全过程开展生态文明建设；用最严格制度最严密法治保护生态环境，加快制度创新，强化制度执行，让制度成为刚性的约束和不可触碰的高压线。

为了加快推进生态文明建设，2015年，中共中央、国务院印发《生态文明体制改革总体方案》，加快建立系统完整的生态文明制度体系，增强生态文明体制改革的系统性、整体性、协同性。《生态文明体制改革总体方案》提出，到2020年，构建起由自然资源资产产权制度、国土空间开发保护制度、空间规划体系、资源总量管理和全面节约制度、资源有偿使用和生态补偿制度、环境治理体系、环境治理和生态保护市场体系、生态文明绩效评价考核和责任追究制度等八项制度构成的产权清晰、多元参与、激励约束并重、系统完整的生态文明制度体系，推进生态文明领域国家治理体系和治理能力现代化，努力走向社会主义生态文明新时代。

生态文明建设与经济建设、政治建设、文化建设和社会建设五位一体，相辅相成。生态文明建设须贯穿经济建设、政治建设、文化建设和社会建设的各方面和全过程。本章从生态文明建设的经济基础、社会基础、文化基础和法律基础几个方面，论述生态文明建设与其他建设之间的关系。

本章知识体系示意图

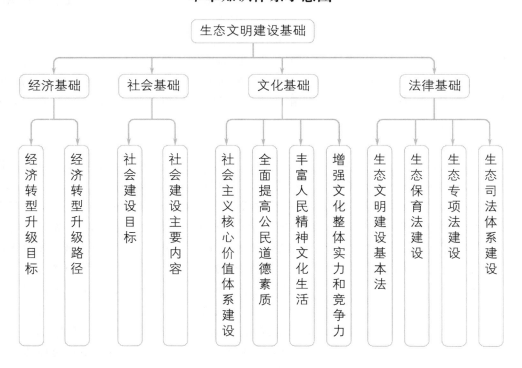

3.1　生态文明建设的经济基础

3.1.1　生态文明建设与经济建设的关系

"五位一体"总体布局，要求要把生态文明建设放在突出地位，融入经济建设各方面和全过程，加快生态文明建设，构建以产业生态化和生态产业化为主体的生态经济体系。生态经济体系是基础，为生态文明社会建设提供坚强的物质基础。即始终秉持"绿水青山就是金山银山""保护生态环境就是保护生产力、改善生态环境就是发展生产力"的绿色发展观，始终坚持把生态环境作为经济社会发展的内在要素和内生动力；始终把整个生产过程的绿色化、生态化作为实现和确保生产活动结果绿色化和生态化的途径、约束和保障，坚守"产业生态化和生态产业化"与"经济生态化和生态经济化"基本路径。以供给侧结构性改革为主线，实现传统产业改造升级和发展的绿色化；以新发展理念为指引，着力发展高效生态农业，大力发展现代服务业，全面构筑绿色发展现代产业新体系。

从唯物辩证法看生态文明建设与经济建设关系，生态文明强调"绿水青山就是金山银山"的绿色发展观，保护生态环境就是保护生产力、改善生态环境就是发展生产力，深刻揭示了自然生态作为生产力内在属性的重要地位。利用资源、环境保护对发展方式转变和经济结构调整的倒逼机制，把调整优化结构、强化创新驱动和保护生态环境结合起来，推动绿色发展、循环发展、低碳发展，以寻求经济、社会、环境的协调发展和中国社会的可持续发展。

从经济发展方式看，我国经济已由高速增长阶段转向高质量发展阶段。高质量发展是体现新发展理念的发展，是绿色发展成为普遍形态的发展。习近平总书记明确指出，"绿色循环低碳发展，是当今时代科技革命和产业变革的方向，是最有前途的发展领域"。加强生态文明建设，坚持绿色发展，改变传统的"大量生产、大量消耗、大量排放"的生产模式和消费模式，使资源、生产、消费等要素相匹配相适应，是构建高质量现代化经济体系的必然要求，是实现经济社会发展和生态环境保护协调统一、人与自然和谐共生的根本之策。

3.1.2　促进经济建设转型升级，推动生态文明建设

（1）经济转型升级目标

《生态文明体制改革总体方案》指出，发展必须是绿色发展、循环发展、低碳发展，平衡好发展和保护的关系，按照主体功能定位控制开发强度，调整空间结构，给子孙后代留下天蓝、地绿、水净的美好家园，实现发展与保护的内在统一、相互促进。

坚持节约资源和保护环境基本国策，坚持节约优先、保护优先、自然恢复为主方针，立足我国社会主义初级阶段的基本国情和新的阶段性特征，以建设美丽中国为目标，以正确处理人与自然关系为核心，以解决生态环境领域突出问题为导向，保障国家生态安全，改善环境质量，提高资源利用效率，推动形成人与自然和谐发展的现代化建设新格局。

加快推进绿色、循环、低碳发展。绿色、循环、低碳发展，是建设生态文明的重要支撑和有效路径。要把生态基础、环境容量和资源承载力作为发展的前提条件，加大科技创新，不断提高现有资源、能源的利用效率，积极培育和发展现代循环农业、生物质产业、节能环

保产业、新兴信息产业、新能源产业等绿色新兴战略产业，逐步建立起绿色、循环、低碳的经济运行体系，推动经济社会实现绿色、循环、低碳的科学发展。

努力提供健康、安全、优质的生态产品。大力加强生态系统的保护和修复，提高生态系统服务能力；强化空气、土壤、水等污染防治，提高环境质量；采取鼓励和约束的双向激励，不断改进和推动健康、安全、优质的生态产品的生产和流通，让人民群众能够呼吸新鲜的空气，喝上干净的水，吃上放心的食品，在环境优良的"美丽中国"生产生活。

（2）经济转型升级路径

以科学发展为主题，以加快转变经济发展方式为主线，是关系我国发展全局的战略抉择。要适应国内外经济形势新变化，加快形成新的经济发展方式，把推动发展的立足点转到提高质量和效益上来，着力激发各类市场主体发展新活力，着力增强创新驱动发展新动力，着力构建现代产业发展新体系，着力培育开放型经济发展新优势，使经济发展更多依靠内需特别是消费需求拉动，更多依靠现代服务业和战略性新兴产业带动，更多依靠科技进步、劳动者素质提高、管理创新驱动，更多依靠节约资源和循环经济推动，更多依靠城乡区域发展协调互动，不断增强长期发展后劲。

坚持走中国特色新型工业化、信息化、城镇化、农业现代化道路，推动信息化和工业化深度融合、工业化和城镇化良性互动、城镇化和农业现代化相互协调，促进工业化、信息化、城镇化、农业现代化同步发展。

全面深化经济体制改革。深化改革是加快转变经济发展方式的关键。经济体制改革的核心问题是处理好政府和市场的关系，必须更加尊重市场规律，更好发挥政府作用。要毫不动摇巩固和发展公有制经济，推行公有制多种实现形式，推动国有资本更多投向关系国家安全和国民经济命脉的重要行业和关键领域，不断增强国有经济活力、控制力、影响力。毫不动摇鼓励、支持、引导非公有制经济发展，保证各种所有制经济依法平等使用生产要素、公平参与市场竞争、同等受到法律保护。健全现代市场体系，加强宏观调控目标和政策手段机制化建设。加快改革财税体制，健全中央和地方财力与事权相匹配的体制，完善促进基本公共服务均等化和主体功能区建设的公共财政体系，构建地方税体系，形成有利于结构优化、社会公平的税收制度。建立公共资源出让收益合理共享机制。深化金融体制改革，健全促进宏观经济稳定、支持实体经济发展的现代金融体系，发展多层次资本市场，稳步推进利率和汇率市场化改革，逐步实现人民币资本项目可兑换。加快发展民营金融机构。完善金融监管，推进金融创新，维护金融稳定。

实施创新驱动发展战略。科技创新是提高社会生产力和综合国力的战略支撑，必须摆在国家发展全局的核心位置。要坚持走中国特色自主创新道路，以全球视野谋划和推动创新，提高原始创新、集成创新和引进消化吸收再创新能力，更加注重协同创新。深化科技体制改革，推动科技和经济紧密结合，加快建设国家创新体系，着力构建以企业为主体、市场为导向、产学研相结合的技术创新体系。完善知识创新体系，强化基础研究、前沿技术研究、社会公益技术研究，提高科学研究水平和成果转化能力，抢占科技发展战略制高点。实施国家科技重大专项，突破重大技术瓶颈。加快新技术新产品新工艺研发应用，加强技术集成和商业模式创新。完善科技创新评价标准、激励机制、转化机制。实施知识产权战略，加强知识产权保护。促进创新资源高效配置和综合集成，把全社会智慧和力量凝聚到创新发展上来。

推进经济结构战略性调整。这是加快转变经济发展方式的主攻方向。必须以改善需求结构、优化产业结构、促进区域协调发展、推进城镇化为重点，着力解决制约经济持续健康发展的重大结构性问题。要牢牢把握扩大内需这一战略基点，加快建立扩大消费需求长效机制，释放居民消费潜力，保持投资合理增长，扩大国内市场规模。牢牢把握发展实体经济这一坚实基础，实行更加有利于实体经济发展的政策措施，强化需求导向，推动战略性新兴产业、先进制造业健康发展，加快传统产业转型升级，推动服务业特别是现代服务业发展壮大，合理布局建设基础设施和基础产业。建设下一代信息基础设施，发展现代信息技术产业体系，健全信息安全保障体系，推进信息网络技术广泛运用。提高大中型企业核心竞争力，支持小微企业特别是科技型小微企业发展。继续实施区域发展总体战略，充分发挥各地区比较优势，优先推进西部大开发，全面振兴东北地区等老工业基地，大力促进中部地区崛起，积极支持东部地区率先发展。采取对口支援等多种形式，加大对革命老区、民族地区、边疆地区、贫困地区扶持力度。科学规划城市群规模和布局，增强中小城市和小城镇产业发展、公共服务、吸纳就业、人口聚集功能。加快改革户籍制度，有序推进农业转移人口市民化，努力实现城镇基本公共服务常住人口全覆盖。

推动城乡发展一体化。解决好农业农村农民问题是全党工作重中之重，城乡发展一体化是解决"三农"问题的根本途径。要加大统筹城乡发展力度，增强农村发展活力，逐步缩小城乡差距，促进城乡共同繁荣。坚持工业反哺农业、城市支持农村和多予少取放活方针，加大强农惠农富农政策力度，让广大农民平等参与现代化进程、共同分享现代化成果。加快发展现代农业，增强农业综合生产能力，确保国家粮食安全和重要农产品有效供给。坚持把国家基础设施建设和社会事业发展重点放在农村，深入推进新农村建设和扶贫开发，全面改善农村生产生活条件。着力促进农民增收，保持农民收入持续较快增长。坚持和完善农村基本经营制度，依法维护农民土地承包经营权、宅基地使用权、集体收益分配权，壮大集体经济实力，发展多种形式规模经营，构建集约化、专业化、组织化、社会化相结合的新型农业经营体系。改革征地制度，提高农民在土地增值收益中的分配比例。加快完善城乡发展一体化体制机制，着力在城乡规划、基础设施、公共服务等方面推进一体化，促进城乡要素平等交换和公共资源均衡配置，形成以工促农、以城带乡、工农互惠、城乡一体的新型工农、城乡关系。

全面提高开放型经济水平。适应经济全球化新形势，必须实行更加积极主动的开放战略，完善互利共赢、多元平衡、安全高效的开放型经济体系。要加快转变对外经济发展方式，推动开放朝着优化结构、拓展深度、提高效益方向转变。创新开放模式，促进沿海内陆沿边开放优势互补，形成引领国际经济合作和竞争的开放区域，培育带动区域发展的开放高地。坚持出口和进口并重，强化贸易政策和产业政策协调，形成以技术、品牌、质量、服务为核心的出口竞争新优势，促进加工贸易转型升级，发展服务贸易，推动对外贸易平衡发展。提高利用外资综合优势和总体效益，推动引资、引技、引智有机结合。加快走出去步伐，增强企业国际化经营能力，培育一批世界水平的跨国公司。统筹双边、多边、区域次区域开放合作，加快实施自由贸易区战略，推动同周边国家互联互通。提高抵御国际经济风险能力。

3.2　生态文明建设的社会基础

3.2.1　生态文明建设与社会建设的关系

生态文明建设需要融入社会建设各方面和全过程。中国人民大学副校长洪大用指出，在经济增长的基础上推进生态文明建设的一个重要突破口是加快社会建设。生态危机的根源实际上是社会关系的失调。在很大程度上，我国的社会变革和社会建设进程，与我国快速推进的工业化、城市化进程还很不适应。因此，在未来一段时期内，我国尤其需要快速推进建立发展成果共享的制度安排，建立全面覆盖的社会福利制度，大力推动公众制度化的理性参与，有效地促进企业和企业家承担环境保护责任，全面正确地看待科学技术在发展中的作用，不断完善法治建设，引导整个社会树立科学健康的价值观念和生活方式。

从人民的美好生活需要角度，习近平总书记深刻指出，生态文明建设关系党的使命宗旨。人民对美好生活的向往，就是我们党的奋斗目标。新时代，人民群众对干净的水、清新的空气、安全的食品、优美的生态环境等要求越来越高，只有大力推进生态文明建设，提供更多优质生态产品，才能不断满足人民日益增长的优美生态环境需要。我国经济在快速发展的同时积累下的诸多环境问题，已成为"民生之患、民心之痛"，习近平总书记对此深切关注、悉心体察，指出"广大人民群众热切期盼加快提高生态环境质量"，我们在生态环境方面欠账太多，如果不从现在起就把这项工作紧紧抓起来，将来会付出更大的代价！生态环境里面有很大的政治，既要算经济账，更要算政治账，算大账、算长远账，绝不能急功近利、因小失大。

要坚持良好生态环境是最普惠的民生福祉。良好生态环境是最公平的公共产品，是最普惠的民生福祉。这一理念源自我们党全心全意为人民服务的根本宗旨，源自广大人民群众对改善生态环境质量的热切期盼。习近平总书记强调，环境就是民生，青山就是美丽，蓝天也是幸福，发展经济是为了民生，保护生态环境同样也是为了民生。良好的生态环境意味着清洁的空气、干净的水源、安全的食品、宜居的环境，关系着人民群众最基本的生存权和发展权，具有典型的公共产品属性。我们党代表着广大人民最根本的利益，必须以对人民群众高度负责的态度，把生态环境保护放在更加突出的位置，为人民群众提供更多优质生态产品，让良好生态环境成为人民生活的增长点，让老百姓切实感受到经济发展带来的实实在在的环境效益。

3.2.2　加强社会建设，推动生态文明建设

（1）社会建设目的

加强社会建设，是社会和谐稳定的重要保证。必须从维护广大人民根本利益的高度，加快健全基本公共服务体系，加强和创新社会管理，推动社会主义和谐社会建设。

加强社会建设，必须以保障和改善民生为重点。提高人民物质文化生活水平，是改革开放和社会主义现代化建设的根本目的。要多谋民生之利，多解民生之忧，解决好人民最关心最直接最现实的利益问题，在学有所教、劳有所得、病有所医、老有所养、住有所居上持续取得新进展，努力让人民过上更好生活。

加强社会建设，必须加快推进社会体制改革。要围绕构建中国特色社会主义社会管理体系，加快形成党委领导、政府负责、社会协同、公众参与、法治保障的社会管理体制，加快形成政府主导、覆盖城乡、可持续的基本公共服务体系，加快形成政社分开、权责明确、依法自治的现代社会组织体制，加快形成源头治理、动态管理、应急处置相结合的社会管理机制。

（2）社会建设主要内容

努力办好人民满意的教育。教育是中华民族振兴和社会进步的基石。要坚持教育优先发

展，全面贯彻党的教育方针，坚持教育为社会主义现代化服务的根本任务，培养德智体美全面发展的社会主义建设者和接班人。全面实施素质教育，深化教育领域综合改革，着力提高教育质量，培养学生创新精神。办好学前教育，均衡发展九年义务教育，完善终身教育体系，建设学习型社会。大力促进教育公平，合理配置教育资源，重点向农村、边远、贫困、民族地区倾斜，支持特殊教育，提高家庭经济困难学生资助水平，积极推动农民工子女平等接受教育，让每个孩子都能成为有用之才。鼓励引导社会力量兴办教育。加强教师队伍建设，提高师德水平和业务能力，增强教师教书育人的荣誉感和责任感。

推动实现更高质量的就业。就业是民生之本。要贯彻劳动者自主就业、市场调节就业、政府促进就业和鼓励创业的方针，实施就业优先战略和更加积极的就业政策。引导劳动者转变就业观念，鼓励多渠道多形式就业，促进创业带动就业，做好以高校毕业生为重点的青年就业工作和农村转移劳动力、城镇困难人员、退役军人就业工作。加强职业技能培训，提升劳动者就业创业能力，增强就业稳定性。健全人力资源市场，完善就业服务体系，增强失业保险对促进就业的作用。健全劳动标准体系和劳动关系协调机制，加强劳动保障监察和争议调解仲裁，构建和谐劳动关系。

千方百计增加居民收入。实现发展成果由人民共享，必须深化收入分配制度改革，努力实现居民收入增长和经济发展同步、劳动报酬增长和劳动生产率提高同步，提高居民收入在国民收入分配中的比重，提高劳动报酬在初次分配中的比重。初次分配和再分配都要兼顾效率和公平，再分配更加注重公平。完善劳动、资本、技术、管理等要素按贡献参与分配的初次分配机制，加快健全以税收、社会保障、转移支付为主要手段的再分配调节机制。深化企业和机关事业单位工资制度改革，推行企业工资集体协商制度，保护劳动所得。多渠道增加居民财产性收入。规范收入分配秩序，保护合法收入，增加低收入者收入，调节过高收入，取缔非法收入。

统筹推进城乡社会保障体系建设。社会保障是保障人民生活、调节社会分配的一项基本制度。要坚持全覆盖、保基本、多层次、可持续方针，以增强公平性、适应流动性、保证可持续性为重点，全面建成覆盖城乡居民的社会保障体系。改革和完善企业和机关事业单位社会保险制度，整合城乡居民基本养老保险和基本医疗保险制度，逐步做实养老保险个人账户，实现基础养老金全国统筹，建立兼顾各类人员的社会保障待遇确定机制和正常调整机制。扩大社会保障基金筹资渠道，建立社会保险基金投资运营制度，确保基金安全和保值增值。完善社会救助体系，健全社会福利制度，支持发展慈善事业，做好优抚安置工作。建立市场配置和政府保障相结合的住房制度，加强保障性住房建设和管理，满足困难家庭基本需求。坚持男女平等基本国策，保障妇女儿童合法权益。积极应对人口老龄化，大力发展老龄服务事业和产业。健全残疾人社会保障和服务体系，确实保障残疾人权益。健全社会保障经办管理体制，建立更加便民快捷的服务体系。

提高人民健康水平。健康是促进人的全面发展的必然要求。要坚持为人民健康服务的方向，坚持预防为主、以农村为重点、中西医并重，按照保基本、强基层、建机制要求，重点推进医疗保障、医疗服务、公共卫生、药品供应、监管体制综合改革，完善国民健康政策，为群众提供安全有效方便价廉的公共卫生和基本医疗服务。健全全民医保体系，建立重特大疾病保障和救助机制，完善突发公共卫生事件应急和重大疾病防控机制。巩固基本药物制度。健全农村三级医疗卫生服务网络和城市社区卫生服务体系，深化公立医院改革，鼓励社会办医。扶持中医药和民族医药事业发展。提高医疗卫生队伍服务能力，加强医德医风建设。改革和完善食品药品安全监管体制机制。开展爱国卫生运动，促进人民身心健康。坚持计划生育的基本国策，提高出生人口素质，逐步完善政策，促进人口长期均衡发展。

加强和创新社会管理。提高社会管理科学化水平，必须加强社会管理法律、体制机制、能力、人才队伍和信息化建设。改进政府提供公共服务方式，加强基层社会管理和服务体系建设，增强城乡社区服务功能，强化企事业单位、人民团体在社会管理和服务中的职责，引导社会组织健康有序发展，充分发挥群众参与社会管理的基础作用。完善和创新流动人口和特殊人群管理服务。正确处理人民内部矛盾，建立健全党和政府主导的维护群众权益机制，完善信访制度，完善人民调解、行政调解、司法调解联动的工作体系，畅通和规范群众诉求表达、利益协调、权益保障渠道。建立健全重大决策社会稳定风险评估机制。强化公共安全体系和企业安全生产基础建设，遏制重特大安全事故。加强和改进党对政法工作的领导，加强政法队伍建设，切实肩负起中国特色社会主义事业建设者、捍卫者的职责使命。深化平安建设，完善立体化社会治安防控体系，强化司法基本保障，依法防范和惩治违法犯罪活动，保障人民生命财产安全。完善国家安全战略和工作机制，高度警惕和坚决防范敌对势力的分裂、渗透、颠覆活动，确保国家安全。

推行生态文明生活方式。积极倡导理性消费，引导绿色消费，自觉减少过度消费对自然环境产生的污染。建立并完善激励购买无公害、绿色和有机产品的政策措施和服务体系，推行绿色采购制度，推进绿色销售，以绿色消费带动绿色生产，以绿色生产促进绿色消费。提倡绿色出行，减少一次性用品使用，养成节约资源与保护环境的生活习惯。

3.3 生态文明建设的文化基础

生态文明是人类社会进步的重大成果，是实现人与自然和谐共生的必然要求。加强生态文明建设，不仅是为了解决中国当下面临的生态环境问题，更是为了谋求中华民族的长远发展；不仅是影响发展的重大经济问题，更是事关党执政兴国的重大民生问题、社会问题和政治问题；不仅是推动中国自身发展进步的必然要求，更是推动人类社会发展进步的迫切需要。

生态文化建设是灵魂，为生态文明社会建设提供思想保证、精神动力和智力支持。习近平总书记反复强调："中华文明传承五千多年，积淀了丰富的生态智慧"，要"像保护眼睛一样保护生态环境，像对待生命一样对待生态环境"，要"集中力量优先解决好细颗粒物（$PM_{2.5}$）、饮用水、土壤、重金属、化学品等损害群众健康的突出环境问题"。

推动生态文明建设，实现中华民族伟大复兴，必须推动社会主义文化大发展大繁荣，兴起社会主义文化建设新高潮，提高国家文化软实力，发挥文化引领风尚、教育人民、服务社会、推动发展的作用。走中国特色社会主义文化发展道路，坚持为人民服务、为社会主义服务的方向，坚持百花齐放、百家争鸣的方针，坚持贴近实际、贴近生活、贴近群众的原则，推动社会主义精神文明和物质文明全面发展，建设面向现代化、面向世界、面向未来的，民族的科学的大众的社会主义文化。增强全民族文化创造活力。要深化文化体制改革，解放和发展文化生产力，发扬学术民主、艺术民主，为人民提供广阔文化舞台，让一切文化创造源泉充分涌流，开创全民族文化创造活力持续迸发、社会文化生活更加丰富多彩、人民基本文化权益得到更好保障、人民思想道德素质和科学文化素质全面提高、中华文化国际影响力不断增强的新局面。

加强社会主义核心价值体系建设。社会主义核心价值体系是兴国之魂，决定着中国特色社会主义发展方向。要深入开展社会主义核心价值体系学习教育，用社会主义核心价值体系引领社会思潮、凝聚社会共识。推进马克思主义中国化时代化大众化，坚持不懈用中国特色社会主义理论体系武装全党、教育人民，深入实施马克思主义理论研究和建设工程，建设哲学社会科学创新体系，推动中国特色社会主义理论体系教材进课堂进头脑。广泛开展理想信念教育，把广大人民团结凝聚在中国特色社会主义伟大旗帜之下。大力弘扬民族精神和时代精神，深入开展爱国主义、集体主义、社会主义教育，丰富人民精神世界，增强人民精神力量。倡导富强、民主、文明、和谐，倡导自由、平等、公正、法治，倡导爱国、敬业、诚信、友善，积极培育社会主义核心价值观。牢牢掌握意识形态工作领导权和主导权，坚持正确导向，提高引导能力，壮大主流思想舆论。

全面提高公民道德素质。这是社会主义道德建设的基本任务。要坚持依法治国和以德治国相结合，加强社会公德、职业道德、家庭美德、个人品德教育，弘扬中华传统美德，弘扬时代新风。推进公民道德建设工程，弘扬真善美、贬斥假恶丑，引导人们自觉履行法定义务、社会责任、家庭责任，营造劳动光荣、创造伟大的社会氛围，培育知荣辱、讲正气、作奉献、促和谐的良好风尚。深入开展道德领域突出问题专项教育和治理，加强政务诚信、商务诚信、社会诚信和司法公信建设。加强和改进思想政治工作，注重人文关怀和心理疏导，培育自尊自信、理性平和、积极向上的社会心态。深化群众性精神文明创建活动，广泛开展志愿服务，推动学雷锋活动、学习宣传道德模范常态化。

丰富人民精神文化生活。让人民享有健康丰富的精神文化生活，是全面建成小康社会的重要内容。要坚持以人民为中心的创作导向，提高文化产品质量，为人民提供更好更多精神食粮。坚持面向基层、服务群众，加快推进重点文化惠民工程，加大对农村和欠发达地区文化建设的帮扶力度，继续推动公共文化服务设施向社会免费开放。建设优秀传统文化传承体系，弘扬中华优秀传统文化。推广和规范使用国家通用语言文字。繁荣发展少数民族文化事业。开展群众性文化活动，引导群众在文化建设中自我表现、自我教育、自我服务。开展全民阅读活动。加强和改进网络内容建设，唱响网上主旋律。加强网络社会管理，推进网络规范有序运行。开展"扫黄打非"，抵制低俗现象。普及科学知识，弘扬科学精神，提高全民科学素养。广泛开展全民健身运动，促进群众体育和竞技体育全面发展。

增强文化整体实力和竞争力。文化实力和竞争力是国家富强、民族振兴的重要标志。要坚持把社会效益放在首位、社会效益和经济效益相统一，推动文化事业全面繁荣、文化产业快速发展。发展哲学社会科学、新闻出版、广播影视、文学艺术事业。加强重大公共文化工程和文化项目建设，完善公共文化服务体系，提高服务效能。促进文化和科技融合，发展新型文化业态，提高文化产业规模化、集约化、专业化水平。构建和发展现代传播体系，提高传播能力。增强国有公益性文化单位活力，完善经营性文化单位法人治理结构，繁荣文化市场。扩大文化领域对外开放，积极吸收借鉴国外优秀文化成果。营造有利于高素质文化人才大量涌现、健康成长的良好环境，造就一批名家大师和民族文化代表人物，表彰有杰出贡献的文化工作者。

3.4　生态文明建设的法律基础

法治是治国理政的基本方式，是推进生态文明建设的重要保障，生态文明建设要融入法律建设的立法、执法和司法各个过程。习近平总书记强调要不断深化和推进生态文明体制改革，加强顶层设计，加强科学政绩观建设，加强法治和制度建设，划定生态红线，建立责任追究制度。他指出，"再也不能简单以国内生产总值增长率来论英雄"，"最重要的是要完善经济社会发展考核评价体系"，"只有实行最严格的制度、最严密的法治，才能为生态文明建设提供可靠保障"。社会主义正是通过社会体制的变革，改革和完善社会制度和规范，从而形成有利于生态文明建设的体制机制，为生态文明社会构筑强有力的上层建筑及其一系列制度和法治保障。

生态文明法律体制建设，首先要建立具有统领性与指导性地位的生态文明建设基本法，作为整个法制体系的纲领性文件；其次是要加强和完善生态保育法的建设，明确生态保育法的基本法律制度；再次是加强生态专项法建设，包括自然资源保护专项法、自然区域保护专项法、野生生物保护专项法等；最后，针对目前生态法律中存在的监管不严、执法不力等问题，需要加强执法改革力度，建立生态环境的联合执法机制和专门化的生态司法体系。

以新修订的《中华人民共和国环境保护法》（以下简称《环境保护法》）实施为龙头，形成有力保护生态环境的法律法规体系。这是推进生态文明建设的强大武器。新修订的《环境保护法》在理念、制度、保障措施等方面都有重大突破和创新，提出了促进人与自然和谐的理念和保护优先的基本原则，明确要求经济社会发展要与环境保护相协调。要求建立环境资源承载能力监测预警机制，实行环境保护目标责任制和考核评价制度，建立跨区联合防治协调机制，实行重点污染物排放总量控制和排污许可管理制度，建立环境污染公共监测预警机制。同时，不仅强化了政府环境责任和"环境监察机构"的法律地位，还新增专章规定信息公开和公众参与，赋予公民环境知情权、参与权和监督权。新修订的《环境保护法》的出台为推进生态文明建设提供了有力的法制保障。

十三届全国人大一次会议表决通过的宪法修正案，增加了新发展理念和生态文明的内容。截至目前，以《中华人民共和国宪法》为统领，全国人大及其常委会已制定环保法律12件，资源保护与管理方面法律20余件。国务院制定生态环保行政法规30多件。生态环境部制定环保部门规章95件，地方人大和政府制定地方性环保法规和规章近800件，国家和地方各类环境保护标准1800多件。我国还批准加入了50余项国际环境公约。此外，法律体系"绿色化"不断推进。民法方面，2017年3月通过的《中华人民共和国民法总则》，增设"民事主体从事民事活动，应当有利于节约资源、保护生态环境"的绿色原则作为六大民法基本原则之一。商法方面，环境保护税法及其配套条例已发布实施。刑法方面，刑法第338条规定了污染环境罪。"两高"制修订了《关于办理环境污染刑事案件适用法律若干问题的解释》。诉讼法方面，民事诉讼法和行政诉讼法健全和完善了环境民事侵权诉讼、环境民事公益诉讼、环境行政公益诉讼等制度。

本章重要知识点

（1）生态文明建设与经济建设的关系：五位一体总体布局，要求要把生态文明建设放在突出地位，融入经济建设各方面和全过程，加快生态文明建设，构建以产业生态化和生态产业化为主体的生态经济体系。生态经济体系是基础，为生态文明社会建设提供坚强的物质基础。

（2）经济转型升级目标：加快推进绿色、循环、低碳发展。绿色、循环、低碳发展，是建设生态文明的重要支撑和有效路径。要把生态基础、环境容量和资源承载力作为发展的前提条件，加大科技创新，不断提高现有资源、能源的利用效率，积极培育和发展现代循环农业、生物质产业、节能环保产业、新兴信息产业、新能源产业等绿色新兴战略产业，逐步建立起绿色、循环、低碳的经济运行体系，推动经济社会实现绿色、循环、低碳的科学发展。

（3）经济转型升级路径：坚持走中国特色新型工业化、信息化、城镇化、农业现代化道路，推动信息化和工业化深度融合、工业化和城镇化良性互动、城镇化和农业现代化相互协调，促进工业化、信息化、城镇化、农业现代化同步发展。全面深化经济体制改革，实施创新驱动发展战略，推进经济结构战略性调整，推动城乡发展一体化，全面提高开放型经济水平。

（4）生态文明建设与社会建设的关系：生态文明建设需要融入社会建设各方面和全过程，大力推进生态文明建设，提供更多优质生态产品，才能不断满足人民日益增长的优美生态环境需要，良好生态环境是最公平的公共产品，是最普惠的民生福祉。

（5）社会建设的目标：是社会和谐稳定的重要保证，以保障和改善民生为重点，加快推进社会体制改革等。

（6）社会建设的主要内容：努力办好人民满意的教育，推动实现更高质量的就业，千方百计增加居民收入，统筹推进城乡社会保障体系建设，提高人民健康水平，加强和创新社会管理，推行生态文明生活方式。

（7）生态文化建设的主要内容：加强社会主义核心价值体系建设，全面提高公民道德素质，丰富人民精神文化生活，增强文化整体实力和竞争力。

（8）生态文明法律体制建设的主要内容：建立具有统领性与指导性地位的生态文明建设基本法，作为整个法制体系的纲领性文件。加强和完善生态保育法的建设，明确生态保育法的基本法律制度。加强生态专项法建设。加强执法改革力度，建立生态环境的联合执法机制和专门化的生态司法体系。

思考题

（1）试从生态文明建设与经济发展的关系角度，谈谈对"保护生态环境就是保护生产力、改善生态环境就是发展生产力"的理解。

（2）如何从推动生态文明建设的角度看待我国教育的根本任务？

（3）社会主义核心价值体系在生态文明建设中发挥什么样的作用？

（4）为什么说美丽中国建设是关系中华民族永续发展的根本大计？

（5）推动生态文明建设为什么要建立生态环境的联合执法机制？

参考文献

[1]　胡德池.建设生态文明：走向全面小康的必由之路［J］.探索与求是，2003（4）：8-9.

[2]　余达忠.生态文化的形成、价值观及其体系架构［J］.三明学院学报，2010（1）：19-24.

［3］ 陈寿朋，杨立新.论生态文化及其价值观基础［J］.道德与文明，2005（2）：76-79.

［4］ 佘正荣.生态文化教养：创建生态文明所必需的国民素质［J］.南京林业大学学报（人文社会科学版），2008（3）：150-158.

［5］ 江泽慧.生态文明时代的主流文化：中国生态文化体系研究概论［C］//中国生态文化协会.第六届中国生态文化高峰论坛论文集，2013：1-8.

［6］ 舒永久.用生态文化建设生态文明［J］.云南民族大学学报（哲学社会科学版），2013（4）：27-31.

［7］ 郭而郛，鞠美庭.工业生态化与中国经济转型研究初探［J］.环境保护，2013（3）：63-64.

［8］ 杜雯翠，宋炳妮，隆重.生态文明建设下的"五化"协同发展问题研究［J］.黑龙江社会科学，2017（6）：54-57.

［9］ 朱坦，高帅.推进生态文明制度体系建设重点环节的思考［J］.环境保护，2014（16）：10-12.

［10］ 朱坦，高帅.关于我国生态文明建设中绿色发展、循环发展、低碳发展的几点认识［J］.环境保护，2017（8）：10-13.

［11］ 王灿发.论生态文明建设法律保障体系的构建［J］.中国法学，2014（3）：34-53.

［12］ 吕忠梅.生态文明建设的法治思考［J］.法学杂志，2014（5）：10-21.

［13］ 王金南，秦昌波，苏洁琼，等.国家生态环境监管执法体制改革方案研究［J］.环境与可持续发展，2015（5）：7-10.

第四章 生态文明建设面临的挑战

党的十八大以来，我国把生态文明建设作为统筹推进"五位一体"总体布局和协调推进"四个全面"战略布局的重要内容，开展一系列根本性、开创性、长远性工作，提出一系列新理念新思想新战略，生态文明理念日益深入人心，污染治理力度之大、制度出台频度之密、监管执法尺度之严、环境质量改善速度之快前所未有，推动生态环境保护发生历史性、转折性、全局性变化。但同时，我们应清醒地认识到，我国生态文明建设仍然面临着严峻的挑战。当前，我国正处于实现"两个百年"奋斗目标的攻关期，追求政治、经济、文化、社会、生态文明"五位一体"全面发展，提升了对生态文明建设的要求。我国作为一个发展中大国，进入了提供更多优质生态产品以满足人民日益增长的优美生态环境需要的攻坚期。生态环境保护涉及方方面面，任务复杂艰巨，不是一朝一夕就能办到的，我国生态文明建设正处于压力叠加、负重前行的关键期，依然要爬坡过坎、攻坚克难。在国际层面，全球性环境污染问题日趋严重，要求全球各国共同采取行动。中国作为最大的发展中国家，国际社会对中国的环境要求提高，希望中国在全球环境治理中承担更多的社会责任。因此，我国生态文明建设面临的挑战仍然非常艰巨。

本章知识体系示意图

```
                    生态文明建设面临的挑战
    ┌───────────────┬──────────────┬──────────────┐
 经济发展的挑战   环境保护压力的挑战  严峻国际形势的挑战  多目标平衡的挑战
```

| 经济发展转型的挑战 | 可持续发展的挑战 | 城镇发展面临巨大压力 | 企业环境成本的挑战 | 生态系统需要逐步修复 | 环境污染需要逐步治理 | 环境综合治理复杂 | 面临污染减排压力 | 全球环境挑战加剧 | 环境治理的地位不断提升 | 环境治理成为大国竞争的内容 | 平衡生产发展与生态治理 | 公众生态意识开始觉醒 | 居民生活方式的不绿色 | 居民消费方式的不合理 |

4.1　经济发展的挑战

我国环境治理面临的最重要挑战是经济发展与生态建设之间的矛盾。在技术水平和环保成本不变的情况下，经济发展意味着一定程度上的环境污染。改革开放四十多年来，中国经济的高速增长创造了世界经济史上的奇迹，中国也成为世界经济发展的重要引擎。然而，随之而来的环境问题也制约了我国经济的可持续发展。

4.1.1　经济发展转型的挑战

（1）经济发展方式需要转型

改革开放四十多年的经济发展全球有目共睹，中国成为世界上快速发展的国家之一，增长速度一直在全球遥遥领先。但是，也应当看到我们为这种增长方式付出了较高的环境成本，资源能源过度消耗，生态环境恶化。生态文明建设要求经济发展和生态环境和谐共处，人与自然和谐发展。因此，生态文明建设迫切要求改变当前的经济发展方式，通过提高生产技术推动产业结构升级，不断淘汰落后产能和生产方式，转变为低碳、可持续和资源节约、环境友好型的生产方式。

长期以来我国经济发展模式以粗放型为主，依靠过多的物质资源与廉价劳动力投入获得经济效益。此种经济增长模式在我国经济社会发展初期对提升经济实力、满足人民群众物质需求等起到过积极作用。然而，粗放型经济增长模式本质上是不可持续、不可长久，将消耗大量物质资源，带来巨大生态破坏，严重制约新时代生态文明建设与美丽中国建设。

要建设生态文明，必须要破解粗放型经济发展方式的挑战，实现经济持续、协调发展，逐步协调解决能源资源和生态环境压力，实现科学发展。传统的发展观更多地以经济增长作为发展目标，未能给予环境和资源足够的重视，导致环境和资源压力。自改革开放以来，我国经济一直保持高速增长，极大地增强了我国的综合国力，但同时粗放型的经济增长方式也造成了巨大的能源和资源消耗。个别地方由于片面强调经济增长速度，如今面临着生态环境改善的压力，需要逐步恢复生态平衡。生态文明建设必须要在保障国民经济生活改善的同时，保护环境和资源，减少自然灾害对国民生产生活的影响。

我国的绿色发展、循环发展、低碳发展虽然一直在进步、在深化，但仍然需要努力提高经济发展效率，降低经济发展的资源投入和环境污染，因此经济发展方式转型和产业结构优化依然是摆在面前的艰巨任务。我国经济发展方式与生态文明建设之间正处于逐步协调关系的过程中。正在转变粗放型、高能耗、高污染的产业模式，单位能源消耗量仍然较高的模式，经济发展带来环境污染的模式，这是当前生态文明建设中重点解决的问题。

（2）经济结构亟待调整

我国经济结构矛盾较为突出，煤炭、钢铁、水泥等高污染低利润的资源消耗型产业在我国总产业中占比较高，产能过剩、污染严重、供需失衡是我国经济社会发展道路上不可忽视的问题，经济发展过程中众多矛盾亟待解决，经济结构调整在新时代势在必行。中国作为世界第二大经济体，经济进入从高速增长到中高速增长的换挡期、经济结构深度调整的阵痛期、新旧产业与动力转换的衔接期。

经济转型升级让一些传统经济支撑力量逐步消减，有助于降低经济发展的生态成本，缩小贫富差距，改善生态环境。经济形势的变化，对我国提出了重构经济增长动力、寻求未来经济增长新支柱的挑战。我国必须转变生产方式，通过深化改革，调整产业结构，走内涵式发展、可持续发展、科学发展的道路。由过去粗放型经济转向集约型经济，由"中国制造"转向"中国创造"，从追求生产速度向追求质量效益转变，从追求发展速度向追求发展稳定性、持续性转变，从高能耗产业向新兴环保产业转变。

要从根本上缓解经济发展与生态环境之间的矛盾，必须构建科技含量较高、资源消耗低、环境污染少的产业结构，依靠技术创新推动生产方式绿色化，提高经济绿色化程度，有效降低发展的生态环境代价。经济新常态下，由经济增速放缓引发的生产方式变革、发展模式变革的持续发酵，对缓解我国生态环境面临的资源约束趋紧、环境污染严重、生态系统退化的严峻形势无疑是很大的利好。鉴于我国环境承载能力现状，创新经济发展新模式、推动形成绿色低碳循环发展成为必然选择。

我国正在改变传统的高能耗、高污染工业仍然占较大比重的产业模式。2017 年，煤炭和粗钢产量占世界总量分别为 45.6％和 49.2％。降低能耗需要一个逐步发展的过程。我国单位国内生产总值能耗不断降低，在一定程度上缓解了工业发展带来的资源环境压力，但工业规模的扩大同样需要进一步提高资源环境利用效率。

我国追求的生态文明，在实践中就是要践行"绿水青山就是金山银山"的发展理念，走出一条低投入、低消耗、少排放、高产出、能循环、可持续的新型工业化道路，形成节约资源和保护环境的空间格局、产业格局、生产方式和生活方式。因此，需要通过大力发展更高技术含量、更加环境友好、更高附加价值的战略性新兴产业实现产业结构调整升级。

（3）科技创新能力有待进一步提升

经济发展方式转型和经济结构调整归根结底需要依靠科技创新。习近平总书记在 2014 年国际工程科技大会上指出："工程科技创新驱动着历史车轮飞速旋转，为人类文明进步提供了不竭动力源泉，推动人类从蒙昧走向文明，从游牧文明走向农业文明、工业文明，走向信息化时代。"

科技创新作为生态文明建设的动力源泉，有助于破解生态文明建设中遇到的重大科技瓶颈问题，推动生态文明建设健康、持续发展。尽管我国科技水平和科技对经济可持续发展的支撑能力有了极大提升，但生态文明作为一种新的文明形态，对工程科技水平有着更高的要求。目前，伴随着我国经济的快速发展，能源资源、生态环境约束日益趋紧。大力发展生态技术是解决环境与资源问题的有效手段，但是生态技术的发展面临着许多困难和挑战，主要表现在以下两个方面。

首先，生态科技发展水平有待进一步提升。工业革命以后，科学技术的发展可谓一日千里，我国作为最大的发展中国家，正在努力提升生态科技发展水平，逐渐缩减与发达国家的差距。粗放型的经济增长方式对科技含量的要求并不高，要改变这种增长方式意味着必须要提高科技发展的水平。生态科技水平的提高能够极大提高能源、资源的利用效率，极大地改善生态环境；生态科技水平的提高同时将增强我国的科技竞争力，推动经济、社会的发展。

与发达国家相比，我国生态技术科研环境正处于发展过程，正在逐步完善对科研人员的激励体制和机制，通过物质刺激、精神鼓励等多种方式来推进科技发展，同时重视逐步改善科研环境，为生态科技水平的提高创造条件。

其次，需要更加重视科技创新对生态环境生产力的影响。习近平总书记在 2013 年 5 月中央政治局第六次集体学习时强调，"要正确处理好经济发展同生态环境保护的关系，牢固树立保护生态环境就是保护生产力、改善生态环境就是发展生产力的理念"。这揭示了生态环境也是生产力的道理。良好的生态环境能够促进劳动者生产效率的提高，对社会生产力有增值的作用，恶劣的生态环境则对社会生产力有贬值的作用。牢固树立"生态环境也是生产力"的理念就是要把保护和改善生态环境作为生态文明建设的重点，促进人与自然和谐相处。因此，积极保护和改善生态环境，提高生态环境生产力，将是生态文明建设的重点和难点之一。

4.1.2 可持续发展的挑战

（1）资源能源约束趋紧

社会的进步，经济的发展，都离不开资源能源。改革开放以来，我国经济快速发展，加大了对资源能源的需求。同时，我国对资源能源的利用效率还有待进一步提高，要杜绝资源能源浪费现象，打破资源能源在社会发展与进步中的瓶颈制约。

资源是经济化的自然物，在既定的技术条件下，资源总是有限的，经济规模的快速扩张，必然使得资源的相对稀缺性愈加突出。我国所面对的正是高速发展的经济和日趋稀缺的资源之间越来越突出的矛盾。我国虽然地大物博，但由于人口众多，自然资源人均占有量远远低于世界平均水平。

国土资源总体稀缺。我国土地资源的特点是"一多三少"。土地绝对数量多，人均占有量少。我国内陆土地总面积居世界第三位，但是人均占有土地面积不到世界人均水平的三分之一，而且随着人口的不断增长，工矿、交通和城市建设用地不断增加，人均耕地面积不断减少。高质量耕地少，可开发后备资源少。人类不合理的生产活动，致使水土流失、土地沙化、盐渍化和草场退化严重。后备土地资源基本为荒漠化土地、盐碱地等难利用土地，开发潜力较低。

我国矿产资源种类齐全，总量丰富，但人均占有量偏低，仅为世界平均水平的六成左右。按资源储量总价值计算，我国资源储量约占世界的 14.64％，但相对于我国经济需求，大部分主要矿产储量、产量均不足，同时随着经济增长，资源需求还在快速攀升，目前我国原油、铁矿石、铜、铝、锰、铬、钾等大宗矿产对外依存度较高，对国际大宗矿产资源价格较为敏感，存在很大的潜在经济风险。

水资源日益紧缺。全国水资源总量趋减，且存在区域性供需失衡。2017 年人均水资源占有量只有 2074.5 立方米，不足世界人均占有水量的四分之一。水资源污染、地下水超采和利用水平低，进一步加剧了有限水资源的供需矛盾。

此外，近年来我国生物种类数量日趋减少，且部分生物面临消亡的危险。总之，资源的有限性和人们需求无限性之间的矛盾，成为制约我国人与自然和谐发展的瓶颈。

（2）人口承载能力的挑战

我国一直以来都是世界人口最多的国家。根据国家统计局数据，截至 2019 年年末，我国人口总量超过 14 亿。人口数量的持续增加，扩大了资源需求量，对资源环境的承载能力提出了巨大挑战。尤其是改革开放以来，中国经济发展迅速，资源需求量同步提高，导致人与资源环境之间的关系趋于紧张，矛盾更加突出。

4.1.3 城镇发展面临巨大压力

未来，我国将加速融入全球化，成为推动全球化的重要力量。全球化也将进一步推动中国经济发展和城镇化进程。2019 年我国人均国内生产总值已经突破 1 万美元，城镇化率超过 60%。与发达国家相比，我国城镇化率仍然存在很大提升潜力。

随着城镇化的快速发展，城市人口和经济规模不断扩张，预计到 2030 年我国人口总数将超过 14.5 亿人，达到本世纪峰值。城市水资源短缺、空气污染问题日益突出，资源环境面临的压力逐步加大，生态环境承载能力面临巨大挑战。生态文明建设就是要以资源环境承载力为约束，协调经济与环境关系，形成节约资源、保护环境的经济增长方式、生活模式，最终实现人与自然和谐发展。因此，面临承载极限，如何协调城镇化发展与环境保护的关系成为生态文明建设的重大挑战之一。

城镇化的持续推进需要以城市生态承载能力为约束。以往我国大多数城市建成区呈摊大饼式的单中心扩张模式。2000 年以来，17 个重点城市主城区面积扩大了 2～4 倍。城市生态调节功能不断降低，全国很多大城市都受到"热岛效应"的影响。2000 年以来，北京、天津、上海、广州、重庆和长沙等城市的"高温区"范围都有明显增加。全国 62% 的城市存在城市内涝，其中 74.6% 最大积水深度超过 50 厘米，给居民生活带来较大影响。城市大气污染等问题需要逐步解决。城市绿地结构相对简单，外来植物比例高，如北京城区外来植物物种占比高达 52.7%，野生动植物种类少、种群数量低。

4.1.4 企业环境成本的挑战

微观层面，我国企业对环境成本的提升特别敏感，降低环境成本对企业正常经营和保持盈利提出了挑战。

（1）各国对企业本质认知不同

企业是人们物质生活资源的供应者，是目前人与自然和谐相处的衔接桥梁，因为它把自然资源转变为人们生活需要的物质形态。尽管企业类型有很多种，但均以贴合人们物质需要为宗旨。然而，企业的主要目的是追求利润。在供过于求的情况下，企业可能引导人们养成过剩的物质生活需要，从而易造成资源的浪费，在一定程度上使得自然环境发生恶化。在供不应求的情况下，企业制造商品时，往往仅考虑利益最大化而忽视原材料本身的生长周期及其数量。考虑到企业本质要求，企业必须养成生态保护意识，积极加入生态文明建设中，不能仅依靠国家的执行力来调控这一进程。在全球化环境下，仅仅靠一个国家的执行力不足以达到显著的改善。因此，积极推动绿色发展的理念，其重点便是全球各个国家对企业的本质形成统一的认知，进而加强对本国企业的生态约束。

（2）企业长期未考虑环境成本

过去长期以来，我国企业未将环境治理成本和环境要素纳入生产要素考虑，导致成本结构长期扭曲，致使部分企业习惯了较低环境标准带来的巨大利益空间，习惯了靠损害生态环境产生的污染红利。十八大以来，中国经济发展进入新常态，由高速增长转向中高速增长，部分企业经营困难增多，由环境规制带来的环境成本内部化与企业经营压力相互交织。我国必须厘清环境治理与企业暂时经营困难之间的关系，以更加科学的手段来处理经济发展和环境保护的关系，做好经济下行压力加大阶段的生态环境保护工作。不能将企业暂时的经营困难归咎于环境保护工作力度的加强，更不应该放松环境标准来应对经济下行压力，帮助企业脱困。

从理论上看,环境问题产生的根源在于企业的私人成本与社会成本分离,企业生产经营活动带来了环境污染,而企业却不承担或不完全承担其对环境污染造成的社会成本。正因为环境成本不会自动内化为企业私人成本,企业为了追求利润最大化就没有足够的动机进行环境治理。因此,需要通过一系列的环境规制措施来使环境成本内化,让企业承担应有的社会成本。环境规制就是让企业承担本应承担的成本,其带来的成本提升就是消除污染红利的过程,是纠正企业成本扭曲的必要手段,不应将环境规制视为经济下行压力加大的"祸首"。良好的环境是经济发展的物质基础,也是社会和谐的重要保障。粗放型生产片面强调数量增强,忽视经济发展质量、自然承载能力、环境保护效益、生态供给能力,单纯将经济增长与经济发展划等号,是不明智不可取的经济模式。依照生产决定消费理论,粗放型生产导致粗放型消费。粗放型消费模式主要包括"炫耀性消费""超前性消费"以及"符号化消费"。粗放型消费模式不利于经济社会良性发展,不利于自然生态环境平衡,不利于人与自然紧张关系缓解。

环境规制对企业竞争力提升具有正向作用。长期来看,适当的环境规制对企业竞争力提升具有正向积极作用。著名的"波特假说"认为,适当的环境规制会激发追求利润最大化企业的创新行为,采取较为先进的技术降低环境成本,提升企业经营绩效和市场竞争力。适当的环境规制措施有助于企业增加技术创新投资的意愿,以降低环境风险;有助于企业开展技术升级与工艺革新,提高资源能源使用效率和污染物治理效率,从而实现以最低成本满足环境标准要求。更为重要的是,企业参与环境规制过程不仅可以激励技术创新行为,而且可以产生创新补偿效应,环境规制造成的生产成本增加能加速创新补偿效应,使得环境规制带来的净成本转变为净收益。因此,应以长期和全局的眼光看待环境规制对企业带来的影响。

(3)企业生态技术自主创新能力有待进一步提升

我国对于环境科技日益重视,特别是近年来发展力度很大,但是发展需要一个过程,整体来看还处于追赶西方发达国家的过程之中。我国企业目前普遍具有提升生态技术的研发能力、提升自主创新能力的需求,特别是中小型企业。企业管理者需要进一步提高环境保护意识,更加重视生态技术创新,提高管理经验和技术措施水平。

首先,对环保技术的创新投入需要逐步增加。环保技术的研究由于需要大量人力、物力和财力投入,不能仅仅依靠企业的力量。在生态技术的创新推广方面,国家逐步加大支持力度,探索生态技术创新相关的财政、税收、金融政策的支持方式,逐步解决生态技术创新的资金保障问题。

其次,企业环保技术创新需要逐步发展。我国大多数企业正在建立生态科技研发机构,完善生态技术创新所需要的软、硬件环境。很多企业特别注重引进国外先进技术,但需要在引进技术之后对其进行再消化吸收和再创新,摆脱对国外先进技术的"依赖",提高科技成果转化水平,提高自主创新能力。近年来一些大型企业也致力于自主创新,比如格力空调致力于省电环保开发,国家也开始加大对这方面的投资和政策扶持,逐步改善环保技术开发的状态。

再次,企业功能和收益需要进一步挂钩。部分生态技术创新过程中存在功能和收益分裂和脱节的现象。企业用技术创新为其追求经济利益最大化,而生态效益是长远的,受益者是广泛的，需要长久的规划和设计。生态技术的创新在于强调整体效益的最大化而非单一追求经济利益，功能和收益的脱节也在一定程度上挫伤了企业开展生态技术创新的积极性。因此，需要进一步加大知识产权保护力度，确保企业创新活动能够获得相应收益。

最后，加强技术推广。要逐步实现以企业为主体的科技创新合作体系，让企业通过技术创新与应用获利。这就需要有相关配套政策，比如价格调节、财政补贴等。此外，我国的生态技术市场需要进一步健全，政策法规有待完善，从而改变市场竞争中的不平等现象，加大对生态技术创新侵权行为的惩治力度，保护生态技术创新的原动力。

4.2　环境保护压力的挑战

中国进入全面建成小康社会的关键时期，也是实现发展转型、污染防治的攻坚期。环境保护面临的形势非常复杂，建设生态文明面临诸多挑战，主要包括如下几个方面。

4.2.1　生态系统需要逐步修复

我国生态系统复杂多样，空间差异大，以草地、森林、农田和荒漠为主，占全国陆地总面积的82.8%。由于气候、地理条件的影响，我国生态环境脆弱，对人类活动的干扰十分敏感；同时，悠久的历史、巨大的人口数量和高速的经济发展导致的高强度资源开发，对我国森林、草地和湿地等自然生态系统造成了巨大影响。修复退化的生态系统成为我国生态文明建设的重要内容之一。

（1）生态环境系统脆弱

我国是世界上生态环境脆弱的国家之一。由于气候与地理条件的原因，形成了一系列生态脆弱区。在人类活动的影响下，生态系统面临退化压力。全国生态环境高度敏感区域面积390万平方公里，占国土面积的40.6%，而生态环境脆弱区面积占国土面积的60%以上，西北干旱半干旱区、黄土高原区、西南山地区和青藏高寒区等地区尤为突出。因此，我国生态环境系统修复难度较大。

自2000年以来，尤其党的十八大以来，各级政府高度重视生态环境保护，启动并实施了主体功能区规划、天然林保护、退耕还林还草、重点生态功能区生态转移支付，以及三江源生态恢复、京津风沙源治理、岩溶地区石漠化综合治理工程等一系列生态环境政策与生态保护、生态恢复与生态建设工程，我国生态系统退化的局面开始扭转。

水土流失、沙漠化、石漠化等问题仍然严重，但面积与程度在下降，森林与草地生态系统质量低，但总体在改善与提高。全国森林与草地质量低下，生态系统质量为低等级与差等级的面积分别占三种类型总面积的43.7%和68.2%；质量为优等级的面积仅占森林与草地生态系统总面积的5.8%和5.4%。

生态系统人工化加剧，野生动植物栖息地减少。2000—2010年间，人工林、库塘等人工湿地和城镇面积显著增长，自然森林、沼泽湿地和自然草地面积持续减少，生态系统人工化趋势进一步加剧。全国人工林面积约占森林生态系统面积的 1/3。全国城镇面积明显增加，十年增加了 5.56 万平方公里，比 2000 年增加 28%。全国水库数量 8.79 万个，水库水面 5.28 万平方公里，总库容 7162 亿立方米，分别占全国陆地水体总面积的 26.1% 和全国河流径流总量的 23%，十年间水库面积增加了 3.1%，自然河段长度比例不断下降。

（2）土地退化

我国土地退化严重，主要表现在水土流失、沙漠化与石漠化等方面，当前土地退化面积较大，但面积与程度均在下降。

水土流失问题。我国水土流失面积逐渐减少，根据自然资源部资料，2018 年全国水土流失面积 273.69 万平方公里。与 2011 年相比，水土流失面积减少了 21.23 万平方公里，相当于一个湖南省的面积，减幅为 7.2%。从东、中、西地区分布来看，西部地区水土流失最为严重，中部地区次之，东部地区最轻。当前我国仍有超过国土面积 1/4 的水土流失面积，面积大、分布广，治理难度越来越大，特别是中西部地区基础设施建设与资源开发强度大，水土资源保护压力大，黄土高原、东北黑土区、长江经济带、石漠化等区域水土流失问题依然突出，贫困地区小流域综合治理亟待加快推进。

土地沙化问题。我国土地沙化面积总体呈现逐渐减少的态势。根据《中国荒漠化和沙化简况——第五次全国荒漠化和沙化监测》，截至 2014 年我国沙化土地面积为 172.12 万平方公里，比 2009 年底全国沙化土地面积减少 99.02 万公顷，五年间减少了 0.57%。其中，轻度沙化土地增加 418.92 万公顷，中度沙化土地增加 40.96 万公顷，重度沙化土地增加 189.39 万公顷，极重度沙化土地减少 748.29 万公顷。

地区石漠化问题。根据国家林业和草原局资料，截至 2016 年底，我国岩溶地区石漠化土地总面积为 1007 万公顷，占岩溶面积的 22.3%，主要涉及湖北、湖南、广东、广西、重庆、四川、贵州和云南 8 个省（自治区、直辖市）457 个县（市、区）。在现有石漠化土地中，中度以上程度的土地面积占比较高。其中，轻度石漠化土地面积为 391.3 万公顷，占石漠化土地总面积的 38.8%；中度石漠化土地面积为 432.6 万公顷，占 43%；重度石漠化土地面积为 166.2 万公顷，占 16.5%；极重度石漠化土地面积为 16.9 万公顷，占 1.7%。

（3）水环境生态系统

由于水资源与水电资源的大规模开发，我国河流生态系统面临巨大冲击，河流断流、湿地丧失及废水排放显著增加，水环境污染形势严峻，生物多样性减少，且生态调节功能有待提高。

长江流域、黄河流域和海河流域的生态环境压力尤为显著。长江流域的主要生态问题表现为自然湿地丧失严重、自然生态系统质量低、水土流失以及滑坡泥石流等地质灾害严重、河道断流普遍发生、湖泊水环境污染严重、水生生物多样性丧失加剧。水资源开发强度大，生态隐患大。长江上游支流水电开发强度大，河道断流普遍发生。断流、水环境严重污染以及水库和水电站建设，导致河道片段化、江湖阻隔和水环境恶化，野生动植物栖息地丧失与退化。长江水生生物多样性丧失严重，白暨豚已功能性灭绝，江豚、中华鲟等珍稀濒危物种种群数量不断下降，濒临灭绝。

黄河流域的主要生态问题有生态系统质量低、水土流失严重、水资源过度开发、河流断流加剧、水环境污染严重。黄河流域优、良等级森林生态系统面积比例仅为 7.4％，优、良等级草地生态系统面积比例仅为 30.0％，水土流失面积比例达 63.7％。由于水资源开发利用增加，全国断流河流越来越多，断流河道长度不断增加，断流时间不断延长。黄河 27 条主要支流中，11 条常年干涸，黄河下游干流已经成为人工控制的"水渠"。

海河流域的主要生态问题有生态系统质量低、水资源过度开发、地下水位持续下降、河流断流与水环境污染严重。海河流域优、良等级森林生态系统面积比例仅为 4.6％，水土流失面积比例为 30.7％，水资源总开发利用程度为 98％，全流域浅层地下水超采严重，总开发利用程度高达 110.4％。

（4）草原生态系统

我国是位居世界第二的草原大国，草原面积占国土面积的 41.7％。草原在我国是发展畜牧业的前提，也是牧区人民赖以生存的物质资料。同时，草原又是我国覆盖面最广的绿色屏障，是整个生态系统不可分割的一部分，是不可替代的重要战略资源，它承担着人类生存和发展的全部活动，更是人类精神文化的载体，孕育具有民族特色的草原文化。

草原与森林被称为人类呼吸的"两叶肺"，具有很强的涵养水源、调节气候、防风固沙、吸碳吐氧等功能，也是大量草地生物的栖息、繁衍地和诸多名贵药材的产地。但是，由于人们对草原的功能和价值认识不足，长期实行毁草垦荒、超载放牧等非理性的开发，草原面积减少，质量下降，功能处于退化状态。草原作为一个独立的生态系统，不断进行着物质循环和能量的流动，同时进行着第一性生产（牧草）和第二性生产（畜产品）。退化的草原由于物质循环出现障碍，能量流动受阻，第一性生产力显著下降，而且长时间难以恢复。

以北方草原为例，中国北方草原总面积约 $3×10^8$ 公顷，东起东北平原，向西经内蒙古高原和宁夏黄土高原，延伸至青藏高原和新疆山地，尤以内蒙古高原的草原为主体，构成了欧亚大陆草原的东翼。北方草原不仅是中国传统的畜牧业基地，而且是我国中原地区的绿色生态屏障，在调节气候、涵养水源、固持碳元素和防止沙尘暴等方面发挥着极其重要的生态功能。同时，北方草原作为游牧文明的发祥地，孕育了灿烂的草原文化。

但是，由于特定的干旱半干旱气候，我国北方草原所能承受的人类活动的强度和反馈调节能力是有限的，甚至是非常脆弱的。近半个世纪以来，随着载畜率的不断攀升，加之全球气候变化（如干旱）等自然因素的影响，大面积的北方草原发生了不同程度的退化、沙化和盐渍化，生产功能和生态功能均显著降低。

进入 21 世纪以来，国家陆续实施了"退牧还草""天然草原保护""京津风沙源治理"等多个重大生态工程和草原生态补助奖励政策，使得我国草原生态整体恶化的势头有所减缓。但是，由于草原生态系统自身的脆弱性，我国退化草原的恢复任务依然艰巨。

（5）物种减少问题

生物多样性是人类社会赖以生存和发展的环境基础。我国幅员辽阔、地形复杂多样，由南向北跨越不同的气候带，尤其是青藏高原的隆升形成独特的高原山地气候带与沟壑纵横的地理环境；复杂的自然条件造就了丰富多样的生物种类，使我国成为全球生物多样性最丰富的国家之一，拥有的生物物种数量约占全球的 1/10，是全球生物多样性保护的重要地区。根据全球生物多样性优先保护区域的界定，中国一直被认为是全球生物多样性优先保护的热点地区之一。

但与全球其他国家和地区一样，人类活动的加剧和社会经济的高速发展正在深刻地影响着中国的生物多样性。由于受自然、人为等方面因素的影响，目前我国已成为全球生物多样性受到威胁最严重的国家之一。生态系统的大面积破坏和退化，不仅表现在总面积的减少上，更为严重的是其结构和功能的降低或丧失，使生存于其中的许多物种已变成濒危物种或受威胁物种。

我国在 1987 年公布的《中国珍稀濒危保护植物名录》第一期中公布的濒危种类有 121 种，受威胁种类 158 种，稀有种类 110 种，共计 389 种，其中一级重点保护植物 8 种、二级 157 种、三级 22 种。高等植物中有 4000～5000 种受到威胁，占总种数的 15％～20％。在《濒危野生动植物种国际贸易公约》列出的 640 个世界性濒危物种中，我国就占 156 种，形势十分严峻。

我国正在研究制定综合性的生物多样性法律。生物多样性法规体系主要由宪法中的相关规定，与生物多样性保护和可持续利用相关的法律、专门法规和相关法规、专门行政规章和规范性文件组成。这些立法涵盖生态系统保护、自然保护地管理、野生动植物管理、家养动物种质资源管理、农作物种质资源管理、中药品种管理、动植物检验检疫管理等方面的内容。

未来，应进一步完善立法内容，提升法律法规的系统性和完整性，完善生物多样性保护和持续利用的基本权利保障、市场机制等方面的规定，完善生态补偿机制。

4.2.2 环境污染需要逐步治理

我国环境污染形势严峻。工业生产产生大量的废水、废气、固体废物、噪声等，导致环境污染，有危害人民健康的风险，在一定程度上制约着国民经济的发展。

我国的污染物排放总量大，二氧化硫排放量、日均污水排放量都居世界第一位，能源消费量和二氧化碳排放量均居世界第二位，有机污水排放量相当于美国、日本和印度排放量的总和，单位 GDP 污染物排放量是发达国家平均水平的十几倍。因此，我国要加强水污染、大气污染、固体废物污染治理，提高城市生活垃圾无害化处理率，指导农药、化肥合理使用，不断改善农村环境。

经济和生产扩张的前端是资源需求的扩大，后端则是排放规模的扩大。当前中国经济不仅承担着庞大的内需供给，还向全世界提供工业产品。一方面是中国大部分基础工业品的产量居世界首位，另一方面是环境制度正在逐步完善中，使得污染成本尚不能在价格中得到充分体现。两方面因素造成目前中国各主要污染物排放量均居世界前列，并且远超自身环境容量。

污染物的大量排放造成严重的环境污染。以大气为例，首先是导致酸雨污染，其次是灰霾污染。大气中的悬浮颗粒物主要由二氧化硫、氮氧化物和多种挥发性有机化合物在空气中反应形成。

我国环境承载能力已达到或接近上限，亟须缓压。很多地区长期超过环境承载能力，特别是东部地区经济发达、人口密集、污染物排放量大，本身的资源容量有限，需要下大力气进行治理和修复。新老问题复杂多样，生态空间安全格局、区域性环境污染等应对难度大。区域大气雾霾、水环境富营养化、江河流域性生态失衡等重大环境与生态问题仍需采取强力措施逐步改善。

4.2.3 环境综合治理复杂

我国以十四亿人口总量奋力实现现代化，经济体量大、发展速度快、工业化时间短，环境压力比世界上其他国家都大。在人类迄今 200 多年的现代化进程中，实现工业化的国家不超过 30 个、人口不超过 10 亿，主要是经济合作与发展组织（OECD）国家。我国是在发展中解决环境问题，这是一个巨大的挑战，复杂性、难度都很高。

我国生态文明建设面临建设和破坏并存的复杂状况，挑战严峻。这既有在全球变暖背景下发生的自然环境本身的变化，又有在工业化、城镇化的进程中，人类活动的剧烈干扰和破坏。人与自然的矛盾制约着经济社会的发展，严重制约我国现代化建设的进程。

环境质量改善的复杂性突出，难度加大。我国污染的复杂性、严重性在世界范围前所未遇，因此没有现实的参考样本，简单的治理模式已经无法实现彻底的环境改善，这对政策的系统性、完善性提出了较高要求。国民对生活环境改善诉求强烈。随着国民物质生活得到保障，更多的人开始关注空气、水、食品的健康安全问题，国民对环境风险的认知和防范意识逐渐提高。实现经济可承受、技术可支持、人民可感受的生态建设目标是最重要的挑战之一。

总体上看，我国污染的复杂性、严重性在世界范围前所未遇，单一治理模式难以实现彻底根治，单靠几个污染因子控制无法满足治理需求。实施水、气污染减排的同时，还要应对污染向土壤和地下水转移的问题。汽车、住房等消费结构和消费方式转型升级，既有生产、流通等环节的环境污染，也有消费等生活型污染，环境问题复杂，结构性污染突出。每年1100 万辆机动车新增量加大了城市空气质量改善的压力，内河水体污染量大面广，治理成本高。农业污染源排放影响日益加大，农村畜禽养殖、化肥农药施用、生活垃圾等带来的环境污染分散、防治难，形势十分严峻。

此外，我国东、中、西部环境治理呈现不同特点，区域差异和分异明显加大，分区分类精细化管理挑战大。产业区域梯度转移带来了资源消耗、环境污染空间结构的变化，承接产业转移地区的环境压力将进一步增大。既要考虑东部沿海产业升级对污染排放的利好趋势，又要深刻认识中西部能源重化工产业增长带来的新的污染压力。传统与新型环境问题叠加，出现农村环境叠加城市环境、生态退化叠加环境污染、国际环境叠加国内环境特征。因而，我国区域环境治理政策需进一步契合当地的实际情况，对政策的创新性和精准性提出了较高的要求。

4.2.4 面临污染减排压力

中国具有世界第一的经济增长率、世界第二的经济总量，污染物排放量巨大。随着经济不断发展，我国能源消耗量日益增大。自 2010 年起我国能源消费总量连续排在世界第一位。我国单位 GDP 能耗虽然逐年下降，但与发达国家相比仍存在一定的差距。2016 年我国每万美元的能耗高达 3.7 吨标准煤，不但高于世界平均水平，更是发达国家平均水平的 2.1 倍，分别是美国、日本、德国、英国的 2.0 倍、2.4 倍、2.7 倍、3.9 倍。能源粗放式消费也带来了环境影响，化学需氧量（COD）、二氧化硫（SO_2）等污染物在末端排放到环境中，生态环境压力加大，空气质量面临压力。2015 年我国被雾霾覆盖的城市多达 1523 个，2016 年污染面积从南到北、从东到西大范围地呈蔓延扩大趋势，国家正不断加大治理力度，遏制、扭转这种趋势。

2016 年 1 月，我国制定了《"十三五"节能减排综合工作方案》，明确了"十三五"时期我国节能减排目标："到 2020 年，全国万元国内生产总值能耗比 2015 年下降 15％，能源消费总量控制在 50 亿吨标准煤以内。全国化学需氧量、氨氮、二氧化硫、氮氧化物排放总量分别控制在 2001 万吨、207 万吨、1580 万吨、1574 万吨以内，比 2015 年分别下降 10％、10％、15％和 15％。全国挥发性有机物排放总量比 2015 年下降 10％以上。"

我国针对污染源实施总量控制。面对不断增加的污染物排放，如何协调总量控制和污染排放存在的矛盾，同时对污染物进行全部有效的控制，如何完善相应控制政策，成为生态文明建设的重大挑战之一。

以污水治理为例，我国尚需补充完善针对排入城市生活污水处理厂的工商业点源的控制政策，保证污水处理厂的稳定运行、达标排放、处理成本等；我国已经开始全面执行排污许可证制度，规范落实排污许可证制度是治理城市生活污水的必由之路；此外，还需提高排放标准并建立健全污泥管理制度；同时可以考虑建立城市生活污水处理厂按照人口的全面覆盖实施的专项资金补贴制度。

排放到城市生活污水处理厂的工商业点源污水，含有大量污水处理厂无法处理的污染物，如重金属、有毒有机物等，可能影响污水处理厂的稳定运行。尚需补充完善预处理排放标准，设计科学合理的工商业点源排入污水处理厂遵循的标准。针对不同行业设计不同的预处理排放标准，避免大量重金属残留在污水处理厂的剩余污泥中。建立健全对排入污水处理厂的工商业点源的管理制度，完善污水预处理制度和标准体系。

针对城市生活污水管理，诸多制度中均有提及，如环境影响评价制度、排污许可证制度、限期治理制度、环境信息管理等。尚需提高政策的系统性，加强各项控制政策之间的协调和整合，以便有效衔接。

4.3　严峻国际形势的挑战

据 2019 年 3 月联合国发布的第六期《全球环境展望》数据显示：地球生态环境已受到极其严重的破坏，如果不采取紧急的环境保护措施，地球的生态系统以及人类的可持续发展事业将遭受重大威胁。除非大幅度加强环境保护力度，否则到本世纪中叶，亚洲、中东和非洲或将有数百万人因遭受污染而减寿。

4.3.1　全球环境挑战加剧

人类只有一个地球，环境问题是全人类共同面临的问题，是牵一发而动全身的大问题，它具有不确定性、系统性、复杂性和跨区域性，任何国家和地区都无法独善其身。随着经济全球化进程的加速，全人类的发展和命运越来越紧密地联系在一起。任何一个国家都不可能单独解决经济发展所面临的环境问题。经济发展没有国界，生态治理不分区域。如果其他国家不同时采取相应行动，任何一个或几个国家的环保努力都将劳而无功。因此，要在全球范围内取得生态治理的共识。

当代国际社会不可回避地面临一系列超越国家和地区界限、关系到整个人类生存和发展的严峻问题，主要包括人口爆炸问题、能源枯竭问题、资源短缺问题、环境污染问题、生态破坏问题、气候变暖问题、土地沙化问题、物种灭绝问题等。人类走到 21 世纪的今天，生态环境问题变得异常严峻已经是一个不争的事实。特别是进入工业时代以后，人类对自然界展开了空前规模的征服活动。据资料统计，整个 20 世纪，人类消耗了约 2650 亿吨煤、1420 亿吨石油、380 亿吨铁、7.6 亿吨铝、4.8 亿吨铜。一个世纪的时间里就消耗了地球一次性资源的 50％ 以上。

在经济高速增长的同时，环境污染问题日趋严重。全球范围内出现了九大环境危机：温室效应、臭氧破坏、酸雨肆虐、大气污染、水体富营养化、固体废物成灾、生物多样性减少、森林锐减、土地荒漠化。气候变暖导致极端天气时常出现，酸雨和放射性污染成了人类健康的无形杀手。生态环境问题是引发跨国人口迁移以及国际冲突的重要原因之一，而国际难民又引发新的生态问题，从而形成了恶性循环。工业文明使人类征服自然的能力达到了极致，然而一系列全球性生态危机表明，地球支持工业文明继续发展的能力受到了极大破坏。

（1）人类开始反思与自然的关系

在生态危机频发的背景下，人们开始反思人类与自然的关系，反思人类行为的自然准则。1962 年出版的《寂静的春天》中，作者美国学者蕾切尔·卡逊发出了环境保护的先声，人们的环保意识和生态意识开始觉醒。1972 年 6 月联合国讨论并通过了著名的《人类环境宣言》。1983 年 11 月，联合国成立了世界环境与发展委员会，1987 年正式提出了可持续发展的模式。1992 年联合国在巴西召开的环境与发展大会通过了《21 世纪议程》，号召各国政府和人民关注生态问题、致力于生态问题的解决和国际的协调与合作。

2012 年，联合国通过了《我们憧憬的未来》，在可持续发展理论与实践基础上逐渐产生了生态文明的雏形。在由于过度开采而遭到大自然无情报复的今天，国际社会普遍意识到，人类再也不能以一个征服者的身份对自然界发号施令了，必须学会尊重自然、善待自然，自觉充当维护自然稳定与和谐的调节者。从一个号令自然的主人，到一个善待自然的朋友，这是一次人类意识的深刻觉醒，也是一次人类角色的深刻转换。人类必须通过探索生态文明建设来实现人类的可持续发展。

（2）全球环境治理没有达成共识

全球环境治理的效果取决于治理能力的强弱，而外在治理能力又取决于体系内部的统一和协调。基于利益的分歧、价值观的不同和对权力的追逐，全球环境治理体系内部的分化使其难以形成外在治理合力，主要表现为发达国家与发展中国家关于生态危机的成因以及环境问题责任划分上的分歧。虽然发达国家在全球环境治理方面拥有技术、资金、管理等方面的优势，但在具体行动上却趋于保守消极，他们不承认自己环境污染的历史责任，反而推延履行甚至规避自己的援助承诺。发展中国家面临着发展经济和保护环境的双重任务，不可能做到牺牲发展来换取环境保护，亟须通过发达国家的帮助来实现两者的协调，但是发达国家在把责任推向发展中国家的同时也提出了一些苛刻的条件破坏双方合作的基础。

发达国家内部也存在矛盾，发达国家为了争夺全球环境治理的主导权，在治理模式和机制的设定上存在着分歧，如在全球气候治理方面，欧盟的积极推动与美国的消极应对以及加拿大、日本等伞形国家的观望态度形成了鲜明的对比。发展中国家在全球环境治理的一些议题上也存在分歧，中国、印度以及几个拉美国家等坚持要求发达国家承担历史责任，而一些贫困国家、小岛国联盟等则要求发达国家和发展中大国都需加大减排力度，并建立针对所有国家的激励机制。全球环境治理体系内部的矛盾使得全球合作难以推进。

从 2002 年左右开始，全球环境治理由于恐怖主义、经济危机、各个国家之间分歧变大等原因，进入了一段徘徊分化的时期。美国退出《京都议定书》导致全球气候变化治理进程推迟，经济危机也使得哥本哈根气候大会难以达成成果与共识。发达国家与发展中国家之间的分歧进一步加大，而发展中国家集团内部由于发展进程的不一致也出现了分化，这些都导致了全球环境治理的领导力赤字。另一方面，虽然各方形成了500多个有关环境与资源的公约，但是各项公约在执行和监督、资金支持等方面并未统一，出现了治理碎片化的趋势。

（3）各国发展模式难以转变

国家的发展模式根据各国的标准进行制定，便会有不一样的发展模式。从生态的视角来分析，国家的发展模式包括政治、经济、安全、文化各方面。从政治生态化视角来分析，世界各国的政治领导人都是将自身利益最大化放在首位，将世界资源视作全球竞争的主要任务，这样只会得到短时间内的利益最优，会危及长远利益，进而损坏大部分群体的利益，导致各种冲突的出现。因此，生态安全形势日益严峻。粗放型增长方式带来的问题虽已被多数国家所了解，然而在实际的利益以及人们日益增长的物质需求驱动下，很难得到执行。从经济生态化角度来分析，目前各国环境污染恶化反映出能源没有得到可持续发展，经济的发展没有建立起创新体系，没有推动向绿色、低碳发展，而且受到旧思维的禁锢，各国之间没有建立相互帮助和扶持的有效机制。人们对此有着极深的了解，从而积极倡议绿色生活。然而目前多数国家仅仅是在少部分地区实施绿色生产、生活的发展模式，多数企业、地区和其他国家仍有上述不足，并且有的仍在加剧。从文化生态化角度来探析，生态文明与人类的发展息息相关，而现在部分国家没有树立生态文化意识，有的国家虽然意识到生态文化对一个国家或民族有着长远影响，但是没有有效地引导人们形成正确的生活态度和价值观念，约束自身不当行为，为建设生态文明贡献己力。

4.3.2 环境治理的地位不断提升

（1）环境保护国际关注显著增强

从国际形势看，世界经济复苏乏力，国际政治经济秩序深度调整，全球环境治理体系发生重大变革，环境事务在国际政治外交中的重要性凸显。世界经济论坛发布的《2015年全球议程展望》指出"发展中国家的环境污染""极端天气频发""水资源加速枯竭"等环境议题已前所未有地成为全球对话的重要领域，环境问题日益严峻，成为今后全球、区域环境治理和保护面临的挑战。

同时，与其他领域的全球治理相比，国际环境谈判的广泛性和参与度变得十分突出，如在联合国《气候变化公约》《京都议定书》《巴塞尔公约》等14个重要的国际环境条约中，成员国超过100个的有13个，其中5个条约的成员国超过180个，表明参与环境公约及其谈判的机构和领域越来越广泛。同时，国际社会对环境可持续的重要性认知不断上升。国际社会关注的环境议题更为全面，关注可持续发展各个方面的一体化，凸显了环境可持续目标在全球发展进程中的支柱性地位，强调了环境可持续目标与经济目标、社会目标的进一步融合。

工业环境污染问题的全球关注度不断上升。目前已签署的区域性和全球性多边环境公约与协定750个，其中污染防治相关的公约大约占四分之一。从20世纪70年代开始，污染防治（包括生化武器和核武器）相关的多边环境公约与协定呈现不断上升的趋势，工业污染防治全球的关注度不断上升。如全球环境基金（Global Environmental Facility，GEF）对工业领域的环境援助份额不断增加，持久性有机污染物控制领域的资金分配额度已从第一次增资期间的 2％ 增长到现在的 10％ 以上；尽管发达国家因经济不景气不再主动承担环境责任，在全球共同环境行动难以达成的背景下，2013 年国际社会仍签署了《关于汞的水俣公约》，更加体现出全球对工业污染防治的关注。

（2）国际社会对中国的环境要求提高

以中国为代表的新兴经济体成为世界经济增长的主要动力，中国综合国力和国际地位显著提升，在国际事务中拥有了更大的话语权。随着环境事务在全球政治体系中的重要性显著增加，国际社会期望中国在环境保护方面承担更多责任，在全球环境治理中发挥更大作用。

随着中国经济的崛起，多元化的对外经济格局使我国在国际经济领域发挥的作用日益显著。同时引发的跨境环境争议日益增多，国际社会对我国绿色发展提出更高的要求。我国已加入与生态环境保护有关的国际公约近 30 项。我国在应对全球气候变化和生态环境危机中承担越来越多的环境国际责任和义务，这既是彰显大国形象的机遇，也是挑战。我国仍是发展中国家，发展是第一要务，需要在加快发展的同时，开展国内环境治理和生态保护，担负国际责任，这对生态文明建设来说无疑是一大挑战。

（3）中国需在环境治理中彰显担当

中国国际地位大幅提升，在全球事务中拥有了更大的话语权，也将承担更多责任，在应对气候变化和全球环境治理中的作用凸显。我国外交战略重点转变为推动建立合作共赢的新型国际关系。中国在全球环境治理中的角色已经发生深刻改变。如果说 2012 年以前中国在全球环境治理中更多的是借鉴全球治理体系中的资源、技术与经验的话，那么 2012 年以来的中国则通过国内坚定的生态文明建设和国际上的积极行动为全球环境治理贡献了中国经验与中国方案，成为全球环境治理的参与者、贡献者和引领者。

2017 年，在内蒙古鄂尔多斯市召开的《联合国防治荒漠化公约》第十三次缔约方大会上，各方就制定《联合国防治荒漠化公约》未来战略框架、推动实现土地退化零增长目标等达成重要共识，开启了《联合国防治荒漠化公约》治理的新篇章。作为《联合国防治荒漠化公约》第十三次缔约方大会主办国和现任主席国，中国将继续尽职履责，与《联合国防治荒漠化公约》秘书处等密切合作，落实缔约方大会各项决定，积极推动和谋划《联合国防治荒漠化公约》和全球防治荒漠化事业的发展。中国是世界上荒漠化问题严重的国家之一，多年来，采取了一系列坚实的政策和行动，加强国内荒漠化防治，大力推进国内生态文明建设，努力建设美丽中国，取得了显著进步，得到国内民众和国际社会的广泛认可。

同时，作为负责任的发展中大国，中国积极参与全球环境治理，已成为全球生态文明建设的重要参与者、贡献者和引领者，持续为防治荒漠化国际合作贡献中国力量和方案。2018 年中非合作论坛北京峰会宣言倡导各国携手合作，有效应对土地退化挑战，提出中非将加强应对干旱和沙漠化合作。

习近平主席在 2019 年 4 月第二届"一带一路"国际合作高峰论坛上提出，要把绿色作为"一带一路"的底色，推动建设绿色基础设施、绿色投资、绿色金融，保护好我们赖以生存的共同家园。中国已启动"一带一路"防治荒漠化合作机制，持续推进相关南南合作。

从十九大报告中也可以看出中国政府对中国角色的认识已经与之前不同，而且国内生态环境主管部门对全球环境治理的看法也已有了很大改变。除了继续向世界各国借鉴学习先进的经验，中国也将致力于在全球环境治理中扮演更积极的角色。

4.3.3 环境治理成为大国竞争的内容

以《巴黎协定》和《2030 年可持续发展议程》为代表的全球愿景面临更加严峻的现实挑战，全球气候、环境治理和可持续发展愿景与现实之间存在着日益扩大的鸿沟。2015 年，193 个联合国会员国在联合国可持续发展峰会上正式签署的《2030 年可持续发展议程》提出了 17 项可持续发展目标，其中多数可持续发展目标与环境密切相关。气候变化、资源枯竭、海洋污染等严重威胁人类安全利益，以经济、社会和环境为三大支柱组成的 2030 年可持续发展目标对环境安全提出了更高的要求。环境问题因承载了政治、经济、外交等诸多因素，成为国际社会持续关注的焦点，国家在全球环境治理的话语权、规则制定权和领导权之争日益深刻广泛。

（1）大国之间争夺生存和发展空间

目前，世界形势依旧是国际间的竞争和大国之间争夺世界霸权的状况。各国之间的竞争已经不仅仅是过去的政治、经济和军事实力的竞争，更是来自科技创新能力以及核心技术竞争，并且在某种程度上是一种科学技术"异化"了的竞争。有些国家为了争夺更多的生存和发展空间，一方面通过政治、经济或战争等手段进行争夺与扩张，另一方面则运用科技手段进行"潜移默化"的争权夺利。而不管运用何种手段，其结果都会造成国与国、人与人之间的不和谐，给生态文明建设带来严重的影响和挑战。

例如，各国之间依旧存在着一种较为"隐秘的"危险性废物的越界转移情况。一些放射性的、带有辐射的、爆炸性的废弃物质常常会越界出现于其他国家，特别是一些发展中国家和落后国家。发达国家常常将一些高污染高危险的产业搬移到这些发展中国家或者落后国家，利用这种转嫁污染的生产发展方式获得更多的利益，增强自身的国际竞争力，争夺更多的国际发展空间，一方面转嫁本国的污染，一方面因这些高污染高危险的产业往往需要很多相关的能源和劳动力，转移到发展中国家和落后国家可以直接取材当地的资源和能源，并且廉价的劳动力可以节省开发和生产成本，从中牟取暴利。这些做法不仅导致发展中国家和落后国家地区的生态环境进一步恶化，加大了发展中国家或落后国家地区与发达国家之间发展的差距，而且也给这些国家和地区的人民在物质和精神上都带来了不良的影响与障碍，因而给人类生态文明建设带来了极为不利的后果。

国际竞争地位的不平等性，造成各地区社会发展的不平衡，给生态文明建设带来长期的社会压力与挑战。国际竞争实质就是各国为争夺有利于本国发展的资源而互相竞争和抗衡，是在全球大环境大形势下，由于各国发展不平衡，尤其是资源分配的不平均所致。越是在欠发达或者发展中国家和地区，也就是总体实力比较弱的国家和地区，国际竞争越剧烈，而那些综合实力相对强大的国家竞争往往没有那么严重。这是因为，发达国家可以通过不平衡发展和联合发展，实现对全球自然资源的掠夺性开发，造成大量的不可再生资源的短缺、枯竭，并且还利用其在资源耗费方面的优势，对本国资源进行保护，对发展中国家的资源进行掠夺性开发，从而剥夺了这些国家合理利用自然资源发展经济的权利。

此外，长期以来历史性形成的发达国家的工业产品价格与欠发达国家农业产品及原材料价格的剪刀差，也使得发达国家与欠发达国家之间的贸易往来不平等，导致了落后国家更加贫穷、环境更加糟糕的恶性循环。资本主义国家之间的竞争亦是如此，综合实力越强大，其所受到的环境压力就越小。由此可见，各国在国际竞争中所居的地位不平等，造成了不同国家和地区社会发展的不平衡，从而将给生态文明建设带来长期的社会压力与挑战。

（2）全球环境治理机制改革迫在眉睫

现有的全球环境治理机制分散、机构重叠，造成环境治理体系碎片化、多中心和效率低下。根据联合国环境规划署报告，截至 2012 年，在已经确认的 320 个全球环境治理目标中，有一半目标未获进展甚至恶化。当前，全球经济整体低迷，传统发展模式与有限资源的矛盾成为全球经济复苏的最大瓶颈，绿色可持续发展模式成为破除坚冰、重振世界经济的最大动力，这要求以联合国为核心的全球环境治理体制必须进行改革，以承担更大的责任。在全球环境持续恶化的背景下，2012 年《我们憧憬的未来》成果文件明确提出"联合国环境规划署将在未来全球环境治理中发挥重要的协调作用，提出改革机构的具体建议，从法律地位、能力建设、业务界定等方面对联合国环境规划署领导全球环境治理进行铺垫"。2014 年联合国环境大会首次会议的召开，不仅拉开了联合国全球环境治理改革的大序幕，而且改革的速度和力度不断加大。

因此，当前国际国内新形势下，环保国际合作工作面临着三个战略性的调整和转变：一是合作原则，由侧重强调"有区别的责任"原则，向重视"共同的责任和义务"的方向转变；二是合作动力，由过去被动应对环境问题带来的国际压力，向积极参与制定国际环境规则和治理体系方向转变；三是合作方式，由强调争取环境与发展援助向提倡"相互帮助、协力推进"转变，同发达国家及发展中国家环保合作开启"共同出资"新模式，结合南南合作逐步开展对外援助。

发展中国家对技术援助的需求日益强烈，全球环境治理影响力持续上升。近年来受金融危机和经济持续低迷的影响，发达国家作为全球环境治理援助基金的主要捐资方，逐年缩减援助支出，但发展中国家对于申请援助参与环境国际合作的需求逐年上涨，在资金申请愈发困难的情况下，技术援助申请成为发达国家援助发展中国家参与全球环境治理的重要方式。环境友好型技术为发展中国家带来了环境和经济的双重效益，一方面避免单纯的资金援助对发展中国家环境改善效果不理想的局面，另一方面也迎合了国际环境合作重点正逐渐向提升环境改善能力转变的新趋势。

此外，在目前全球环境治理中，发达国家借助其资金、技术和智力方面的强大优势，在南北环境关系中占据绝对的主导地位。但随着发展中国家群体性崛起及其对环境议题的国际影响日益上升，发展中国家的意见和诉求在国际环境谈判中不断得到重视，全球环境治理中的发言权和影响力也在不断增强。如 2009 年哥本哈根气候谈判，巴西、南非、印度和中国统一发声，对谈判进程起到了重大影响，"共同但有区别责任原则"被写入"里约＋20"会议成果文件《我们憧憬的未来》中。

2012 年以来，全球环境治理体系在制度建设方面得到加强。随着"里约＋20"相关决议的执行，联合国环境大会（UNEA）、联合国可持续发展高级别政治论坛相继启动，增强了环境议题在世界舞台上的影响力，在促进各国环境合作、加强可持续目标履行方面将比以往发挥更重要的作用，这样基于加强协调和凝聚共识的制度有助于减缓全球环境治理碎片化的格局。

而美国特朗普政府决定退出《巴黎协定》之后，中国与欧盟国家表示将坚定地认真履行《巴黎协定》，防止气候治理成果的流产，意味着领导力格局转变的再次到来。

（3）非政府组织影响全球环境治理决策

随着全球化和相互依存的发展，非国家行为体在全球治理领域中扮演着日渐重要的角色，特别是以国际非政府组织为代表的非国家行为体在全球环境治理进程中扮演着越来越重要的角色。随着非政府组织（Non-Governmental Organizations，NGO）的发展壮大，其间接或直接影响全球环境治理决策的作用逐渐得到增强。

非政府组织不断通过各类论坛、谈判、协商会议等方式参与全球环境治理，通过实施社会监督、开展第三方评估等活动，推动全球治理进程。通过参与国际会议的方式影响国际谈判进程和结果是国际非政府组织试图获得国际权利的重要方式。比如：得益于全球气候进程对国际非政府组织的开放态度，国际非政府组织在《联合国气候变化框架公约》缔约方大会（UNFCCC-COP）中被接纳为重要的参与方，并能够获得一定的表达立场的正式权利，参与气候变化谈判缔约方大会的非政府组织数量逐年大幅度增加；在《关于持久性有机污染物的斯德哥尔摩公约》新增持久性有机污染物的审查方面，美国化学理事会、国际溴科学与环境论坛、大自然保护协会等非政府组织的研究和评估信息为各类议题谈判提供了重要参考。

除了试图直接在国际谈判中影响政策过程，非政府组织一直以来都对国别行动十分重视。非政府组织的国别行动大致可以分为两种。非政府组织对国家政策施加影响的经典方式是通过富有创意、吸引眼球的活动来进行宣传，制造话题和有利语境，提升社会各界对某一问题的关注，汇集社会力量向政府或企业施加压力，从而促成或加速改变的发生。除了由外向内和自下而上的"施压"行动，国际非政府组织也逐渐转向与政府寻求合作，通过提供技术支持或政策咨询的方式介入政治进程。在这个意义上，国际非政府组织将自身纳入为政府决策提供支持的认知共同体之中，从而由内而外地发挥政治影响。由于有科学知识和相关规范做支撑，认知共同体往往能够影响决策结果。

4.4　生产-生活-生态多目标平衡的挑战

要树牢绿色发展理念，需要推动生产、生活、生态协调发展。生态环境问题归根结底是发展方式和生活方式问题，要从根本上解决生态环境问题，必须贯彻创新、协调、绿色、开放、共享的发展理念，加快形成节约资源和保护环境的空间格局、产业结构、生产方式、生活方式，把经济活动、人的行为限制在自然资源和生态环境能够承受的限度内，给自然生态留下休养生息的时间和空间。立足于"人-自然-社会"系统的整体性，着眼于"人-自然-社会"发展的协调性，实践于"人-自然-社会"利益的共荣性。在保障经济社会发展的同时维护生态系统平衡，在保障当代人经济社会发展的同时维护子孙后代经济社会发展的可能性，彻底扭转之前非理性、非系统性、非可持续的错误发展理念，为新时代美丽中国与生态文明建设创造经济基础。

其一，有利于形成整体发展理念。经济生态建设、政治生态建设、文化生态建设、社会生态建设是生态建设融入各领域的真实写照，是整体发展理念的具体实践，本质上与科学发展观"全面、协调"理念相一致。

其二，有利于培育以人为本理念。美丽中国视域下生态文明建设是"人民对美好生活向往"在生态层面最真实的写照，是实现、发展、维护群众生态利益的具体实践，本质上与科学发展观"以人为本"理念相一致。

其三，有利于协调不同地区利益诉求。不平衡不充分的发展在新时代中国依然存在，美丽中国视域下生态文明建设是庞大而系统的工程，生态保护区利益与生态受益区利益实现科学协调、代内利益科学协调、代际利益科学协调必须依托科学发展观"整体协调"理念。

其四，是进一步践行可持续发展理念的真实写照。美丽中国建设、生态文明建设从根源上讲是保障中华民族永续发展的战略部署，是保障当代人生存发展所需，同时是维护后代人生态利益的战略决策，本质上与科学发展观"可持续"理念相一致。

4.4.1 平衡生产发展与生态治理

在经济新常态下，经济增速放缓，我国面临着转变经济发展方式、重新挖掘新经济发展模式的挑战。这有利于降低经济发展的生态成本，减少资源能源消耗，提升生产效率，改善生态环境。我们不能只强调生态环境保护，不谋求经济社会发展和人的发展，我们也不能再走只注重经济增长、罔顾环境代价的老路，关键是怎样平衡经济发展和生态环境保护二者之间的关系。

在人类传统发展观念中，以往没有兼顾经济增长和环境保护，而是在发展过程中受到自然界惩罚后才意识到环境保护的重要性。在西方国家，环境保护是经济发展到一定水平以后才开始着手处理的。近年来，生态发展的观念开始逐渐在全球范围内广为认可、深入人心。如今，不论是各国政府还是民众对于经济发展和环境保护的相互促进、相辅相成的关系都有了深刻的认识，这就需要我们从观念抓起，大力宣传环境保护、绿色发展和可持续发展。

4.4.2 公众生态意识开始觉醒

公众生态意识逐渐觉醒。所谓"生态意识"，是指人们在把握和处理人与自然环境的关系时应持有的一种健康、合理的态度，应具有的一种认真、负责的精神。按照马克思恩格斯的生态文明思想，生态文明的核心理念是人与自然的有机统一。所以，人类要顺应自然运行规律，保证自然系统的良性循环和动态平衡。

党的十八大报告中明确提出，要加强生态文明宣传教育，增强全民节约意识、环保意识、生态意识，形成合理消费的社会风尚，营造爱护生态环境的良好风气。我国公众的生态意识正在觉醒，向好的发展趋势显著。根据环保部 2014 年公布的我国首份《全国生态文明意识调查研究报告》，我国公众生态文明的总体认同度、知晓度、践行度呈现出"高认同、低认知、践行度不够"的特点。

首先，公众对我国生态文明的认同度较高，主要体现在对我国进行生态文明建设的充分理解和支持，对我国大力加强保护农村耕地、水土、草场植被、森林持积极态度，对饮用水安全和关乎千家万户的食品安全给予特别关注。我国政府对于生态文明的关注、宣传和保护力度在民众生态意识形成中起到了积极作用，成效逐步显现，获得较高认同度。

其次，公众对生态知识的认知程度还不高，主要体现在公众对我国生态文明概念、生态环境问题、生态文明建设战略基本内容的了解及辨识程度还有待提高，说明虽然生态文明建设在总体上获得了广泛认同，但是在生态文明建设需要了解的知识方面尚呈现"高了解率、低准确率、知晓面广"的特征。调查显示，在 14 项涉及生态文明的知识中，公众知晓数量为 9.7 项，全部知晓的仅占 1.8%。

公众目前的普遍渴求不仅是更强的安全感和更多的经济发展机会，还需要一个能够长久延续下去的生态环境。部分公民对生态环境尚缺乏科学的认知，全社会尊重自然、保护自然、顺应自然的生态文明理念还有待进一步完善。公众应逐步将保护生态环境落实到个人生活中，摒弃需求与消费无度的生活习惯，减少资源消耗加剧、生态环境破坏，实现人与自然和谐发展。

4.4.3　居民生活方式的不绿色

绿色生活方式是指通过倡导居民使用绿色产品，倡导民众参与绿色志愿服务，引导民众树立绿色增长、共建共享的理念，使绿色消费、绿色出行、绿色居住成为人们的自觉行动，让人们在充分享受绿色发展所带来的便利和舒适的同时，履行好应尽的可持续发展责任的方法，实现广大人民按自然、环保、节俭、健康的方式生活。

我国公众生态文明践行习惯和行为有待进一步形成。我国居民生活方式不绿色，主要体现在普通民众在节约资源习惯的养成、理性消费、举报环境违法以及主动宣传生态文明的日常行为习惯等方面与生态文明意识存在差距。公众的生态道德和生态价值观虽然初步形成，却不能把理性的生态文明意识外化为生态文明习惯和行为。部分居民不合理的生活方式造成了资源的极大浪费，冲击着中华民族崇尚节俭的传统美德，有待向绿色生活、绿色消费转型。

归根结底，居民生活方式不绿色的原因在于生态文化还没有成为我国社会的主流文化。因此，我国公众生态文明自觉践行的行为仍有待养成，践行生态环境保护的社会环境培育机制有待进一步健全，生态文明行为养成任重道远。

4.4.4　居民消费方式的不合理

绿色消费也称可持续消费，是指一种以适度节制消费，避免或减少对环境的破坏，崇尚自然和保护生态等为特征的新型消费行为和过程。它有三层含义：一是倡导消费时选择未被污染或有利于公众健康的绿色产品。二是在消费者转变消费观念，崇尚自然、追求健康，追求生活舒适的同时，注重环保，节约资源和能源，实现可持续消费。三是在消费过程中，注重对垃圾的处置，不造成环境污染。

改革开放以来，伴随着我国经济的高速增长，人民的生活水平有了大幅度的提高，但不合理的消费方式也随之而来，不仅造成了能源资源的巨大浪费，还带来一系列的生态破坏、环境污染等问题，对我国生态与经济的可持续发展造成了巨大的影响，使我国的生态文明建设面临严峻的挑战。

我国现在正处于发展过程中，不科学的、非理性消费理念应该及时遏止，应减少资源消耗，实现物质生活与节约资源相统一。应该倡导注重真实消费需求和消费效益的简朴型消费行为，要把思想提高到国家大局高度上，注重社会整体福利，更多地考虑生态环境的保护和物质资源的节约。

本章重要知识点

（1）经济发展的挑战：经济发展意味着一定程度上的环境污染，环境问题正制约着我国经济的可持续发展。经济发展面临的挑战包括经济发展转型的挑战、可持续发展的挑战、城镇发展面临巨大压力、企业环境成本的挑战。

（2）可持续发展的挑战：可持续发展是既满足当代人的需求，又不对后代人满足其需求的能力构成危害的发展。其挑战在于资源能源约束趋紧和人口承载能力压力巨大等，其中前者包括国土资源总体稀缺、人均矿产占有量低、水资源日益紧缺、生物种类数量锐减等。

（3）科技创新是生态文明建设的动力源泉：经济发展方式转型和经济结构调整归根结底需要依靠科技创新，生态文明作为一种新的文明形态，对工程科技水平有着更高的要求，生态文明建设中遇到的重大科技瓶颈问题需要科技创新来破解。

（4）污染减排：污染减排指的是减少污染物排放量，以改善环境质量。污染减排是我国社会关于发展方式和环境保护观念的一次深刻变革，是对我国粗放型经济增长方式的全面宣战，也是具有中国特色社会主义制度在环保领域的全新实践。污染减排是调整经济结构、转变发展方式、改善民生的重要抓手，是改善环境质量、解决区域性环境问题的重要手段。

（5）全球环境治理：人类只有一个地球，环境问题是全人类共同面临的问题，全球环境治理是全球治理的重要组成部分，是规范环境保护和发展进程的各种组织、政策和规则等的总和。全球环境问题严峻，全球环境治理也呈现出多重复杂的特征，并日益明显。

（6）中国在全球环境治理的角色：中国国际地位大幅提升，在全球事务中拥有了更大的话语权，也将承担更多责任，在应对气候变化和全球环境治理中的作用凸显。十九大报告中指出，中国将致力于在全球环境治理中扮演更积极的角色。

（7）生产-生活-生态多目标平衡：生态环境问题归根结底是发展方式和生活方式问题，要从根本上解决生态环境问题，必须贯彻创新、协调、绿色、开放、共享的发展理念，需要推动生产、生活、生态协调发展。

（8）绿色消费：也称可持续消费，是指一种以适度节制消费，避免或减少对环境的破坏，崇尚自然和保护生态等为特征的新型消费行为和过程。它有三层含义：一是倡导消费时选择未被污染或有利于公众健康的绿色产品。二是消费者在转变消费观念，崇尚自然、追求健康，追求生活舒适的同时，注重环保，节约资源和能源，实现可持续消费。三是在消费过程中，注重对垃圾的处置，不造成环境污染。

（9）绿色生活方式：指通过倡导居民使用绿色产品，倡导民众参与绿色志愿服务，引导民众树立绿色增长、共建共享的理念，使绿色消费、绿色出行、绿色居住成为人们的自觉行动，让人们在充分享受绿色发展所带来的便利和舒适的同时，履行好应尽的可持续发展责任的方法，实现广大人民按自然、环保、节俭、健康的方式生活。

思考题

（1）生态文明建设面临哪些经济发展方面的挑战？

（2）生态文明建设面临哪些环境保护压力的挑战？

（3）生态文明建设面临哪些国际形势挑战？

（4）如何做到生产-生活-生态多目标平衡？

参考文献

［1］ 张栋.中国生态文明建设的背景、作为与挑战［J］.团结，2013（6）：54-58.

［2］ 钱菲，杨向荣.国际竞争对生态文明建设的挑战［J］.青岛农业大学学报（社会科学版），2013，25（3）：48-51.

［3］ 谢园园，傅泽强，邬娜，等.解析我国生态文明建设面临的重大挑战［J］.中国工程科学，2015，17（8）：132-136.

［4］ 王燕珺.经济新常态下我国生态文明建设的挑战和机遇［J］.改革与战略，2016，32（4）：33-37.

［5］ 肖绪界.社会主义市场经济条件下生态文明建设探析［D］.沈阳：东北大学，2013.

［6］ 王逊.我国环境保护与可持续发展面临的挑战及对策［J］.山东环境，2003（5）：44-45.

［7］ 王爱琦.我国生态文明建设面临的挑战及对策［J］.宁波大学学报（人文科学版），2014，27（5）：91-95.

［8］ 上海环境能源交易所.正确看待经济下行压力与环境保护的关系（2019-01-18）［2019-11-13］.https：//www.huanbao-world.com/a/zixun/2019/0117/77995.html.

［9］ 蒋高明.中国生态文明建设［M］.北京：北京语言大学出版社，2014.

［10］ 唐晓晖.中国社会主义生态文明建设研究［D］.株洲：湖南工业大学，2011.

［11］ 姜春华.我国生态文明建设面临的挑战及战略选择［J］.佳木斯大学社会科学学报，2009，27（3）：32-33.

［12］ 许传琼."全球"视域下生态文明建设存在的问题探析［J］.佳木斯职业学院学报，2018，34（7）：113.

［13］ 黄新焕，叶琪.全球环境治理体系的构建与战略选择［J］.经济研究参考，2016（16）：4-11.

［14］ 梅凤乔，包埼含.全球环境治理新时期：进展、特点与启示［J］.青海社会科学，2018（4）：66-73.

［15］ 梁巍.后发展国家生态环境困境的反思及其应对［J］.哈尔滨师范大学社会科学学报，2019（4）：16-20.

［16］ 徐云，曹风中.未来十年我国环境保护面临的压力与走势［J］.黑龙江环境通报，2014（4）：1-4.

［17］ 殷丽娜，郝桂侠，康杰.我国土壤环境污染现状与监测方法［J］.价值工程，2019（8）：173-175.

［18］ 钱栋.经济新常态下环境压力与环境保护政策建议［J］.江西化工，2018（4）：153-156.

［19］ 王莉娟.系统论视阈下草原生态文明建设研究［D］.呼和浩特：内蒙古大学，2017.

第五章　生态文明——生态文化解析

　　人类的成长离不开文化的学习，从家庭到学校再到社会，每一步的成长都离不开文化的影响。文化的发展也是在传统的基础上取其精华、弃其糟粕，生态文化在生态文明的思想建设大潮中脱颖而出。生态文化的传承并不是巧合，其实早在先民时期就已经出现相关的文化思想和文化意识，并且在五千年中华文明历史的长河中升华和进步，它是古代先贤文明智慧的体现，同时也是统治者治理国家的国策良方。生态文化的发展体现在对古代生态智慧的传承和符合现今生态文明建设的创新，它在家庭、学校和社会中都对人类的发展进步起到了积极的指导作用和深远的影响。生态文化的思想建设体现在民众的日常生活中，而其在经济生产中的重要作用则体现在生态文化产业的发展过程中，不仅是对企业和产品文化价值的提升，更是对企业文化和产业转型升级的促进。生态文化产业需要大量的人才支撑产业的多元化发展，因此生态文化的发展与建设承担了人才培养、产业创新和产业转型等多方面重任。在提倡生态文明建设的同时，生态文化的发展和建设被重新赋予了传承的生命与活力。

　　纵观古今，生态文化观念始终存在，或是化身为先民的图腾信仰获得崇拜和敬畏，或是进步为"天人合一，道法自然""厚德载物，生生不息"等思想认识获得认可和传承，时至今日，"绿水青山就是金山银山"的理念指导社会发展，都体现出生态文化生生不息的影响力。生态文明建设是国家根据社会经济发展和人民生活需要所提出的，既满足发展需要，又维护生态环境的重要国家战略。

　　生态文化制度体系包含建立生态文化服务体系、健全公众参与和监督机制、完善生态法规体系、发展生态文化产业等。由此，生态文化体制建设是从实际应用出发，引导大众建立生态价值观和生态道德。生态文化建设的主要任务是建立健全生态文化法律法规和管理体系，普及生态知识和生态常识，施行生态教育，树立以生态观念为指导的生产生活方式，最终形成生态价值观念。生态文化体制建设应从生态文化层次性、整体性、传承性和多样性出发。生态文化层次性体现在以"绿色""循环"和"可持续"思想为主导的生产生活方式及产品的物质浅层，以各类文化传播活动为代表的形式层面，以法律法规、社会制度建设体现的体制层面和培养生态价值观的观念层面。生态文化整体性是从生态文化到生态教育再到生态文化产业这一系列的关于生态文明建设的体制机制的系统性落实。从宗教图腾到风俗民约，再到文化遗产都体现了生态文化传承性。生态文化多样性体现在不同地区因不同生态形貌和生态样式造就的地方文化和民族文化特色，例如北方偏粗犷，南方偏温婉，各地区的生态文化多样性成就了各具地方特色的生态文化产业的发展。

本章知识体系示意图

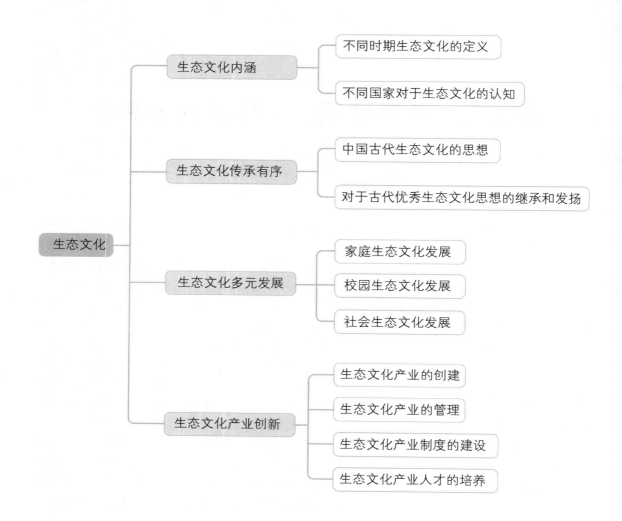

5.1 生态文化的内涵

　　国内从 20 世纪 80 年代中后期开始生态文化的研究，几乎与国外的相关研究处于同时期发展。研究者们从最基础的定义和"文化"一词的含义开始深入明确生态文化的含义和其中所体现的价值观和文明观的表达。大多数研究者把生态文化理解分为狭义和广义。从狭义理解，生态文化主要是表达了一种社会意识形态和社会文化现象；从广义理解，生态文化是反映人与自然在发展过程中积累和沉淀的物质财富和精神财富，表达的是人类的生态价值观。生态文化的形成和被重视是由于人类发展与自然保护之间的矛盾日益突出，日趋严重的环境问题催生了从国家到地方对于改善生态环境的迫切愿望。表 5-1 和表 5-2 分别列出了国外和国内生态文化代表性研究者及主要结论

表 5-1 国外生态文化代表性研究者及主要结论

年份	研究者	发表结论
1984	斯图尔德	文化与生态环境的关系是相互影响、相互作用、互为因果、不可分离的
1984	佩切伊	人类利用自身的主观能动性创造出了技术,但却损坏了整个生物圈的循环,进而致使我们未来生存基础的丧失,这一难题的解决办法就是进行生态文化的革命,使人们建立起对人与自然关系理解的新的价值取向,即理解并尊重自然,实现人与自然的和谐共生
2001	J. Ristic	生态文化是对社会、生物和物理环境综合认识的文化模式,它是以当地社区和家庭的振兴作为人类与生态环境直接互动的标准
2002	可持续发展世界首脑会议	将生态环境问题的认知方式与治理途径同绿色经济、科学技术结合起来,开拓了生态文化研究的新思路
2007	凯·米尔顿	研究人与环境的关系分类,即人类与环境是互动的,并通过互动相互影响
2013	K. Stetsyuk	生态文化建设必须以生态教育的连续性原则为战略方针,强调了生态教育的重要性
2015	V. A. Elena	生态文化是人类环境教育和环境竞争力的最高表达,它有助于真正的人类智慧和文明的形成

表 5-2 国内生态文化代表性研究者及主要结论

年份	研究者	发表结论
1989	余谋昌	生态文化是人与自然关系新的价值取向,从文化与生态关系角度,论述生态文化对当今世界的重要性
2003	余谋昌	生态文化作为人类新的生存方式,一种新文化,是实施可持续发展战略的选择,是 21 世纪人类新的文化选择
2003	郭家骥	文化是一个民族对自然环境和社会环境的适应性体系
2003	白光润	生态文化是指人与自然关系方面的文化
2003	王如松	生态文化是人与环境和谐共处、持续生存、稳定发展的文化,它涉及人的意识、观念、信仰、行为、组织、体制、法规以及其他各种有形式的文化形态
2005	陈寿朋,杨立新	将生态文化视为一种文化现象,即一种社会意识形式,它是以生态价值观为指导的
2005	高建明	生态文化是一种有关生态的文化,即人们认识生态和适应生态过程中所创造的有关绿色和环保方面的一切成果,也称为绿色文化
2009	江泽慧	生态文化是人们长期创造形成的一种社会现象,又是社会历史的积淀物,是一种历史现象
2010	王婷	将生态文化体系划分为三个层次:第一层次是生态文化的理念,第二层次是生态文化的行为,第三层次是生态教育层次,即致力于把生态文化理念落实到生态文化行为的中间层次
2011	廖国强,关磊	对生态文化的认识和理解主要有两种观点:第一类是将生态文化视为一种区别于传统文化的人类应当采取的新的文化形态,传统文化是指以环境污染和资源破坏为代价的文化;第二类则是从人类文明演进的角度来讲,将生态文化看作一个历史范畴或者是一种文化的有机组成部分
2012	尹世杰	近年来我国的生态文化还存在一些问题,如生态环境还不干净,社会环境中还出现个别不文明现象,生产、生活、流通三个环节还联系不畅,文化发展还有待健全等
2013	阮晓莺,张焕明	分别从三个方面即评价机制、制度机制、参与机制,去寻找优化生态文化建设社会机制的有效路径
2014	杨赫姣	生态文化的建设要以支撑生态文明为目标,以法律法规作为保障,以教育进行人化支撑,以生态哲学充盈提升,生态文化才能发挥最大的社会效应

续表

年份	研究者	发表结论
2014	董强	生态文化具有广义和狭义之分:广义上包含物质和精神两个层次,内容包含范围广;狭义上是单指精神层面,具体包含一系列观念体系
2015	十八届五中全会	生态文明建设首度被写入国家五年规划,将生态文明作为十大目标之一,在大力推进生态文明建设的实践中,生态文化建设的重要性更加突出,生态文明的建设需要靠生态文化来支持
2017	十九大	有序推进生态文化教育进家庭、进学校、进企业
2018	全国生态环境保护大会	中华民族向来尊重自然、热爱自然,绵延5000多年的中华文明孕育着丰富的生态文化

表 5-1 和表 5-2 中国外和国内的生态文化发展轨迹可以显示出生态文化的研究已经不再局限于研究和定义阶段,其发展程度离不开实际应用和社会实践的具体要求。生态文化依据传播地点和传播类型划分为家庭生态文化、校园生态文化和社会生态文化三大类（图 5-1），这三类看似区分明确,实际联系紧密。人类最开始也最容易接触到的是家庭生态文化,家庭生态文化强调生活环境中潜移默化的影响;校园生态文化是从幼儿阶段就会接触到的,它主要传授生态文化知识和帮助树立生态价值观;社会生态文化从某种意义上说是最为普及和广泛并且人类接受时间相对较长的生态文化类型,因此其传播形式多样,传播内容丰富。生态文化作为地区发展

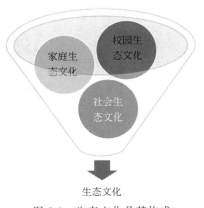

图 5-1 生态文化及其构成

和社会进步的重要影响因素,逐渐呈现出地域和发展阶段的不同特征,其中内含的精华部分由全人类共享,而各地区间的生态文化则由该地区结合自身发展需要来量身打造。

5.2 生态文化的历史观

文化是社会发展进程中的社会需求和价值观形成导向。各阶段的文化形成与产生都与社会进步发展的要求密不可分。从原始文明的自然中心主义到向以人类为中心过渡的农业文明再到完全以人类为中心的工业文明最后终将回归人与自然和谐的生态文明。在漫漫历史长河中,人与自然的地位随着社会发展进步在循环交替,这也证明了人类发展对自然的依赖和自然生态系统对人类发展的推动和支持。先民在以渔樵耕读为主要生产劳动活动的时期,在大量的农业生产劳动中形成并总结出农耕文化。春秋时期,崇尚以"仁义礼智信"为主的儒家思想,因此伴随着儒家思想的发展和传承,逐渐积累形成为后世推崇和学习的儒家文化。文化的产生和需要反映了社会发展的需求。文化的包含内容和表现形式多种多样,一般从物质、制度和心理三方面体现和分类,对于生态文化,可以理解为物质文化、制度文化和心理文化的生态化。我国一直秉承既要发展经济,也要保护环境的发展宗旨。生态文化在历史中的出现可追溯至"百家争鸣"时期,从"天人合一"思想的出现为绿色发展奠定文化基础,

到生态平等的思想表达出绿色发展和人类生存的高度一致，再到"取用有道"的生态保护思想要求并规范人类对自然的索取均表明人与自然和谐相处的重要性（表 5-3）。

表 5-3　中国历史上各阶段文化代表人物及其主要思想

代表人物	主要思想
孔子	天何言哉？四时行焉,百物生焉,天何言哉
孟子	不违农时,谷不可胜食也;数罟不入洿池,鱼鳖不可胜食也;斧斤以时入山林,材木不可胜用也。谷与鱼鳖不可胜食,材木不可胜用,是使民养生丧死无憾也。养生丧死无憾,王道之始也
老子	人法地,地法天,天法道,道法自然
庄子	天地与我并生,而万物与我为一
荀子	备其天养,顺其天政,养其天情,以全其天功
管子	人与天调,然后天地之美生
董仲舒	天人之际,合而为一
刘安	孕育不得杀,壳卵不得采,鱼不长尺不得取,豕不其年不得食
张载	民吾同胞,物吾与也
程颢	仁者以天地万物为一体
朱熹	心之德而爱之理,温然生物之心,利人爱物之心

5.3　生态文化的法律政策体系建设

生态文化作为生态文明建设的重要组成部分之一，建设生态文化的法律政策体系是为了适应生态文明建设的总体要求。十九大报告中指出，只有实行最严格的制度、最严密的法治，才能为生态文明建设提供可靠保障。全世界面临着能源资源危机和生态破坏等严峻形势，因此从全世界到各国家都针对解决环境问题提出了相关的法律法规和政策。我国目前正处于生态文明建设的关键阶段，虽然大部分生态环境问题得到有效的控制和缓解，但是基于生态环境问题出现的不可逆性，必须建立和施行完整的法律政策体系以保证解决问题的及时性和有效性，最终达到阻止生态环境问题继续恶化的实际效果。在古代，保护生态环境的政策法规一直被重视和完善（表 5-4）。

表 5-4　各时期生态环境保护相关的政策法规情况

时期	政策法规
商朝	弃灰于公道者断其手
春秋时期	山林虽近,草水虽美,宫室必有度,禁发必有时
	敬山泽林薮积草,夫财之所出,以时禁发焉
	为人君而不能谨守其山林、菹泽、草莱,不可以立为天下王
	苟山之见荣者,谨封而为禁。有动封山者,罪死而不赦。有犯令者,左足入,左足断;右足入,右足断
秦汉时期	禁止伐木,毋覆巢、毋杀孩虫、胎夭、飞鸟,毋麛、毋卵
西汉	无为而治,遵循自然规律

时期	政策法规
隋唐	诸占固山野陂湖之利者,杖六十
	诸失火及非时烧田野者,笞五十
宋朝	设立"街道司"
	行在一切道路皆铺砖石,蛮子州中一切道途皆然,任赴何地,泥土不致沾足。唯大汗之邮使不能驰于铺石道上,只能在其旁土道之上奔驰
明清时期	凡侵占街巷道路而起盖为园圃者,杖六十,各令(拆毁)复旧

　　生态文化注重人与生态的协同发展,因此建立生态文化的法律政策体系在保护生态环境和文化的同时,也是在保护人类自己。鉴于文化的涵盖范围广泛且不易区分界定,文化的保护区别于其他类型的保护,因此需要建立更加详细和具体的完整体系为文化发展保驾护航。依据环境保护法律法规体系的建设框架(图5-2)建立符合生态文化发展要求的法律政策体系,并逐渐总结出具有体系特色和特征的法律政策构建模式用于辅助国家生态文明建设。

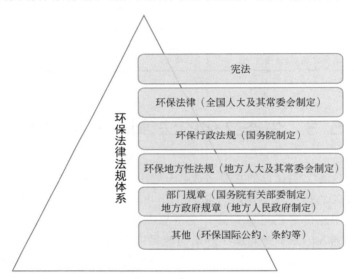

图 5-2　中国环境保护法律法规体系建设框架示意图

5.3.1　生态文化法律政策体系建设的意义

　　生态文化法律政策的提出和体系的建设是明确和规范人类在处理同自然的关系时应该具有的基本态度,帮助人类树立正确的生态价值观。我国目前制定的关于环境保护和文化保护的法律政策较多,其中,以《中华人民共和国环境保护法》作为环境保护方面的基本约束,维护生物多样性的同时,保护了资源能源,各级政府部门结合地方情况同步制定了配套的环境保护法规政策。在文化保护方面,相继出台《中华人民共和国民族民间传统文化保护法》《中华人民共和国非物质文化遗产法》等一系列法规政策,逐步突出文化发展和文化保护的重要性和必要性。《中国生态文化发展纲要(2016—2020年)》提出:"(一)城镇化进程中的文脉传承与创新发展。组织生态文化普查,探索、感悟蕴含在自然山水、植物动物中的生态文化内涵;挖掘、整理蕴藏在典籍史志、民族风情、民俗习惯、人文轶事、工艺美术、建筑古迹、古树名木中的生态文化;调查带有时代印迹、地域风格和民族特色的生态文化形态，结合生态文化资源调查研究、收集梳理，建立生态文化数据库，分类分级进行抢救性保护和修复，使其成为新时期发展繁荣生态文化的深厚基础。（二）加强生态文化遗产与生态文化原生地一体保护。对自然遗产和非物质文化遗产、国家考古遗址公园、国家重点文物保护单位、历史文化名城名镇名村、历史文化街区、民族风情小镇等生态文化资源，进行深度挖掘、保护与修复完善。在具有历史传承和科学价值的生态文化原生地，创建没有围墙的生态博物馆，由当地民众自主管理和保护，从而使其自然生态和自然文化遗产的原真性、完整性得到一体保护，提升保护地民众文化自信和文化自觉。充分利用沿海城市海洋生态文化资源创办海洋（海军）博物馆。要精心打造高质量、有特色、有创意、文化科技含量高的国家和民间的生态文化博物馆。"原有的法律政策与当前社会发展需要存在一定的差距和不足，因此建设生态文化法律政策体系是生态文明建设不可或缺的重要组成部分，也是生态文明法律政策保障体系的迫切需要。

生态文化法律政策体系的建立同时也是对经济社会发展方式转变的规范和监督。生态文明建设对经济社会发展提出了更高、更明确的要求，相关的法律政策的配套出台是为了辅助纠正和及时转变发展道路中的不利因素，是发展方向的指路灯。大量的事实证明，原有的"高污染、高排放、高能耗、低收益"的发展模式已经带来了严重的生态环境破坏和生态能源危机，因此应大力提倡"低污染、低排放、低能耗、高收益"的经济社会发展新模式。国家需要相关的法律政策体系以确保经济社会发展方式符合生态文明建设的要求。生态文化作为生态文明的重要组成部分，应该受到重视的同时，需加强法律政策建设用以保证其发展和传承。

生态环境问题不是由一个国家引起的，所以生态环境问题应该由全世界共同关注和讨论解决。众所周知，生态环境破坏带来的恶劣影响已经危及人类的生存和今后的发展。因此，针对全球生态环境问题的治理和合作是全人类义不容辞的责任和义务。相关法律政策的制定是在规范和保障各国在生态环境问题治理上的基本权利，同时也是明确各国分工和责任承担的说明。各国的文化不同，因此在生态文化的表达方法和传播方式上都有差异，建设生态文化法律政策体系有助于生态文化多元化发展的同时，能够促进国际间的文化交流和文化保护，从而使得生态文化发展更加和谐和包容。

生态文化法律政策体系的建立一方面是提高法律政策制定者的生态认知，另一方面是对于生态文化人才的需要和培养的体现。由于我国目前仍处于生态文化发展初期阶段，生态文明建设的相关法律政策还不完备，因此，对相关法律政策制定者的生态文化知识水平提出了更高要求，对相关人才的培养需求变得更加急切和紧迫。现有的法律政策体系尚不能涵盖生态文化和生态文明建设的全部内容，这就要求制定者和研究人员在熟悉原有体系的基础上，明确生态文化法律政策体系的不足，不断完善和优化生态文化法律政策体系建设。然而，该体系的建设并不是一蹴而就的，而是需要一个发展过程，与时俱进的生态文化法律政策体系才是最终符合生态文明建设发展要求的。

5.3.2　生态文化法律政策体系建设的路径

生态文化法律政策体系的建立，应该按照加强对生态文化的保护，杜绝生态文化的破坏和没落，继承和发挥生态文化思想、价值观，以及振兴相关文化产业、促进地区生态文化建设和推进生态环境保护法制化的发展轨迹来进行。在生态环境同生态文化协同保护的建议下，生态文化法律政策应该遵循以下发展原则：第一，整体性原则。维护生态文化和生态环境保护的整体性，二者在生态文明建设的过程中应该同样地被重视和保护，充分发挥各地区的生态环境优势，丰富地区生态文化及其相关文化产业优势。第二，和谐性原则。生态文化法律政策应该根据自然和民众诉求制定，要想从根本上解决人与自然的矛盾就必须同时尊重民众和自然，明确生态在发展中的重要地位，才能制定出符合生态文化保护和满足人类发展的实用型法律政策。第三，民族特征原则。尊重少数民族地区生态文化的传承和发展，保护传统生态文化和具有民族特色的生态文化，生态文化法律政策的体系建设是为整体生态文化发展营造稳定和有利的环境。第四，法律约束性原则。生态文化的保护和发展需要法律政策体系的约束和强制，通过法律和管理的途径确保生态文化得以继承和发扬，形成对生态文化发展的有效保护。

（1）掌握生态文化法律政策和知识

一方面，公众对生态文化法律政策和知识的掌握程度尚不足以支撑和满足现阶段生态文化法律政策的发展和制定需求。目前公众所接触和学习的大都是生态文化的基本知识，较少涉及法律和政策方面的知识，因此，国家应该提倡从相关领导机关部门到普通民众和学生学习生态文化法律政策和知识。另一方面，国家相关法律政策需要进一步明确公众对生态文化保护的监督权和保护生态文化的义务，公众在生态文化保护和发展工作中的主要作用有待明确，公众参与相关工作的积极性和认同度有待进一步提高。学校、社会和相关部门应该重视对公众的生态文化法律政策的普及，明确公众的相关职责，培养学生的生态文化保护意识，鼓励公众参与生态文化保护活动，推进企业发展生态企业文化，设立生态文化保护示范单位和学校，深入地挖掘社会公众的生态文化保护潜力和自觉意识。鉴于我国的生态文化法律政策体系还在初步建立阶段，应该充分发挥社会媒体对生态文化法律政策的宣传作用，运用报纸、网络和电视等主流媒体加强生态文化法律政策的"曝光度"，从而全面整体地提升公众对生态文化法律政策的认知，同时培养公众遵守生态文化法律的自觉意识。

（2）建立生态文化法律政策标准化体系

在建立生态文化法律政策体系相关细节时应该注意整体性和标准化，尽量消除法律政策间的差异性，统一制定标准、施行标准和监督标准。首先，应该树立生态文化保护理念并建设生态文化保护机制。相关部门通过学习讨论，全面系统地把握生态文化法律政策标准化的内涵、意义和发展趋势，统一认知和思想以贯彻标准化理念，最终制定体系应该通过相关部门的审核和督办，从而建立由领导、推进、培训、人才培养、合作沟通和经费保障等多部门组成的系统标准化工作机制。其次，制定标准化体系应注重标准的实践。努力建立结构合理、统一配套、覆盖面广和工作重点突出的执法标准体系，提升标准化意识和能力。生态文化法律政策标准化应该同时提升硬件和软件的支撑水平，构建完善的管理运行体系，维护施行秩序、规范和服务。最后，推动法律政策服务水平的提升。扩大服务范围，提升服务质量，针对标准化工作的薄弱环节，应该定期进行研讨和交流以消除服务过程中的障碍。进一步完善标准化执行的监督和评估机制，实现服务工作高效平稳快速步入正常轨道。

（3）完善现有生态文化法律政策的全面覆盖的整体性和包容性

目前生态文明建设法律保障体系的发展现状显示出我国各方面立法大多数处于完善阶段。污染防治在1979年颁布的《中华人民共和国环境保护法》中被作为重要部分进行阐述和约束，其涉及范围较为广泛，并在法律法规标准化进程中获得制定经验；资源保护立法呈现出可持续和循环利用的法律政策内容，其约束和规范重点在于资源合理化应用与资源环境保护和恢复等方面；生态环境的保护是基于生物多样性和自然区域的保护，尤其在 20 世纪 90 年代得到了更多发展。我国目前涉及生态文化的法律政策还不是很多，作为生态文明建设的重要组成部分，建立完整的生态文化法律政策更是为生态文明建设服务。生态文化法律政策的建立应该从生态文化保护、生态文化恢复补偿、生态文化信息公开和生态文化参与监督等几方面着手。在建立生态文化法律政策体系的过程中，加强对传统生态文化和少数民族地区生态文化的传承与保护，尽可能地保留其生态文化的特殊性和稀有性，对待其中对当今社会发展和建设仍有意义和作用的部分要重点宣传和发扬，要对其有足够的包容力和理解力。

（4）保证生态文化法律政策施行的重点针对性和服务性

生态文化法律政策体系的建立不仅要有全面覆盖的整体性和包容性，更要有着重发展的针对性和服务性。生态文化法律政策的约束范围不仅在城市，更要在农村地区积极宣传和建立，要把生态文化保护和扶贫助贫紧密结合，通过文化建设的途径，帮助农民树立摆脱贫困的决心，同时打开脱贫新思路。该体系的服务性体现在服务平台的组织和建设，通过现场办公和网络虚拟平台的搭建，构建公共生态文化法律服务网络，联通各省市乡镇地区，实现法律服务高效畅通。法律服务人员的培养事关平台的办事效果和水平，服务人员队伍建设对服务人员的生态文化水平和生态文化法律政策掌握程度提出了更高的要求。法律服务工作考评体系建设是推动生态文化保护工作高效和常态化的重要工作，对维护法律服务队伍积极稳定发展形成有效监督。

5.3.3 生态文化法律政策体系建设的目的

生态文化法律政策体系建设旨在维护和促进生态文化传承和保护，一方面保护优秀传统生态文化和民族生态文化继续发扬光大，另一方面推动新型生态文化平稳快速发展。我国多制定管理型和保护性的法律政策用于约束和规范生态环境保护领域，对于特定的生态环境场景，又多以地方性质的政策法规为实施主体，在实施过程中表现出的问题值得关注。在制定和建设法律政策体系时，可能会忽视明确政府职责、保证公民参与监督和强调体系的统一性，尤其在地方制定区域特征明显的政策制度体系时，经常忽略实效性和可操作性。生态文化法律政策体系的建设就是为了减少由区域差异导致的部分地区法律政策执行不到位的情况，进而实现法律政策全覆盖，建立从保护到补偿到修复再到监督的全方位生态文化法律政策体系。

（1）提高公众对生态文化的重视

文化同人类和自然一起相生相伴，生态文化在处理人与自然的关系过程中作为调节剂和修复剂发挥着重要作用。生态文化是倡导人与自然和谐一体和共生共荣的协调关系，其表达的思想符合生态文明建设的主题。生态文化法律政策体系的建立对生态文化发展和传播起到巨大的推动作用，体现出国家对生态文化的重视程度日渐增长，突出生态文化在生态文明建设中精神和文化领域的重要地位，同时逐渐提高公众对生态文化的关注。文化的力量不容小觑，生态文化在与生态环境保护和生态问题修复等方面并存的情况下容易被忽视。相关法律政策的出台，保证了公众对生态文化的尊重，明确了公民对生态文化具有不可推卸的传承责任和义务。生态文化作为生态文明建设的一部分，应该被公众所熟知和认同，因此，法律政策体系的建设是对公众接受生态文化教育权利的保证，也是为保护生态文化有序传承创造良好和谐的氛围。

（2）体现生态优先原则

生态优先是指在经济社会发展的过程中，在经济利益和生态利益发生矛盾和冲突时，应该首先维护生态利益不受损害。法律政策简单来说是规范人们的行为，告诉人们什么可以做，什么不能做，法是确认、平衡与维护利益的一种规范化途径，也是获取或减损利益的方式。从法律的角度，生态文化法律政策体系的建设是为了维护生态利益不受侵害和破坏。目前经济社会发展追求经济发展和生态环境保护和谐共赢，要求平衡经济发展和生态保护之间的关系，但在目前生态环境问题严重的现实情况下，必须优先使生态环境利益得到维护和保证。

（3）在传播和继承文化的同时，注重对生态文化的优先提倡和学习

生态文化法律政策体系的建设，突出生态文化的重要传播地位和国家对于生态文化保护的重视。生态文化的普及程度关系到生态文明建设的发展速度和质量效率，因此应该突出生态文化和生态保护的优先地位，从而更好地为生态文明建设奠定基础。文化是体现国家态度和人民素养的重要标志，生态文化是国家和人民对于生态文明和生态环境保护的具体文化表现形式。

（4）突出生态民主原则

第一，保障公民对生态文化相关事务的知情权。生态文化信息的公开和透明保证公民的自身利益不受侵害，对保障生态信息知情权具有至关重要的作用。公民享有生态文化信息的知情权，因此，生态文化法律政策体系的建立是在维护公民自身基本权益不受侵害。第二，促进公民对生态文化相关研究的参与权。公民不仅要了解生态文化相关信息，更要参与到相关研究和法律政策制定过程中，这有助于提升法律政策的可行性和实践性，从而提升在实际生活和生态文明建设中的应用。第三，增强公民对落实生态文化的监督权。公民具有对环境污染、垃圾分类及处理和用水安全等相关环境状况的监督义务，公民在社会发展的过程中，逐渐养成对涉及自身利益的事物、公共利益和相关法律政策的监督和维护意识，自觉行使监督权体现了公民在公共意识和公共利益上的认知提升。第四，提升公民对生态文化发展的反馈权。法规政策的制定保护公民的反馈和沟通的权利，为公民行使建议权提供了正确畅通的渠道，同时也保证公民的反馈能够最终到达相关政府部门和机构。

5.3.4　生态文化法律政策体系建设现存的不足

（1）生态文化保护的立法意识有待加强

我国目前正处于社会和经济稳定发展阶段，适宜对之前累积在各个发展阶段的环境等遗存问题进行统一排查和清理，各相关部门也逐渐把工作重心向生态环境和文化的保护立法转变。我国现有的关于生态环境保护和生态文化发展的法律以《中华人民共和国宪法》和《中华人民共和国环境保护法》为主，主要强调对于环境的保护，而对文化保护和可持续性保护的关注有待提高。生态文化保护的立法需要建立在对生态文明建设的深入思考和生态价值观树立的基础上，基于我国的发展现状，生态文化保护的立法意识仍有待加强。

（2）生态文化保护的执法力度有待提高

我国在高速发展工业和经济的过程中，遗留和造成了严重的环境污染，为应对这种情况，许多法律法规相继出台，并且作为一种及时止损的应急措施被执行，在执行过程中，偶尔出现纰漏和疏忽。各法律法规及处罚条款的细则，内容多涉及和注重对违法者经济上的惩

罚，对不法分子的惩戒力度和约束性有待加强。因此，需要各部门加大执法力度，规范并严格生态法治建设，为发展生态文化和保护生态环境保驾护航，并有效提高执法部门的执法力度和工作积极性，彻底治理和恢复生态环境，从而加快生态环境改善进程，完善生态文化体制机制建设。

（3）生态文化保护的守法认知需要增强

人类目前已经逐步意识到生态环境的重要性，但是对于生态文化了解和保护的意识仍需加强。生态文化的传承体现在公民的认知程度与国家重视和保护生态文化的意识和措施的建立。生态文化得到足够重视，生态文化保护立法完备齐全，人类关于生态文化保护的守法认知进一步增强，才能促进生态文化保护的长足发展。

（4）生态文化保护法律发展不全面

我国少数民族众多，各地区都有着自己的文化体系和生态文化特色，但由于地理位置、经济发展水平等多方面因素的影响，少数民族地区的生态文化保护既是总体生态文化保护的重点，同时也是难点。传统生态文化建立在原有的自然环境基础和生态背景下，因此少数民族地区要想发展和传承传统生态文化，就应该先修复和保护生态环境。《中华人民共和国民族区域自治法》中有关于保护各民族地区文化的法律条文，同时允许各地区针对自己的地方特色制定相关的文化保护法律法规和管理制度，这体现了国家层面对少数民族地区文化的保护意识，其中就有涉及少数民族地区生态文化和生态传统保护的相关条款。目前我国涉及生态保护的法律政策多注重生态环境保护和生态补偿等方面，需进一步明确对生态文化及生态文化遗产的知识产权的认证和保护。

5.4　生态文化多元化发展机制

自国家提倡生态文明建设以来，各行业各领域都在发展和挖掘本行业的生态潜力。习近平总书记明确提出要"在全社会确立起追求人与自然和谐相处的生态价值观"，要"让生态文化在全社会扎根"。建设生态文明不仅要依靠国家重视和政府提倡，更需要在社会中转变公民思想观念，弘扬生态文化。习近平总书记在全国生态环境保护大会上做出重要批示："要加快构建生态文明体系，加快建立健全以生态价值观念为准则的生态文化体系，以产业生态化和生态产业化为主体的生态经济体系，以改善生态环境质量为核心的目标责任体系，以治理体系和治理能力现代化为保障的生态文明制度体系，以生态系统良性循环和环境风险有效防控为重点的生态安全体系。"文化的传承和发扬包括思想的继承，又包含以精神力量引导公民树立与之匹配的行为准则和价值观。生态文化不应该局限于某一个领域，在不同的背景和影响环境下，生态文化应该呈现出"百花齐放"的多元化景象，这样才能够丰富生态文明建设，同时让公民收获更多的生态理念和思想，以便于实际应用和树立生态价值观。

5.4.1　家庭生态文化

家庭生态文化产生于家庭并且最终应用于家庭生活，其内容兼具实用性、普遍性和日常性等多个特点，但是根据每个家庭的生活情况又不尽相同，各具特色。家庭生态文化的传承在一定程度上是一种家风的传递和发扬，通过稳定的家庭思想、家庭心理和家庭行为模式进行家庭成员间的互动和表达，其核心体现在家庭价值观和家庭文化上，具有强大的育人和塑造人性的功能。一是导向功能。即以社会主义核心价值观为引领的家庭观念是方向，是理想，是家庭为之努力的目标。二是凝聚功能。家庭价值观被家庭成员认同，是家庭成员之间凝聚的黏合剂，将加大家庭的向心力、减少离心力，促进家庭内部的关系和睦。三是制约功能。家规、家训等体现家庭制度文化的特定规范一旦深入人心，会对家庭成员的言行具有制约力，这种制约力越大，越轨行为越少。四是激励功能。一个家庭的家风正，家庭成员便会心情愉快、幸福舒畅，共同营造良好的物质环境和生活方式，反过来又会激励家庭成员建设家庭的积极性，为更好地学习、生活和工作提供有力支持。从这个意义上说，良好家风传承是家庭生态系统的整体优化。结合现今提倡的生态文明建设，家风的传承更应该具有生态思想和生态理念，由此产生的家庭生态文化才是值得传承的新时代家风。

家庭生态文化大致包括生态知识、生态现状、绿色消费和生态心理四个方面，各方面相互影响并且缺一不可。

生态知识不单单被定义为与生态环境相关的常识性知识，它还包括生态发展规律和生态平衡规律等相关内容（表5-5）。在家庭生态文化中，生态知识是由家长向孩子进行传递和教授，反之，子女学习到生态知识也会与家长分享和交流。生态知识是让家庭成员建立与自然和生态环境的亲近感，从而激发他们对生态环境的保护意识和使命感。

表5-5　生态知识主要类型及其特征

名称	定义	特征	用途	接收人群
常识性生态知识	对生态及生态系统的认知，是人类在发展过程中总结出来的关于自然的成果	普遍性 广泛性 实用性	初步了解提倡生态文明的重要性，应用于生态价值观和绿色生活方式的养成	全体家庭成员
生态发展规律	人类在利用自然，使自然承受改变带来的巨大压力过后，仍要回归恢复到发展初期阶段状态的自然法则和可持续发展规则	本初性 必然性 时间顺序性	进一步了解我国目前的生态发展需要，更好地适应我国目前的生态环境	全体家庭成员
生态平衡规律	人类学会尊重自然、敬畏生命，把自然作为生存伙伴，呵护并关心它的发展与变化，最终确立人、自然和社会的和谐共生的平衡发展模式	严谨性 积累性 统一性	进一步思考解决生态环境问题的可行性对策，正确认知人、自然和社会的平等关系，彻底改变无限索取、没有节制的开发方式	全体家庭成员

生态现状的学习和感悟是家庭生态文化培养的又一重要内容，它强调激发人类发现生态问题和解决生态问题的主观能动性和积极性。我国整体生态环境处于改善阶段，需要巩固和持续下一步改善计划，落实生态文明建设，在生态环境稳中向好的利好形势下，每一个家庭的绿色行为都是对整体生态环境的维护。生态现状的认知有利于家庭生态文化氛围的营造，对于倡导家庭绿色消费和绿色生活方式起到推动作用，同时生态现状所展示出的问题也有利于帮助家庭从自身反思并纠正不良的家庭生活习惯。家庭生态文化培养阶段对环境现状的掌握，有利于人类在认知现实的同时，思考未来的发展和保护对策，有助于理解生态文明建设的必然性。

　　绿色消费在家庭生态文化中占有绝对重要的地位和价值。家庭消费作为日常生活中主要经济活动的表现形式，包含物质消费、精神文化消费、劳务消费和服务消费等多方面，绿色消费的提出主要是针对消费过程中的陋习和浪费现象给予明确的指导和规范，是一种"疏导式"的新型消费建议理念。家庭绿色消费在绿色消费中占有绝大部分的意义，它被定义为一种环保的、节能的和科学理性的消费生活方式，这种提倡一方面有利于减轻社会供给压力，另一方面有利于弥补资源和能源不足带来的物资短缺。绿色消费是从居民的消费形式和消费观念的转变入手，根本性地提升物质及资源的利用率，培养积极健康的消费观念，遏制社会不良消费风气的形成和发展。绿色消费观念的形成主要依靠家庭消费观念的影响和家庭生活方式的影响，作为家庭生态文化的一部分，绿色消费观念的逐渐形成也体现了家庭生态文化发展过程中家庭成员的生态价值观的养成。研究表明，家庭消费水平与家庭经济状况和收入状况密不可分，一般情况下，收入水平高的家庭更容易接受绿色消费方式。因此，在提倡绿色消费的同时，更应该关注收入水平有限家庭的绿色消费观念的普及和实际应用情况，这也是发展家庭生态文化道路上的一个巨大挑战和有待解决的难题。如图5-3所示，绿色消费主要从政策、社会、经济和技术四个方面得到支持和实质性发展。首先，政府通过制定相关政策制度保证绿色消费的实践性和有效性。下一步需要继续完善相关法律法规用于维护绿色消费者的相关权益，确保绿色消费有序平稳地发展。其次，通过生态教育可以扩大绿色消费的推广范围，便于社会大众认识和接受绿色消费观念，并且时刻提醒消费者践行绿色消费观念。再次，在经济方面所提倡的绿色消费是发展绿色产业和生态产品。为了满足公民对两者的需求，必须加快绿色产业的发展，尽快完成相关产业的转型升级以适应生态文明思想下的新型产业发展模式。最后，新能源的开发和利用对于全面推广绿色消费起到技术支持的良好效果，使公民能够更加全面地接触和接受绿色消费观念。在家庭生态文化推行的过程中，绿色消费发挥了较大的作用，从衣、食、住、行各角度全面地将生态思想运用在实际家庭生活中（图5-4）。

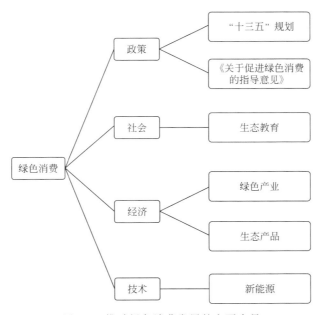

图 5-3　推动绿色消费发展的主要力量

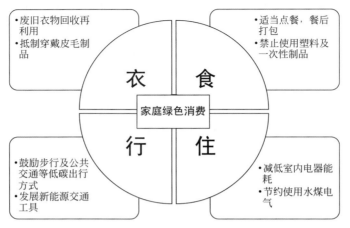

图 5-4　家庭绿色消费的主要内容

生态心理是影响生态行为习惯和生态价值观形成的重要方面。作为家庭生态文化的一部分，生态心理直接影响了家庭成员对生态文明的认同感和日后的实际应用能力。生态心理是人类与自然更深层次的情感上的联结，是对生态保护和心理健康的双重培养，生态心理与生态意识的培养有着紧密的联系。国际上对于健康的定义是身体和心理上的健康，而一个好的生态环境对于身体和心理上的健康都是有益的，反过来，生态心理的塑造有利于良好的生态环境的塑造。从心理学角度，多数人会受到从众心理的影响，在家庭生态文化培养的过程中，多数子女善于效仿父母长辈的行为，这也是从众心理的表现。生态心理是在学习生态文化、养成绿色生活习惯以及建立保护生态环境观念的过程中，从人类的内心出发所产生的真情实感的反馈和对和谐生态环境的渴望，同时也是被唤醒的对生态环境保护和生态文化传承的责任感和使命感。生态心理的养成，一方面是对家庭生态文化累积程度的检验，另一方面也是对家庭成员树立生态意识和生态价值观的衡量标准。生态心理受到的影响和形成因素范围较为广泛，从家庭到社会再到信仰，如图 5-5 所示，生态心理的形成不单是自身修养的过程，外界的影响对于生态心理的确立也具有不可忽视的重要作用。

5.4.2　校园生态文化

十九大报告中明确指出："我们要建设的现代化是人与自然和谐共生的现代化，既要创造更多物质财富和精神财富以满足人民日益增长的美好生活需要，也要提供更多优质生态产品以满足人民日益增长的优美生态环境需要。"校园作为培养人才的重要场所，在追求学习成绩的同时，要以传播生态文化，配合生态文明建设为工作重点，构建具有校园特色的生态文化以满足学生们对生态文化的渴求。校园生态文化的培育方式可分为两类，第一类是校园生态环境氛围的营造，第二类是校内领导、教师、同学和家长之间的和谐关系的塑造。学校以培养学生的健全人格、创新精神和创造力为主要任务，部分学校领导对于校园文化建设和生态文化建设缺乏正确和全面的认识，甚至"以成绩论成败"的思想还在影响个别学校的发展和建设。校园生态文化的发展意义不应局限于校园绿化、校园环境保护和绿色课堂等方面，而是应该同生态文明建设与学校和未来人才培养方向有机结合，在建立人、自然和社会的和谐关系的同时，维护好人与人之间的和谐关系。

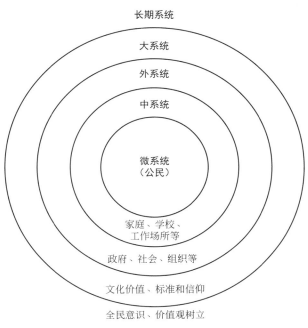

图 5-5　生态心理系统示意图

良好的校园人际关系主要涉及老师和学生以及学生家长之间的交往。首先，老师和学生的关系应该亦师亦友，在平等的学习关系建立后，学生更乐于对知识的学习和与老师的交流。其次，老师和学生家长应建立定期高效的沟通模式，老师和家长针对学生分别在学校和家庭两种学习环境的表现进行交流，以促进学生对文化知识的掌握和吸收，这也是师生关系和谐的重要评判内容之一。最后，学生与家长的家庭和谐关系建立受到学校和谐关系的影响，学校和谐氛围的影响导致学生对和谐家庭氛围的认知与理解更加清晰，学校生态行为的构建是对家庭生态文化的巩固和发扬。

校园生态文化培育新方式呈现出丰富多彩的特征，针对不同的年龄阶段和知识特征，呈现出不同的培育特征，如表 5-6 所示。

表 5-6　校园生态文化培育方式及特征

方式	特征	主要针对人群	地点
直面生存压力	直观感受	大中小学生	任何地点
渗透学科教学	系统深入	中小学生	学校
课外活动体验	寓教于乐	中小学生	校外
校园环境感知	潜移默化	中小学生	学校
社区活动拓展	因地制宜、行动体验	大中小学生	社区
新媒体教学	方法灵活、效率高	大中小学生	学校、图书馆、博物馆
参与建言献策	理论与实践相结合	大中小学生及教师	任何地点
自身修正	有针对性	大中小学生及教师	任何地点

虽然校园生态文化的培育方式多种多样，但是在发展过程中仍存在一些不足需要进一步完善。存在的问题主要是：校园生态文化的宣传力度有待加强，校园生态文化传播的思想观念需要与时俱进，以符合新时期发展需要，以及校园生态文化环境仍有待改善等。因此，针对校园生态文化发展中的不足有以下几点建议。第一，出资修建校内生态文化教育基地。以校园为单位设立生态文化知识展览和展报区，设置文化展区、生态保护先进事迹展区、生态文化板报区。以班级为单位，分配固定的展示区域，通过制作海报、绘画作品或者种植植物展示等多种方式，体现学生对生态文化的理解和认识。学校可以邀请一些从事生态文化宣传工作的专业人员或者志愿者组织，进校园进行生态知识讲解和宣讲，让学生们正确认识生态文化。第二，组建校外生态文化教育基地。以图书馆、博物馆等作为校外生态文化宣传场所，组织学生和教师进行参观和学习，一方面加深对生态环境的体会，另一方面促进学生和教师对生态问题和生态体会的交流与分享。第三，校领导和教师们应该先明确学校定位，找准本校生态文化特色和发展突破特色点，加大对相关人才引进的投入，做到有针对性地建设特色校园生态文化。

生态文化建设离不开制度的保证和支持，校园生态文化发展同样需要制定制度以规范落实和维持发展秩序。按照"生态优先，以学生为本"的原则，充分尊重和利用校园现有生态环境和地形，突出校园自身生态特征，合理布局并保持人文与自然和谐，为学生打造舒适和优美的学习生活环境。同时，学校成立生态校园管理部门和机构，规范各相关部门的职能范围并推进实施节能、节水和绿化管理等一系列制度。制度的设置一方面是为了维护校园环境，更是为了校园生态文化宣传，体现出学校在传承生态文化时的坚定态度和严谨求实的精神。学校可以将本校指定的学生行为准则或规范作为蓝本，重新制定或完善加入校园生态文化相关信息，为学生了解生态文化和认知生态文化提供正确的通道，并且在实际中得到应用。生态文化制度的建立不仅是对学生提出要求，更是对教师以及校领导提要求。教师队伍要对校园生态文化有足够的理解才能引导学生遵守校园生态文化相关规范制度，更清晰地为学生解答其中的疑惑，并帮助部分同学克服其中的困难。校领导作为学校发展方向的"指路人"，应该首先维护和尊重校园生态文化要求，要有发现相关人才的长远眼光。校园生态文化作为大中小学及职业院校未来发展所必需的指导和核心，必须被校园里的每一个人所认同和发扬。

校园生态文化的建设途径主要包括以下几个方面。第一是应该加强宣传力度，提高学生对生态文化的认识和意识。第二是注重物质文化和精神文化的双重生态建设。有学者研究表明，精神层面的生态文化主要体现在学校师生总体的生态价值导向、生态行为和精神凝聚力上，具体包括校园生态文化传统和被大多数师生员工认同要遵循的共同生态文化观念、生态价值观念、生活观念、生态意识等。精神层面的生态文化建设能对校园发展产生不可抗拒的影响力，并且有持久的继承性。精神层面的生态文化体现着校园生态文化的方向和实质，是校园生态文化建设中最具价值的部分，为学生发展提供良好的育人氛围。物质层面的生态文化是校园生态文化建设的重要组成部分和重要支撑，主要为学生发展提供良好的育人空间。校园物质文化景观凝聚着历史的、人文的和社会的信息，富有特色的校园生态文化环境是校园开展生态德育的最佳场所，有"润物细无声"和潜移默化的效果。生态文化的理念推动校园文化生态建设，构建物质文化、制度文化和精神文化等和谐互动、和谐共生，自然生态与人文生态相互交融的校园文化，促进文化生态协调平衡。第三是在保护现有校园绿化植被的前提下，构建生态育人环境。第四是营造包容性的学术生态氛围。最后是学校要建立具有自己校园文化和特色的生态校园。如图 5-6 所示，生态校园形象由下至上、由简到繁的建立过程，体现出生态校园形象的确立必须经过校园生态文化的积累。

校园生态文化课程是按照学生和教职人员对于生态文化的理解和需要开设的，其中既包括校内课程，也包括校外实践。面对学生在不同年龄阶段可能会产生的疑问和困惑，以及他们在成长发育过程中必然会经历的性格变化和认知变化，在校园生态文化的教育过程中，教师必须注重及时调整和配合引导相结合的教育方法的应用。校园生态文化课程知识体系如图 5-7 所示。

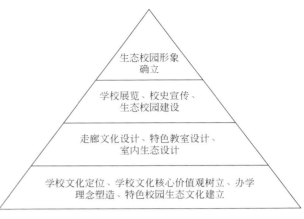

图 5-6　生态校园形象建立过程

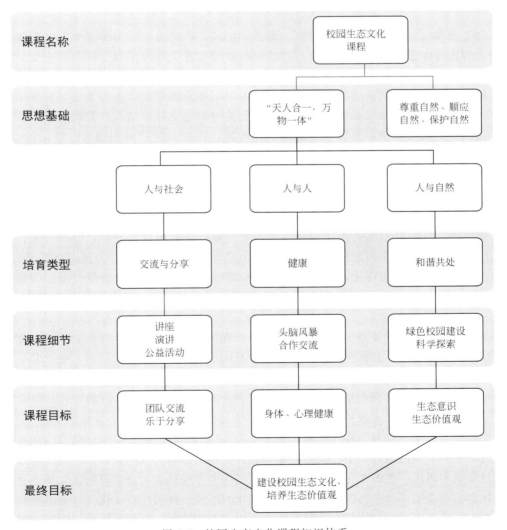

图 5-7　校园生态文化课程知识体系

校园生态文化按照顺应自然的发展规律，从教师讲授到学生自主学习、由教师知识传授到学生实践体验、再由学校硬性规定学习到学生和教师自觉维护，这一系列由表及里、由内而外的学习发展规律，都保证了最终学生生态价值观的形成和国家生态文明建设的根本落实。

5.4.3 社会生态文化

社会生态文化是与人类生产生活息息相关的，结合生态文明建设的需要，由广大人民群众创造并具有地域特色的文化活动和文化现象。社会生态文化不同于家庭和校园生态文化，它兼具广泛性、受众广和普及度高的特点。社会生态文化宣传的内容要求更为全面和优化，宣传受众年龄跨度大的事实要求其宣传内容和宣传方式更加包容和多样。社会生态文化应该打破原有的社会文化阶层，并尽量缩小生态文化在阶层间的差异。社会生态文化的作用一方面是提高人民的生活质量并且满足其生态文化需求；另一方面是提高人民群众的生态文化修养，最终达到巩固生态文化整体发展，打下生态文明建设基础，促进人、自然和社会的和谐发展。

社会生态文化宣传的意义在于挖掘、继承和创新，挖掘有价值的传统生态文化理念，继承有意义的优秀生态文化经验，创新可持续性的新型生态文化价值观。社会生态文化主要是为了缩小不同阶层公民的生态文化知识和认知差距。作为生态文化和公民大众之间的传播沟通桥梁和纽带，从政府到企业再到非政府性质的组织和公民，社会生态文化都有发挥其重要意义的地方。社会生态文化必须有政府和社会公益组织的支持和加入。非政府组织作为联系政府和公众的桥梁与纽带，掌握着更多的生态知识，在生态保护方面拥有广泛的群众基础，且不代表任何特定的利益集团，因而具有更强的参与能力。政府对于生态保护领域非政府组织，应从舆论、法律、资金等方面大力予以培育和扶持，使其能正常开展活动和健康发展。在培育生态保护领域非政府组织方面，可分批次、有针对性地对这些非政府组织进行专业指导和业务培训，全面提升其成员及志愿者的素质；鼓励和支持这些非政府组织及志愿者开展专题调研活动，并向政府有关部门提交调研报告或通过媒体向社会公布；鼓励并支持其定期或不定期地开展丰富多彩的公益生态保护宣传活动，包括宣传广告、公益讲座等多种形式，营造生态文化氛围。在扶持生态保护领域非政府组织方面，完善非政府组织登记制度，完善相关法律法规，加强这些非政府组织与政府之间的交流与合作，支持其参与国际交流与合作等。

社会生态文化的宣传要落实公民对生态信息的知情权。关于健全生态信息披露制度，首先是要明确划定生态环境信息的公开范围，即除涉及国家安全、国家机密、商业秘密和个人隐私之外的关于生态环境质量、生态环境管理等的信息应当公开发布。其次，要明确规定除了传统的媒体手段外，还应当充分利用网络（公共网或者专题网站）、移动通信的介入，并建立由各个专业的专家学者组成的专家系统，共同参与评价过程。再次，构建全方位的信息公开平台。除了利用报刊、广播、电视等媒体技术，还应完善环境信息政府网站，构建具有双向互动功能的信息公开平台。政府通过该平台发布环境信息，并接受社会公众的监督；公众也可以通过该平台表达意见和诉求。生态文化宣传平台的搭建是为了方便社会大众学习和认知生态文化，以生态文化丰富民众生活，拉近社会大众与生态文化的距离。社会生态文化的宣传需要政府支持和公民参与，政府支持同时体现在非政府环保组织的有序发展，以及公民参与到这些环保组织中关注生态文明建设，互相学习生态文化知识并把好的经验带到日常生活中。

社会生态文化遵从"人与自然和谐共生""人类需要保护与感恩自然"以及"人类需要尊重自然发展规律"等主要思想，从而影响并感化社会大众。人类与自然的关系一直在研究与探索中，追根溯源，"人是自然的产物"这一观点被大多数专家和学者认同，当然人与自然互惠共荣的和谐发展模式也被人类认同和接受。直至后来，随着人类发展脚步的加快，对自然资源利用和索取得越来越多，导致今天自然生态系统的满目疮痍，人与自然的关系和相处之道被重新提出和思考。社会生态文化宣传基于其宣传范围广泛的特点，在宣传人与自然和谐共生理念时发挥着重要的作用。首先，社会生态文化对人与自然和谐共生理念的宣传是为了加深公众对保护自然必要性的认识，理解人类与自然之间相互依存的关系。人类应该怀着一颗感恩的心去珍惜和善待自然。目前很多少数民族地区仍保留着感恩自然的传统仪式，是对自然无私地提供着滋养的回馈，也是对生命的敬畏和祈福。其次，社会生态文化宣传的主要目的是在普及生态文化知识的同时树立公众生态价值观。我们常说"天时地利与人和"，其中天时和地利都体现了自然的力量，因此感恩自然就是对子孙后代负责，缺少了自然的倾囊相助，人类的未来发展终将举步维艰。现在，许多新闻广播都在报道人类面临的来自水资源短缺、粮食危机和诸多不可再生资源即将消耗殆尽的消息，这是对人类的警示，也是自然在呼唤人类生态保护的责任感与使命感。国家一直提倡可持续发展、绿色消费和循环经济等多项举措，是为了维护自然修复能力，保护自然生命力。再次，社会生态文化宣传是为了使人类了解并尊重自然发展规律。事实已经证明，无节制地索取和利用是对自然的破坏，也是对人类未来的毁灭。最后，社会生态文化宣传是为了提高大众的生态认知和生态价值观，尽可能缩小和消灭生态文化盲区，同时，大众生态认知水平的提升也有利于对政府和企业的监督，是对国家提倡生态文明建设的有力支持。自然发展规律是自然发展的根本，也是人类在构建人与自然和谐关系时需要遵从的根本原则。如表5-7所示，在人类发展的不同阶段，其受到的社会生态文化影响和需要得到反馈的目标指标是有所区别的。因此，针对这一特性，社会生态文化的广泛性和强烈的目标导向是最好的"发展标尺"，尽可能地为不同年龄层次的人群匹配相吻合的生态文化内容，最终达到社会生态文化培养的目标。

表 5-7　不同发展阶段生态文化影响和目标指标

发展阶段	影响类型	指标内容
学生	提升	德育、智力、体育、审美、劳动、知识、意识
社会	基本	政治、品德、法治、人文、科学、健康、认知
职业	通用	自立、信息、沟通、团队、分享、适应、创新
	特定专业	具备特定专业所要求的指标，具有专业特点
离休	固定	兴趣、乐观、心态、理智、健康、价值观

社会生态文化具有其独特的文化特质、生态性和地域特征，不同地区和民族延续着各自的文化传承特色，应围绕生态文明建设大方向，个性鲜明地制定符合本地区发展的社会生态文化内容、继承优势和创新重点。社会生态文化的发展基础在于各地区和各民族所保留的生态文化传统和继承优势，为了保留地区和民族间的社会生态文化多样性，应该注重对文化落后地区的社会生态文化的挖掘和发现。中国拥有上下五千年的悠久历史，其中不乏对自然的敬畏和保护意识和精神的体现，文化创新和文化振兴都应该作为社会生态文化发展的重要途径。其实，文化在传播的过程中都会留下精神财富和物质财富，人类在追求生态文化创新时，必然注重对生态文化产业的创新发展和推动。生态文化发展主要类型及特征如图5-8所示。

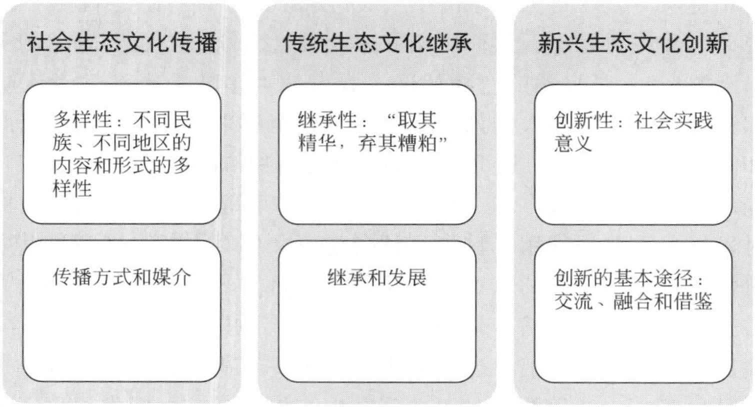

社会生态文化传播	传统生态文化继承	新兴生态文化创新
多样性：不同民族、不同地区的内容和形式的多样性	继承性："取其精华，弃其糟粕"	创新性：社会实践意义
传播方式和媒介	继承和发展	创新的基本途径：交流、融合和借鉴

图 5-8　生态文化发展主要类型及特征

5.5　生态文化产业的创新发展

生态文化产业被定义为兼具生态性、文化性和科学性的融合性产业，它同时结合生态文化和文化产业两方面的特征，主要承担为公民提供生态文化产品和生态文化服务两项任务。生态文化产业的发展依托自然生态环境资源，发展源头可追溯至历史民族文化发展阶段，现今依靠文化思想和科学技术的创新来推动其进一步发展。生态文化产业是由国家支持和市场引导的新兴产业，由生态文化体系做支撑，为经济发展注入生态文化力量，是丰富生态文明建设的重要形式。生态文化产业发展一方面受到国家方针政策的支持，另一方面体现文化历史的传承优势。民族、民俗和非物质文化遗产的传承价值，是关乎生态文化产业发展的底蕴，同时也是维系生态文化发展和经济发展的纽带。

5.5.1　生态文化产业结构的创新

产业结构调整反映出不同社会发展阶段生产者和消费者以及生产能力和消费水平之间的关系，在现阶段，国家提倡生态文明建设的重要时期，生态环境的现状和受破坏程度加重了产业发展压力，使得消费群体对产业结构调整提出了新要求。产业结构优化是指通过产业调整实现各产业间的协调发展，最终达到满足社会经济发展过程中的增长要求。实现产业结构优化可通过产业结构合理化和高度化。生态文化产业结构优化体现出产业结构和生态文化之间相互制约且相互配合的紧密关系。合理的产业结构为生态文化提供物质财富和物质支持，相反，不合理的产业结构也会限制生态文化发展和传播；优质的生态环境为产业结构提供其发展所用的资源和能源，反之，生态环境也要被迫接纳来自产业结构的污染、废弃物及有害气体的破坏。如图 5-9 所示，生态文化和产业结构的关系如同齿轮一般环环紧

图 5-9　生态文化与产业结构、
环境资源能源关系示意图

扣，相互影响，相互促进又相互约束，因此，协调生态文化产业结构的优化和创新意义重大。生态文化产业结构的创新重点在于通过生态文化思想来指导和落实生产方式循环、节约和可持续化，消费模式绿色健康化，产业布局集约完整化，最终实现社会、环境和经济的综合效益最大化。具体地说，生态文化产业结构的创新，首先要注重调整产业发展结构，协调好第一产业、第二产业和第三产业的发展关系和占比，稳定发展第一产业，积极发展第二产业，增速发展第三产业，并提倡发展节能环保类型的新兴产业。其次，创新要紧抓产业技术突破和技术合作，将产业结构向高端方向推进和提升，运用新工艺、新技术和新设备将传统产业效率和产品质量提升到新高度。相关部门应该鼓励开放技术合作，加强同科研院校的合作和沟通，一方面促进院校产研结合与转化，另一方面推进院校重视相关人才培养，从而得到产业整体核心软实力和硬实力的双提升。在生态文明建设提倡的重要阶段，生态文化产业结构创新提供了经济和技术的支持，同时也是在探索和发现新模式下的生态文化产业未来的发展之路。

5.5.2　生态文化产业管理制度的创新

政府支持生态文化产业。政府应加大对生态文化产业的政策扶持，促进生态文化产业又快又好发展，给我国的市场经济注入新鲜血液和活力。生态文化产业创新是在原有产业发展的优良传统和稳固根基的基础上，配合政府的政策和经济支持逐渐发展。在发展和创新过程中，政府应该首先有弘扬生态文化、提倡绿色经济的觉悟和认知，带头把生态价值观、生态消费观以及生态绩效观实践于工作和生活中。生态价值观指导人、自然和社会之间的共处关系，生态消费观理清人与自然在经济中的“绿色”关系，生态绩效观在原有以 GDP 衡量发展和考核为标准的基础上，加以生态指标的考核和认定。各党委、政府要主动承担生态文化产业发展中的指挥引导工作，科学制定发展政策和制度政策，同时落实优惠政策，提升企业生态产业竞争力，努力满足居民对生态文化产品和服务的需求。生态文化产业发展考验着政府各部门之间的协调与配合，因此，国家应建立健全相关产业发展机制，注重调配各部门、社会组织和群众的发展力量，充分发挥相关主管部门的带头作用，通力合作并高效地完成生态文化产业发展和管理工作。

法律规范生态文化产业。生态文化产业作为新兴文化产业，处于发展探索期，发展过程中需要法律保障。我国文化产业方面的立法制定经验相对欠缺，法律规范有待健全，影响了法律在文化产业发展中的约束力和规范力。党的十八大以后，三中全会、四中全会都明确地提出“加快文化领域的立法”，十八届四中全会通过的《中共中央关于全面推进依法治国若干重大问题的决定》中提出制定文化产业促进法，把行之有效的文化经济政策法定化。其实早在 2010 年前后，文化部就着手起草“中华人民共和国文化产业促进法”，2014 年开始进入草拟阶段，至 2015 年 9 月正式启动该法律起草工作。与其他产业领域相比，生态文化产业拥有三重属性，即经济、生态和文化，这就要求在文化产业法律法规的基础上加入生态因素的考虑，这无疑是巨大的挑战，而我国目前仍处于针对文化产业提出法规政策阶段。国家联合文化产业各相关管理部门联合出台了具有针对性和实用性的法规条文，以 2014 年为例，先后出台了《关于深入推进文化金融合作的意见》《关于大力支持小微文化企业发展的实施意见》《关于推动特色文化产业发展的指导意见》等政策，初步形成了法律、行政法规和部门规章相互衔接、相互配套的文化法律体系框架。但是在文化产业法律法规建设的初级阶段仍然存在一些不足，例如现有法律偏重文化管理，一些行政机构的部门规章与行政行为强调的是文化属性，法律制度对文化产业的经济属性缺乏关注；政府部门在文化产业的发展上尚需建立统一有效的文化市场管理与产业宏观调控法律准则。这些在文化产业法规政策制定和实施过程中的不足之处，都有待在生态文化产业法律法规制定时加以更正和优化。司法部于2019年12月公布的《中华人民共和国文化产业促进法（草案送审稿）》，为促进文化产业发展、保护文化产业发展和保持文化产业创新发展提供了法律依据和保障。相关文化产业法律法规的制定和提出有利于文化产业的推广，同时规范文化产业市场向好发展。

建设生态文化产业管理和保障体系。中国拥有悠久的历史和传统文化，丰富的生态自然资源和人文资源，在提倡"绿水青山就是金山银山"的今天，发展生态文化产业应该充分利用我国强大的文化背景和深厚的文化底蕴，例如茶文化、石文化等诸多物质文化产业，书画、诗词和音乐等精神文化产业，从而保证生态文化产业的丰富多样和可持续发展。生态文化产业的配套发展和生态文化产品的种类繁多有利于满足人民群众日益增长的美好生活需要，是实现生态文明建设和实现美丽中国、美丽乡村的发展需求。中国的生态文化产业正处于快速发展的关键阶段，上到中央政府、地方政府，下到企业和人民群众，都应该为生态文化产业发展贡献力量。政府应当给予资金和政策的扶持，同时保证勇于创新的优秀的生态文化产业发展以及传统产业与新兴产业协调发展。地方政府应该配合中央政府，出台符合自身地区生态文化产业发展的相关扶持政策，把具有地方特色且形式多样的生态文化产品带到人民群众的日常生活中去。企业应该积极响应国家政策，积极参与到产业转型和产业升级中，以满足社会和大众日益增长的对生态文化产品的需求。因地制宜地融入植物、动物等各具特色的生态文化元素，创造具有当代特色的生态文化符号，为生态文化产业及生态文化产品服务。积极完善产业链、提升竞争力，使其成为提升人们生活品质，促进区域经济增长和改善民生的绿色产业。人民群众在自身经济条件允许的情况下，应该多选择绿色生态产品作为主要生活用品和日常生活所需。尝试生态旅游方式并逐渐取代传统旅游模式，体验参观森林、湿地、生态文化展览馆和生态文化产业工厂等自然与文化相结合的地方，在舒适放松的环境中，感受生态文化的魅力。

我国目前的生态文化产业处于发展初期阶段，受到经济、政策和管理等多方面的影响。国家应该注重制定生态文化产业保障政策，用于优化和落实生态文化产业资金的运用和专项投入，减少甚至消除部分企业管理者对于生态文化产业创新发展的疑惑和顾虑。通过分析现今生态文化产业发展的实际情况，有以下几点值得思考和转变。首先，企业资金投入过于保守，参与产业转型的意愿不够强烈。受传统思想的禁锢，部分企业管理者对生态文化产业转型持观望的态度，不愿接受新事物，导致生态文化产业得不到相应的资金支持。第二，生态文化产业发展初期基础不牢固，管理模式处于探索阶段，束缚了产业往更深层次的发展。第三，生态文化产业缺乏足够的人才支撑，导致产品成本高且竞争力不足。第四，相应的促进和扶持政策有待出台，以缓解生态文化产业发展压力，发挥潜在的市场和价值优势。面对诸多发展困难，应积极思考对策以促进生态文化产业平稳发展。

5.5.3 生态文化产业发展模式的创新

生态文化产业发展战略规划的科学制定。生态文化产业发展战略的制定关系着未来产业发展前景和新兴产业接受社会经济发展考验的能力，科学合理地制定发展战略，一方面要求符合生态需求，另一方面还需要紧跟社会经济发展的步伐。目前，国家已经根据生态文化发展需要制定了《中国生态文化发展纲要（2016—2020年）》等一系列支撑和辅助生态文化发展的政策制度。在制定相关生态文化产业发展战略时需要同时关注城市和乡村新型生态产业的发展水平，生态城市与美丽乡村需要共同发展和建设。优化城市与乡村的布局，合理科学地分配规划和建设工作。注重整合原有生态自然条件，在传统特有的农村生态文化基础上，进一步发展和扶持生态村、生态农庄和生态家园的建设，促进绿色生态文化产品的生产和销售。注重现有国家自然保护区、森林公园和生态旅游区等自然资源的生态保护和生态修复，做好生态旅游定位，引导旅游者和当地居民认识到绿色生态的重要性。生态文化产业作为下一步主要发展的与经济发展相关的绿色新型产业形式，应注重建立和完善产业发展的体制机制，结合时代发展要求，提出相关绩效评估制度，考核办法和奖惩机制。生态文化产业管理从政府、企业自身到公民都应该参与并监督其发展。在当前这个需要创新的时代，更应运用科技手段，提升生态文化产业发展效率并逐渐满足社会对于生态文化产业的需要。生态文化产业作为生态文明建设的经济支柱是发展的重点。

科技推动生态文化产业创新。科技是第一生产力，而文化是软实力，生态文化产业发展提高了对生态水平、文化水平和科技水平等各方面的要求。任何新的产业发展都需要科学技术的推动和支持，生态文化产业的创新性一方面体现在其对生态和文化两方面的高标准，另一方面体现在由大量的科学技术支撑该产业的发展。科学技术在生态文化产业发展中指导着公众理性思考和大胆创新的新思路。科学技术在生态文化产业中应用于节能减排、低碳环保的发展要求和该产业对人民群众生态意识的影响，借助新视角和新力量推进生态文化产业同绿色、环保、循环和低碳相融合，拉近产业发展同保持生态现状、保护自然资源、弥补生态漏洞和修复生态环境之间的距离。在清洁能源的开发以及可再生能源的生产和运用方面，科技不断地将这两项技术融合到生态文化产业中，完善产业能源结构重组和优化，从而促进生态文化产业更快更好发展。在科学技术的辅助下提升产业文化含量和生态化水平，充分发挥传统文化中的基础优势，完善产业在生态保护和绿色生产方面的发展优势。科技拉近了不同产业之间的关系，最大程度缩小了产业与文化和生态的差异，打破了生态文化产业发展过程中的局限性，推动了生态文化产业进步。科技是生态文化产业创新的保障。在"大数据"和"互联网＋"的时代，科技将网络技术运用到产业的生产、流通和监督等多个环节，产业也通过网络连接世界市场，推广生态文化产品和服务，实现采购和销售环节的生态化。

人才助力生态文化产业。人才在任何发展时期都是被需要的，人才素质的高低决定了该领域发展水平的优劣。生态文化产业方兴未艾，正是需要大量高素质人才做支撑的关键时期。在国家间竞争激烈的当今社会，生态保护被重视，传统产业纷纷升级转型的阶段正好是用人之际。评价一个产业甚至文化产业是否具有发展前景，往往和该企业的经济价值、企业文化和生态保护意识关系重大。生态人才的引进，是为生态文化产业注入活力和新鲜血液，而人才往往也决定企业的创新能力。现在国家提倡培养创新型人才，而生态文化产业发展也需要具有专业技能、科研精神和创新能力的复合型人才。国家在生态人才培养方面也要倾注大量的人力和财政支持。面对一个新兴产业的发展，要最大限度发挥人才价值，克服发展前期的各种困难，此时最需要国家的把控和相关人才的支持。一方面以人才的知识丰富产业发展，另一方面从人文素养维度提升产业的定位，用于完善和优化生态文化产业结构和产业精神。为了辅助和优化生态文化产业人才队伍建设，提倡建设专家智库并培养相关领域的产业领军人物和学术带头人，保持产业发展和学术研究之间的紧密联系，积极致力于培养满足生态文化产业发展的高素质人才。各地方应该配合设立相关培训课程和研发项目，在实践的基础上锻炼并提升应用和综合实力。

合作提升生态文化产业多元化水平。生态文化产业发展初期，面对发展经验欠缺、发展资源欠缺等方面的问题时，应该首先学习和借鉴先进的、成熟的发展技术和运作模式，之后再针对产业特点和自身发展优势，制定拥有自身文化特色的发展模式以突出产业发展优势。在学习和借鉴的同时，也应该注意"取其精华，弃其糟粕"，原有的发展模式固然稳定，但在实际运用中还是会有偏差。国家需要发展符合自己国情、有创新意识和具有中国特色的生态产业文化，因此在选择生态文化产业发展类型时应突出中国特色和中华文化。生态文化产业的发展一方面是为了优化产业的生态化和文化性，另一方面也是提升国家文化软实力，突显中华文化影响力。作为四大文明古国之一，悠久的文化历史和优良的文化传承造就了我国得天独厚的文化产业发展优势，每一个产业方向都有自己的创新点和发展价值，我们不应故步自封，应该多让生态文化产业走出去，去交流学习，取长补短，增进国际交流以丰富生态文化产业多元化发展。配合国家"一带一路"倡议的提出，以文会友，在生态文化产业的发展交流中，吸引更多的国际合作伙伴加入生态文化产业发展甚至生态文明建设。

转型升级催生生态文化产业创新。在提倡创新的同时不应忘记扶持优良传统产业的转型和升级。生态文化产业的转型升级体现在技术升级、管理升级和市场升级等多方面。首先，技术升级是由于对产业生态化和文化性的要求，由"高投入、高消耗、高污染、低产出、低质量、低效益"向"低投入、低消耗、低污染、高产出、高质量、高效益"的转型升级。第二，产业管理的转型升级是以产业文化为制定背景的、具有产业特色并有利于促进产业发展的生态文化产业管理模式，为产业发展构建良好的发展环境和发展空间，组织、规划、协调和控制产业各部门之间的资源调配和人才合理化运用，及时沟通产业发展过程中遇到的难题，使生态文化产业运行井然有序。第三，市场升级带来更多商机，市场的需求在某种程度上决定了产业的发展方向和生产产品。市场升级可以提高对生态文化产品的需求量，促进生态文化产业加大生产力度和生产规模，刺激其产业类型增长。归根结底是群众需求决定市场，人民群众日益增长的对美好生活的向往体现了群众对生态文化产品的渴望，同时也对原有的传统文化产业提出了转型升级挑战。传统文化产业可以传统文化中的生态理念为转型升级的切入点，结合国家提出的生态文明建设的发展目标，制定适合自身产业发展的发展模式，充分认识到转型升级是必由之路，墨守成规迟早会被敢于创新者取代和淘汰。

生态文化产业发展模式呈现出差异化的制定特色，并注重提升产业发展模式的专业化和规模化。不仅要培养带头模范企业，而且要打造具有发展特色的生态文化产业链，要敢于打破地区间的限制和地方保护，优化产业兼并及重组机制，鼓励良性的产业竞争，建设真正具有竞争优势和文化特色定位的文化元素和文化品牌。如图5-10所示，文化产业发展要具有其独特的文化属性，生态文化产业发展模式应该根据社会发展主流和社会发展需要建立，并借助主流媒体平台优势，发挥生态文化产业的创新活力。

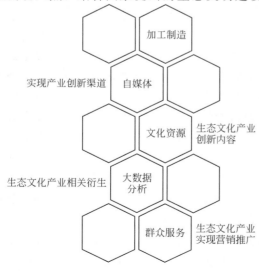

图 5-10　生态文化产业发展模式示意图

5.5.4 丰富生态文化产业类型

建设生态文化产业园区，整合有发展前景的企业集中发展，推动生态文化产业集群化和规模化发展，提升产业的整体竞争力。从另一方面考虑，产业园区的建设有利于发挥产业多样性优势，减少生产成本，体现产业凝聚力。生态文化产业园区化零为整，利用产业优势和产业感染力去吸引更多的产业参与产业的转型与升级，努力做到传统产业向生态产业靠拢，文化产业向生态文化产业看齐。生态文化产业园区的建设也是为生态文化和生态文化产业提供展示和交流的机会，集中力量进行科技创新以提升产业核心竞争力，作为生态旅游项目之一，提升其知名度和社会影响力。生态文化产业园区建设采用资源整合和减少运输成本的循环经济发展模式。生态文化产业园是一种以农业和农村为载体的新型生态农业旅游文化产业，在农业产业化和观光休闲农业双重力量的推动下，农业和旅游业相结合的新产业类型应运而生。

"原生态文化"产业是适应工业化的新生文化现象，同时又在改变原有工业文明时期不足以达到生态价值的新型文化产业模式。"原生态"体现在工业、农业和服务业等各方面，并且存在于企业、产品、经营和宣传等多个环节。带有"原生态文化"产业的企业和产品分布领域甚广，如表5-8所示，各领域之间又存在着不同和差异。"原生态文化"产业在生态文化产业发展过程中扮演着传承传统生态观、普及民族生态观和开发利用民间传统生态手段技术的重要角色，包含对传统文化的尊重，同时又有对创新的责任。"原生态文化"产业代表了一部分优秀传统生态文化的传承，另一方面也为生态文化产业的创新提出了新思路和新思考，它体现了生态文化产业追求环保、绿色和灵活性的发展特点，这也提醒着我们继承的道路要思考，发展的脚步不能停。

表5-8 生态文化产品类型

企业领域	下属环节	实例
工业	环保类	环保净化产品
	食品类	茶叶、蜂蜜、酒类
	医疗类	药品、器械
	房产类	住宅区装饰、家具
	机械类	传统生产生活工具制作
农业	粮食类	谷物类种植、食用油
	养殖类	野外环境养殖、种养结合
	果蔬类	绿色果蔬
服务业	图书服务类	图书馆及书店
	饮食类	餐厅和食品制作、加工
	旅游类	自然风景景区、文化景区
	娱乐类	歌舞表演、创作
	手工艺品类	传统手工艺品
	服饰鞋帽类	传统服装展示和制作
	化妆品类	天然护肤品
	建筑设计类	生态社区、净零建筑
	保健康养类	康复中心、养老社区

生态文化旅游产业推进"特色小镇"和"主题公园"建设，鼓励"全国生态文化村"创建。生态文化旅游产业依靠旅游资源的原始性、生态性和文化性的特点吸引游客，游客类型既可以包括生态文明意识较强的公众，也有对生态景观和生态文化感兴趣的群众，生态旅游景观既包括自然景观，也包括人文景观。生态文化旅游可以依据地方的历史文化底蕴、民族文化传统与文化文物遗产规划和设计建设"特色小镇"和"主题公园"。"全国生态文化村"建设不仅是发挥乡村生态价值，同时也是为了扶持和保障欠发达地区脱贫致富的新兴道路，有效地把生态文化旅游产业发展同消除贫困结合起来，合理地开发和利用偏远地区淳朴的民风和深厚的文化积淀，打造具有乡土气息的生态文化旅游产业。借助发展的力量，改善部分地区的卫生条件和设施现代化水平，转变居民思想观念。生态文化旅游产业除了具有旅游和文化的属性之外，还开发出养生休闲的附加属性。伴随着人口老龄化的日益严峻，养老养生居所逐渐受到重视，不仅老年人，生活压力较大的年轻人也喜欢在闲暇之余找寻休闲疗养的风景胜地，因此，相应的养生养老主题社区和主题园区的建设日益发展完善。生态文化旅游产业具有开发保护生态环境作用的同时，也在督促修复被破坏的自然环境及文化古迹方面发挥作用，一方面提升群众的审美能力，另一方面敦促群众关注保护游览环境和游览氛围，最终提升群众整体生态保护意识和形成生态价值观。生态文化产业类型如图5-11所示。

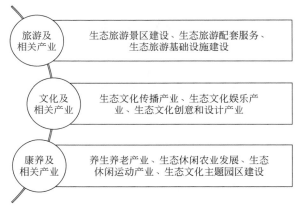

图 5-11　生态文化产业类型

生态文化现代媒体传播体系和平台建设是支撑国家主流媒体的生态文化宣传，推进生态文化逐渐向数字新媒体和"互联网＋"升级的重要举措。国家利用传播媒体广泛开展生态文化宣传，利用生态文化的感染力和感召力促进公民传统价值观的优化。生态文化的培育宣教与生态文明建设密不可分，是生态文明建设的组成部分之一，担负着引导和普及生态文明的重任。生态文化宣传的基本意义就是要把生态知识和生态价值观落实在人类的思想与意识认知中，推进生态文明建设。生态文化产业类型从基础的只关注单一生态文化产业发展到生态文化设计制作产业、生态文化销售服务产业和生态文化衍生产业，如图5-12所示，主要涉及范围多在宣传生态文化相关领域，主要关注推动生态文化发展并扩大推广范围。从生态文化相关产业到生态文化核心产业再到生态文化外围产业（图5-13），无一不是为了生态文化走进千家万户服务。生态文化产业类型的多样性体现在迎合大众审美情趣和接受意愿，满足人民群众对生态文化的需求和对生态文化产业的物质要求。

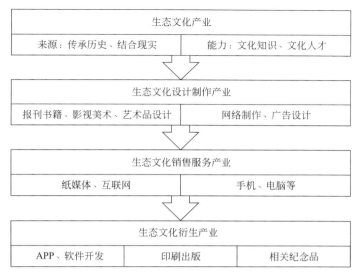

图 5-12　生态文化产业及其衍生产业

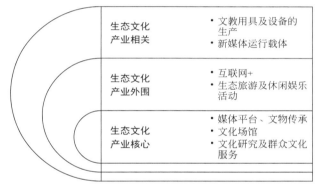

图 5-13　生态文化产业及其外围产业关系

本章重要知识点

（1）生态文化：从人统治自然的文化，过渡到人与自然和谐并进的文化。尊重自然内在价值、维护自然应有权利、爱护自然生态环境，与此同时达到人类社会与自然的和谐共生、协调发展。

（2）生态文化结构：指构成生态文化的诸方面要素或学科，主要表现在环境教育、生态哲学、生态伦理学、生态科学、生态文学艺术等方面。

（3）生态文化的传播方式：课堂讲授、展览参观、宣传、书籍网络、文化交流与合作、产业建设等。

（4）生态文化的主要内容：包括人类在总结传统发展基础上提出的有利于人与自然和谐相处的观念形态，还包括人类为了保护生态环境而发明或制定的相关手段，如法律、政策以及科学技术等。

（5）生态文化建设的意义：实施可持续发展战略、建设人与自然和谐社会的必然选择；

用生态学的基本观点去观察现实事物，解释现实社会，处理现实问题；运用科学的态度去认识生态学的研究途径和基本观点，建立科学的生态思维理论。通过认识和实践，形成经济学和生态学相结合的生态化理论。

（6）生态文化产业：融合了生态文化和文化产业的特征，为大众提供生态文化产品和服务，以自然生态环境资源为基础，以人文历史民族文化为内涵，以科技创新为支撑的具有生态文化特性的产业类型。

思考题

（1）中国古代的生态文化思想主要体现在哪些方面？这些思想对于当今社会发展的价值和主要作用有哪些？

（2）生态文化对于社会发展和经济建设的价值的具体体现？

（3）生态文化在少数民族地区的具体表现有哪些？试举例说明

（4）我国生态文化产业发展需要的相关产业人才的类型有哪些？

（5）生态文化产业的创新和建设有哪些特别值得关注的方面？我们在发展建设过程中应该避免出现哪些问题？

如何做好生态文化产业建设的监督和评价？产业建设标准如何制定？

参考文献

[1] 王松霈. 生态经济建设大辞典 [M]. 南昌：江西科学技术出版社，2013.

[2] 赵峰. 生态文化产业概论 [J]. 智库时代，2019（31）：262-263.

[3] 雷毅. 生态文化的深层建构 [J]. 深圳大学学报（人文社会科学版），2007（3）：123-126.

[4] 赵美玲，滕翠华. 中国特色社会主义生态文化建设的战略选择 [J]. 理论学刊，2017（4）：102-108.

[5] 沈月，赵海月. 生态文化视域下生态教育的内涵与路径 [J]. 学术交流，2013（7）：209-212.

[6] 李家寿. 生态文化：中国先进文化的重要前进方向 [J]. 南宁师范高等专科学校学报，2009（S1）：76-78.

[7] 王丹. 生态文化与国民生态意识塑造研究 [D]. 北京：北京交通大学，2014.

[8] 艾伦·C. 奥恩斯坦，费朗西斯·P. 汉金斯. 课程：基础、原理和问题 [M]. 南京：江苏教育出版社，2002.

[9] 成艳敏. 当前我国高校生态文化建设的途径探索 [D]. 太原：中北大学，2017.

[10] 侯小波，何延昆. 新时代高校生态文化建设体系研究 [J]. 天津大学学报（社会科学版），2018（4）：350-355.

[11] 李铁英，张政. 试论中国特色生态文化建设的困境与突破口 [J]. 理论探讨，2016（5）：169-172.

[12] 毛泽东. 新民主主义论 [M]. 北京：人民出版社，1976.

[13] 佘正荣. 生态文化教养：创建生态文明所必需的国民素质 [J]. 南京林业大学学报（人文社会科学版），2008（3）：150-158.

[14] 陈幼君. 生态文化的内涵与构建 [J]. 求索，2007（9）：88-89，20.

[15] 陈立萍. 学校生态文化建设的实践探索与创新 [J]. 天津市教科院学报，2016（6）：80-84.

[16] 马健芳. 基于生态文化自觉的学校生态道德教育发展路径 [J]. 教学与管理，2015（6）：51-53.

[17] 李旭，侯小波. 美国大学校园生态文化建设特征及对我国大学的启示 [J]. 中国成人教育，2017（2）：115-118.

[18] 覃逸明，吴文亮. 高校校园生态文化构思 [J]. 高教论坛，2003（1）：134-136.

[19] 阮晓莺，张焕明. 生态文化建设的社会机制探析 [J]. 中共福建省委党校学报，2013（5）：79-85.

[20] 徐卫华，欧阳志云，黄璜，等. 中国陆地优先保护生态系统分析 [J]. 生态学报，2006，26（1）：

271-280.

［21］ 徐文玉.我国海洋生态文化产业及其发展策略刍议［J］.生态经济，2018，34（1）：118-122.

［22］ 江泽慧.生态文明时代的主流文化：中国生态文化体系研究概论［C］//中国生态文化协会.第六届中国生态文化高峰论坛论文集，2013：1-8.

［23］ 舒永久.用生态文化建设生态文明［J］.云南民族大学学报（哲学社会科学版），2013（4）：27-31.

［24］ 余谋昌.生态文化论［M］.石家庄：河北教育出版社，2001.

［25］ 白光润.论生态文化与生态文明［J］.人文地理，2003（2）：75-78，6.

［26］ 胡祖吉.论大学校园生态文化及其育人功能［J］.教育探索，2007（12）：106-107.

［27］ 周玉玲.生态文化论［M］.哈尔滨：黑龙江人民出版社，2008.

［28］ 陈湘舸，孙本胜.企业生态文化建设［J］.生态经济，2002（12）：83-85.

［29］ 袁祖社.生态文化视野中生态理性与生态信仰的统一：现代人的"生态幸福观"何以可能［J］.思想战线，2012，38（2）：45-49.

［30］ 张保伟.生态文化建设机制及其优化分析［J］.理论与改革，2011（1）：107-110.

［31］ 胡志红.生态文学的跨文明阐发与全球化生态文化构建［J］.求索，2004（3）：174-176.

［32］ 卞韬.海洋生态文化在滨海生态城市建设中的作用与实现路径研究［D］.北京：北京林业大学，2016.

［33］ 王玲玲.浅析儒家的生态文明思想［J］.卷宗，2014（11）：449.

［34］ 忻华.生态文化视角下中小型城市产业结构优化研究［D］.天津：河北工业大学，2016.

［35］ 王灿发.论生态文明建设法律保障体系的构建［J］.中国法学，2014（3）：34-53.

［36］ 杨朝霞，程侠.确立"生态立国"战略推进生态法治主流化［J］.环境保护，2015，43（3）：54-57.

［37］ 吴真，孙宇.生态文明视域下我国野生生物保护法的路径选择：以美国《濒危物种法》为借鉴［J］.吉林大学社会科学学报，2013（5）：126-133.

［38］ 王金南，秦昌波，苏洁琼，等.国家生态环境监管执法体制改革方案研究［J］.环境与可持续发展，2015（5）：7-10.

［39］ 吕忠梅.生态文明建设的法治思考［J］.法学杂志，2014（5）：10-21.

［40］ 马生军.推进生态法治 建设美丽中国［J］.人民论坛，2018（11）：43-44.

［41］ 史学瀛.环境法学［M］.北京：清华大学出版社，2010.

［42］ 蔡永民.环境与资源保护法学［M］.北京：人民法院出版社、中国社会科学出版社，2004.

［43］ 贾秋宇.中国古代的生态环境立法及史鉴价值［J］.学术前沿，2018（19）：104-107，13.

第六章　生态文明——生态教育解析

教育是国家始终关心和热议的民生话题，早在生态教育概念提出之前，就有环保教育、绿色教育等一系列相关类型的教育形式被尝试和应用，但是教育效果甚微。当今为了配合国家生态文明建设的基本国策，提出生态教育理念，与之前不同的是，生态教育势在必行。因此，本章从生态教育内涵出发，分析生态教育所要提倡和发展的核心要义；其次，按照受教育人群的年龄和职业，有针对性地给出生态教育的建议和借鉴。本章所提倡的是由学校生态教育出发，最终实现全民的生态教育普及。

孔子认为人的天赋素质都是相近的，后天的教育和社会影响才是导致个性差异的原因。教育学家陶行知说过"生活即教育，社会即学校，教学做合一"，教育的发展关系着国家的前途和发展。大诗人李白发表过这样的感慨："天不言而四时行，地不语而百物生"，人类与自然和谐共生的道理还是需要我们在不断的学习中更新自己的认识。生态教育通过教育的方法和手段，更新人类对自然的认知，摆正人类与自然的关系，帮助人类学会与自然和谐共处。

教育一直被视为国家发展的支柱和基础之一，教育的目的是通过开发学生的智力和潜力，发展其成为有思想、有抱负、心理素质过硬且价值观正确的人，生态教育是从传统教育哲学向新兴的当代教育哲学发展的具体表现。"教育生态学"这一科学术语最早是由美国哥伦比亚师范学院院长劳伦斯·克雷明于 1976 年在《公共教育》一书中提出来的，其依据生态学的原理，从分析各种教育生态环境及其生态因子对教育的作用和影响以及教育对生态环境的反作用入手，进一步剖析教育的生态结构，从而阐释教育的宏观生态和微观生态，揭示教育发展的趋势、方向和规律。

2009 年 6 月由环境保护部、中宣部和教育部联合出台的《关于做好新形势下环境宣传教育工作的意见》中明确指出"教育部门要积极推进环境科学专业教育，增加高等院校公共选修课中环境教育课程比重"，国家自此开始重视并且督促推进环境教育的落实。《全国环境宣传教育工作纲要（2016—2020 年）》中总结了环境宣传教育的现状和环保事业实际发展要求之间的差距。第一，公众没有充分发挥在该领域的建议、监督及参与权；第二，媒体的发展和创新不能完全适应社会发展需要；第三，宣传教育手段的创新能力不足，创新手段有待提升；第四，生态文化产品的供需关系不平衡。生态环境宣传教育工作在生态文明建设提出后迎来了发展机遇的同时，也经受着巨大的考验和挑战：环境问题的多元化、复杂化和顽固化、生态理念宣传与新媒体发展速度和社会舆论环境不匹配；公民对生态文明和生态教育理念的认知、生态文明教育和知识普及的方式方法有待提高；公民对生态文化公共服务的需要和现有生态文化公共服务的提供存在差距。因此在《中华人民共和国环境保护法》中规定，"各级人民政府应当加强环境保护宣传和普及工作"，"教育行政部门、学校应当将环境保护知识纳入学校教育内容"，"新闻媒体应当开展环境保护法律法规和环境保护知识的宣传，对环境违法行为进行舆论监督"。中共中央、国务院出台的《关于加快推进生态文明建设的意见》提出，"积极培育生态文化、生态道德，使生态文明成为社会主流价值观，成为社会主义核心价值观的重要内容"。《中共中央关于制定国民经济和社会发展第十三个五年规划的建议》提出，"加强资源环境国情和生态价值观教育，培养公民环境意识，推动全社会形成绿色消费自觉"。环境宣传教育工作面临新形势、新部署、新要求，必须进一步增强责任感和使命感，应势而动，顺势而为。

我国对生态教育的重视不仅体现在相关政策制度和法律的建立，同时在各个发展阶段的治国理念中多有表现和提倡。我国生态教育在环境专业学科的良好教学基础上逐渐得到完善和发展，生态教育体系逐渐建立。为了符合社会发展需要，根据国情发展需要和特点，不同的发展阶段呈现出各具特色的生态教育指导思想和具体体现（表 6-1）。

表 6-1 我国生态教育发展历程简表

时期	重要举措	实际应用和表现
20 世纪 80 年代—20 世纪末	发展全民生态教育；注重中、高等院校生态教育事业的发展，设立专门的生态专业	1991 年，以宣传可持续发展为办刊宗旨的国家级政策指导性学术期刊《中国人口·资源与环境》创刊，对协调人口、资源、环境与经济建设之间的关系，实现中国的可持续发展提出了要求并寄予厚望
20 世纪末—21 世纪初	加大生态教育力度；把提高公民生态意识列入《中国环境与发展十大对策》中，并指出生态教育的重要性；"加强人口资源环境方面的法制宣传教育，普及有关法律知识，使企事业单位和广大群众自觉守法"	1999 年，强调黄河有自己的显著特点，要按照黄河的实际情况，研究和应用先进的科技手段。这一点必须引起高度重视。对黄河防洪、水资源利用、生态环境建设有重大影响的关键科技问题，要重点攻关，力争取得新的突破，为治理开发黄河提供有力的科技支撑。 2000 年，在西部大开发总原则中提出"生态环境建设、普及科学教育、推广实用技术、发展特色旅游、交通通信设施建设等方面，都要统筹规划"
21 世纪初	2005 年中央人口资源环境工作座谈会中强调，环境工作的重点之一是"完善促进生态建设的法律和政策体系，制定全国生态保护规划，在全社会大力进行生态文明教育"	2004 年，提出村庄奋斗目标：全国一流生态示范村、全国一流生态农业旅游示范区、全国一流生态科普教育基地、全国一流生态富民家园。 2005 年，崇明岛发起一个群众性生态岛建设教育实践活动暨创建"生态村"活动，让每个崇明人形成生态共识，并从清洁环境、整治河道、植树绿化等基础性工作做起，为建设现代化的生态岛区打下扎实的基础
21 世纪至今	"宣传教育是生态文明建设的基础工程，对催生和呼唤生态文明建设战略出台和实施发挥着不可替代的特殊作用。加强生态文明宣传教育要注重生态文化的培育，繁荣生态文化是推进生态文明建设的思想基础和精神动力"	明确生态教育包括学校教育、社会教育和职业教育；教育对象从决策者、企业家、科技人员、大中小学生到普通公民；教育方式分为课堂教育、课外教育、社会教育、媒体宣传等多种方式；教育内容包括生态知识、生态健康、生态安全、生态价值、生态哲学和生态伦理等多方面

为了更好地发展生态教育，为了更高效地辅助生态文明建设，确立明确的阶段性发展目标是重中之重。对于生态教育，短期内目标主要是全民生态保护意识得到显著提高，

本章知识体系示意图

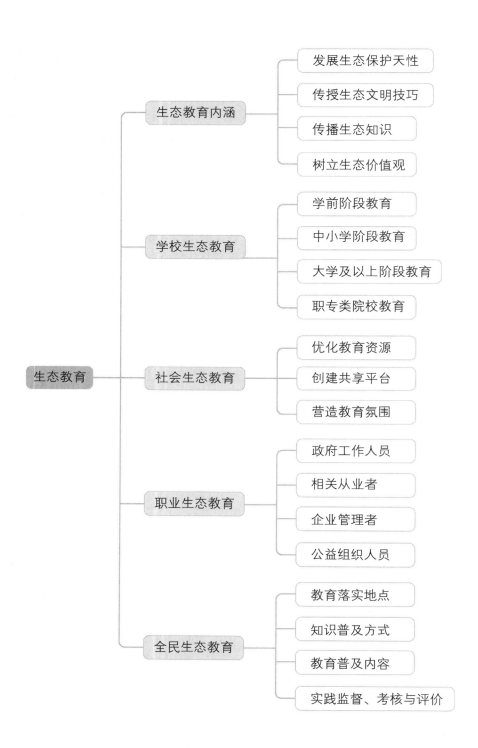

生态文明价值观作为主流价值观被社会接纳、吸收和推行。生态教育通过提高全民的生态意识和生态价值观去提升保护生态环境的行动力和自觉性，最终达到社会共治的理想局面。生态教育是引导公民知行合一，戒除骄奢淫逸的不良社会作风，自觉维护和履行生态环境保护的义务与责任，养成绿色生活方式的新习惯，时刻享受生态文明的社会氛围。

6.1　生态教育的内涵

我国著名教育学家陶行知先生认为"行是知之始，知是行之成"，认为通过行为的教育才是真正的教育。开展环境教育不仅需要"知"，更需要"行"，在每个人不断积累理论知识和生活经验的同时，在接受教育的过程中转化为生态保护实践和行动。发展天性、传授技能、传播知识、经验改造和完善人格是教育的内涵，在生态教育的践行过程中，应结合教育的内涵，深化总结和落实生态教育的内涵。最好的教育就是"从生活中学习，从经验中学习"。在学习过程中，听过的知识点可能会忘记，看过的演示可以记住，做过的尝试才会理解。美国教育学家巴格莱曾经说过："教育是传递人类积累的知识中具有永久不朽价值的那部分的过程。"由此可以断定，生态教育正是传播具有价值的生态知识、生态观念以及生态价值的过程。

6.1.1　在教育过程中发展生态保护天性

生态教育提倡"回归自然"，以学生的学习兴趣和学生的未来发展为义务教育阶段生态教育的关注点。生态教育注重解放学生天性，提倡学生与自然多亲近，在轻松的教学环境中有效地学习和感悟来自自然的奇妙。"人之初，性本善"，自然的和谐同样追求人性的善良与平和，通过生态教育的感化，激发人心深处对于和谐生态、美好环境的向往与追求，使得人类在探索同自然和谐相处的道路上拥有动力和信念。生态教育不仅是生态知识的传承，更是尊重自然的信念传递。我国古代有那么多敬畏自然和感恩自然的故事与传说，有些少数民族至今仍然保留着向自然表达感恩的祭祀活动，都是在传达人类的敬意和与自然和谐共生的愿望。

6.1.2　在教育实践中传授生态文明技巧

学生对知识的运用和实践能力应该作为衡量学习效果的重要指标之一，在生态教育中，学生对生态思想的实践能力更为重要。学生应该主动地承担生态环境保护的责任，在努力学习生态知识成为人才的同时，积极响应国家对生态文明建设的号召，加入生态文明建设的实践队伍中，遵守生态环境管理的相关法律法规，落实生态文明政策。我国生态人才的需求量随着生态文明建设的提出日益增加，急需知识型和技术型人才。生态教育以生态知识传播为基础，重在培养有动手能力和技巧的实干践行者。生态文明技巧关乎人类生存，关乎实现与自然和谐的途径，因此，学生掌握生态文明技巧有利于真正发挥出生态文明建设的核心价值，早日找到解决人与自然矛盾的有效办法。

6.1.3 在教育普及中树立生态价值观

教育有助于树立正确的价值观，生态价值观的确立需要生态教育的助力。生态教育在指导学生体会人与自然和谐的过程中，应该鼓励学生思考生命的意义，正确地认识人与自然和谐的意义。学生的追求和发展同国家的未来息息相关，学生不只是为了未来而生存，关注学生当前的生命状态同样重要。生态教育应该关注每一个学生的生命状态，学生接受教育不只是为了好工作和好前程，更是为了人格的完整，为了个人的终身学习与社会发展的和谐同步。学生应该认识到自然的生机同人类的生命紧密相连，人类与自然的矛盾只会导致人类生存环境质量的下降，自然和人类是平等的。教育关注每一个学生的全面发展，提升每一个学生的精神品质，要让学生充分体会到生命的伟大和重要性，在尊重人类生命的同时，尊重大自然的生命。

苏联著名教育学家苏霍姆林斯基曾经将儿童比作一块大理石，他认为在把大理石塑造成一尊雕塑作品的过程中需要六位主要的雕塑家，其中排在第一位的是家庭，其余依次是学校、集体、儿童本人、书籍和偶然出现的因素，这充分说明了家庭教育和学校教育对于儿童后天发展的必要性和塑造性。

6.2　学校生态教育

卢梭曾经说过："大自然希望儿童在成人之前就要像儿童的样子。如果我们打乱了这个次序，我们就会造成一些早熟的果实，他们既不丰满也不甜美，而且很快就会腐烂。"教育讲求顺其自然，生态教育更是在顺应自然发展规律的前提下，培养学生正确的生态价值观。学校生态教育追求把教育和实践紧密结合起来，校园与家庭、社会需要共同参与建立学生生态认知，从而建立生态保护观和生态价值观。学校作为学生接触和学习知识、养成学习习惯的主要场所，应该承担生态教育的重要责任和基本义务。生态文明建设作为国家提倡的新的国家战略，应该由学校向学生提供了解、学习和认知生态文明建设意义和内容的场所，因此学校生态教育肩负着挖掘学生生态保护责任感、树立正确生态价值观和维护践行生态文明建设的重要使命。如图6-1所示，从2014年到2018年，我国普通高中招收人数与普通本专科招生人数逐渐基本持平，中等职业教育招生人数逐年下降，由此可知普通本专科在扩大招生的同时，更加注重对义务教育阶段之后的教育深造的普及，给予更多学生接受高等教育的机会。

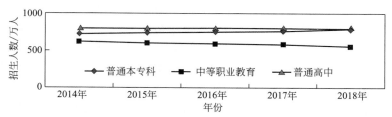

图 6-1　2014—2018 年中国普通本专科、中等职业教育及普通高中招生人数

数据来源：《2018 年国民经济和社会发展统计公报》

国家对教育的投入在逐年增加，但仍然存在失学人口，根据统计，我国 2017 年六岁及以上未上学人口中，女生失学人口是男生的接近两倍之多。学生是国家未来发展的希望，因此，提升学校入学率并重视学校生态教育是重中之重。在前期的教育过程和教学实践中，学校生态教育形式主要包括环境教育、低碳教育、可持续发展教育、绿色消费教育和生态价值观教育五种类型，但是伴随社会发展要求和需求的提升，垃圾分类教育应该加入到学校生态教育的主要内容中并得到重视。根据学生的年龄阶段，生态教育可划分为儿童生态教育、小学生态教育、初高中生态教育以及大学生态教育。不同的受教育人群因为其接受知识的能力和理解能力的不同，应该采取不同形式的教育手段，最终才能达到"因材施教"的良好效果。针对不同年龄阶段的学生，生态教育提出了符合学生年龄特征的教育要求，主要包括：幼儿园应该结合幼儿年龄及认知能力，启蒙幼儿认识自然环境，培养幼儿珍惜自然资源、关心和爱护生态环境的意识；中小学应该组织并鼓励学生参加生态教育活动，培养学生保护生态、爱护环境的良好行为习惯；高等院校和中等专业技术学校应该通过开展生态教育实践和教育讲座等形式，培养学生生态意识，提高学生生态素养和生态知识技能，鼓励学生开展相关学术及技术研究；社会及职业教育等教育机构应该设置生态教育相关普及课程并开展专题培训活动。现有的生态教育渠道需进一步拓宽，学校生态教育占生态教育的比例仍有待提高。

6.2.1　学前生态教育

德国哲学家卡西尔认为，"人是文化动物，可以更具体地表述为人是符号的动物，即人是能够发明、创造和运用符号的特殊动物，教育的本质在于为儿童打开符号世界的大门，引导儿童从广度和深度两个方面进入符号世界"。对比于其他阶段的生态教育，学前阶段的生态教育以情感培养和行为感受为主，在健康愉悦、尊重关爱和舒适的教育环境中接受生态教育的启蒙。这一阶段的生态教育是生态知识和生态意识的熏陶期，学生在这一时期主动学习和接受知识的能力还比较薄弱，最直接的知识接受方式来源于家长和老师的启发与感染。在幼儿园推进生态教育的主要目的在于从小培养孩子们的生态意识和生态认识，使其在生态教育的环境中受到智力上的启迪和心灵上的触动，从自身开始熟悉并认知生态文明的重要性。学前生态教育的特点在于家长和老师的协作配合式教育模式——"知识渗透在课堂上，寓教于乐在课程外"，鼓励家长带领孩子多去户外感受和了解自然，通过孩子的眼睛去观察、耳朵去聆听和身体去感知，认识自然本该有的纯净和美好，构建孩子与自然之间的亲密关系。从孩子的认知习惯出发，以亲近自然的方式，唤醒他们爱护自然和保护自然的本能意识。家长的作用是引导，老师的作用则是使孩子们的感受更加深刻化和普及化，把孩子们在生活实践中的体会落实到知识点和幼儿教育中。儿童的模仿力在学前阶段尤其突出，因此家长和老师在感知教育的同时也应该注意规范和约束自身的行为。在孩子们乐于探索和好奇的年龄阶段，成年人的举动往往会对孩子产生相当大的影响，在还没有建立起自己正确完整的认知感知的阶段，孩子习惯性地认为成年人的"一切"行为都是正确的，并予以效仿和模拟，"言传身教"在这一阶段得到了充分体现。

学前生态教育应该将家庭生态教育和幼儿园生态教育两者相结合，家庭生态教育是主导和引领这一阶段生态教育的核心，幼儿园生态教育是规范和统一的生态知识的普及和教授。值得关注的是，学前生态教育在落实过程中应尊重和允许差异化的存在。幼儿园的孩童来自不同的家庭，其家庭背景、生活习惯以及脾气性格都不尽相同，在这样的环境背景下，幼儿园生态教育不应该盲目追求同化，教师应该具有足够的包容心和耐心，和家长一起做好学前生态教育。学前生态教育同时应该作为儿童进入小学之前必须接受的教育和应该具备的基本常识性要求，并把生态知识和技能的相关测试列入小学入学测评中，以便于初期生态教育的落实和推进，为开展下一阶段的生态教育奠定基础。

学前生态教育分为家庭生态教育和幼儿园生态教育两部分进行。家庭生态教育强调家庭成员在生态教育中的作用，或言传身教，或潜移默化，这时的生态教育虽是"无形"的，但是却是教育时间最长，且教育影响深刻的生态文明的教育形式之一。国家所倡导的家风的继承和家训的树立都是在推动家庭教育的发展，并突出其在孩童成长过程中的重要地位。学前生态教育的另一个重点在于幼儿园生态教育，在家庭启蒙类型的生态教育之后，幼儿园的教师们需要将散布于学习生活中的细小知识点收集融入到日常的教学活动中。首先，教师们可以通过营造舒适宽松的教学环境让孩童们体会到维护和谐环境的重要性；其次，教师们可以设计户外体验课，让孩童们体验并自觉保持良好绿色生态环境；最后，教师们还可以邀请孩童和家长一起参与课堂环境布置、幼儿园园区绿化以及课下的生态知识分享等环节，辅助孩童更直观地理解生态知识和感悟自然力量。

我国学前生态教育还处在发展初期，教育的形式多限制在课堂讲授、博物馆参观和临时体验等单一固定且时间较短的活动体验中，因此教学效果和幼儿园适龄儿童在学习和接受此类生态教育时的参与感和认同感仍有待提高。德国和越南两国具有很好的幼儿园生态教育的先例。

在德国柏林有一座农场幼儿园——"四田农庄"，它建立在一片开阔的农场中。根据相关负责人介绍，当初开设这个幼儿园的目的是让城市的孩童有参与农场运作的亲身经历，了解耕种及饲养的相关工作，从而亲近自然、爱护自然。起初，这种教育的形式被命名为"自然教育"，在幼儿家长的倡导下逐渐发展并受到越来越多家长的重视。大多数家长认为，城市的孩童们缺少这种亲近自然的机会，他们拥有接受自然教育的责任和义务，孩童时期是唤醒其对环境的意识、对自然的敏感度以及热爱保护自然的责任感的最佳时期。虽然他们生活在城市，远离农村，并且在今后的生活中用到农场所学的机会不多，但是这是生存的本能，是人生必备，如果成长的过程中远离自然，对于孩童们来说是种缺失和遗憾。这座农场幼儿园里的老师们会讲解保护动物和尊重动植物的知识，使孩童们充分认识到尊重其他生物同尊重长辈、同伴以及尊重生命同样重要。孩童们通过和动植物相处，能够体会到照顾呵护动植物的辛苦，在约束行为和克服困难时能够磨炼耐心和勇气，这不仅是关于农业的锻炼，更像是一种人与自然、人与人和谐关系的感悟。孩童们在种植和养殖的过程中，懂得了对同伴的呵护，对长辈的理解，更重要的是懂得了自然对于人类发展的重要意义，在与自然的相处中探索人与自然的和谐相处之道。

越南的农场幼儿园从建筑设计到景观绿化都体现出绿色生态的理念，让孩童们从视觉到体验都充分认识到绿色生态的舒适和温馨。在这个占地约1.06万平方米，可容纳500名学前孩童的幼儿园中，屋顶一部分被铺设上草坪供孩子奔跑嬉戏，一部分被种上绿色植物和蔬菜，这样的设计使孩童既能学习生态知识，又能参与实际种植活动。这所幼儿园作为可持续性学校的建造模板，不仅让孩童们体会到了种植收获的辛苦和自然的和谐馈赠精神，而且满足了幼儿园的部分蔬菜粮食供应，节约了幼儿园的运行成本。另外值得关注的是，该幼儿园的房屋建筑全部采用当地的建筑材料，房屋两侧的窗户很大程度上满足了室内教学采光和通风需要，屋外走廊设计成渐倾斜角度，下雨时可收集雨水进入储水箱，用于灌溉和清洁。由于越南处于热带地区，该幼儿园内配备太阳能发电和空调设施，一方面节约日常教学活动所需的能源，另一方面使孩童认识到节约能源的重要性，从而落实绿色生态教育。根据不完全统计，该幼儿园在 10 个月内就比一般建筑节省了 25％的能源和 40％的水，实际的运行效果表明该幼儿园在落实节约能源资源和普及生态绿色教育两方面都有借鉴意义。

6.2.2　中小学生态教育

根据国家要求和相关的法律法规、地方政策的规定，教育行政主管部门应该负责落实中小学及幼儿园开展生态教育工作，并将生态环境保护知识纳入学校教育教学活动中，考核和监督学校生态教育落实情况，并列入教师技能及学校评优的评比中。小学教育注重全民性、义务性和全面性发展，中学阶段是学生生理及心理的发育变化期，同时是学生世界观、人生观和价值观的初步形成期。最新提倡的生态教育并不是单一形式的自然课和思想政治课的结合体，其所包含的教学内容更加广泛和具有实践意义，其授课内容也更加贴近生活和应用。各中小学校应该严格地贯彻落实生态教育课程，将其作为必须开设的通识实用类课程，在丰富教学内容的同时，也应该注重实践体验设置。目前，大多数学校将生态环境的相关内容融入到自然与科学、政治与法治以及美术音乐鉴赏课之中，但是这远远不能满足这一阶段学生的生态知识量和国家对于生态人才培养的要求，因此，生态教育课程有必要作为独立的课堂得到呈现和普及。

中小学生态教育要突出教育方式的新颖性和自由度，要求学校在进行生态教育时体现出教育的灵活性和创新，锻炼学生在学习过程中的探索和求知精神。生态教育是在环境教育和可持续教育之后的延续和变革，更能发挥教育的可能性和主动性，学生通过小组学习、活动方案设计、课外活动等自主学习形式发现和思考遇到的生态问题，教师适当点拨和引导，主要锻炼学生的主动学习和思考习惯，有助于学生日常生态习惯的养成。课程实施过程中要加强学生与教师、学生与家长、学生与学生之间的互动、互助。以班会和论坛的形式，促进学习、教育过程中的交流，教师间可以相互借鉴有效的生态教育方式，从而提升生态教育效果。

普通高中阶段的学生是未来生态文明建设的人才储备和中坚力量，这一阶段的生态教育也关系着学生生态素养的形成和生态认知水平的提升。高中阶段学生已经具有明辨是非的能力，在义务教育阶段受到的基础性的生态教育已经为高中生形成生态素养做好铺垫，在前期的影响下，大部分高中生依据生态发展轨迹都应该具有生态价值观和生态意识，高中阶段是巩固、纠错和补漏的阶段。这阶段的生态教育更应注重课堂实践和思考的重要性，以学生作为课堂主导和讲述者，教师作为聆听者，在学生表达对生态的认知和分享事例时，教师可以对一些错误的认识和行为及时提出异议并纠正，这样更能加深学生对错误行为和思想的记忆。为了避免这类误区的重复发生，教师也应该定期组织学生交流和汇报近期的学习体会，提升学生对生态知识的学习热情和重视程度。和其他课程设置一样，生态教育课程也应该有相关规定，除了必备生态教育教材，还应该提供专门的教师进行课程辅导，学校可以经常邀请一些生态教育从业者举办讲座，开拓学生未来就业的眼界。现阶段，生态教育作为新兴的教育形式被大多数学生所了解和接受，但是在对于未来职业的设想上缺乏足够的认知，因此，高中阶段还应该就深入了解未来生态教育发展和现今发展状况对学生进行相关内容的普及，这关系到生态教育人才和知识的培养与传承以及高中生的大学专业选择。

中小学生态教育应该使学生们深刻地体会到生态文明的提出是有发展过程和历史起源的，是先辈们一脉相承积累总结下来的思想认知的精髓。"竭泽而渔，岂不获得？而明年无鱼；焚薮而田，岂不获得？而明年无兽。"——《吕氏春秋》，这句话明确地说明：把湖中或池塘里的水排干捕鱼，虽然眼下有收获，但是之后就没有鱼了；把树林烧毁来打猎，眼下收获颇丰，但是之后就没有野兽可捕了。它在阐述人类不可只贪图眼前利益，而不管后世发展的道理，但同样蕴含着应该尊重自然，合理开发利用自然的道理。"不违农时，谷不可胜食也；数罟不入洿池，鱼鳖不可胜食也；斧斤以时入山林，材木不可胜用也。谷与鱼鳖不可胜食，材木不可胜用，是使民养生丧死无憾也。养生丧死无憾，王道之始也。"——《孟子·梁惠王上》。孟子在和梁惠王讨论治国为君之道时表明成为贤明之君应该做的贤明之事，首先是不要因为战争耽误百姓的农事耕作，要保证粮食充足；其次劝导渔民过于细密的渔网不要放在水塘里捕捞，这样鱼虾就吃不完；第三点，要严格遵守时令采伐树木，这样树木就砍不完。做到以上三点，百姓的温饱得到保障，人生没有遗憾缺失，百姓才能爱戴拥护君主。这些故事道理看似简单浅显，但是向学生们传达出的珍惜资源、保护环境的思想是根深蒂固且亘古不变的。

美国在中小学生态教育的普及方面有一些经验可供借鉴。在当地的一所农场，学生们的体验从回收剩下的早饭来喂猪开始。学生们按照年级被分配以不同的任务，虽然不是在课堂中学习，但是他们更加乐于融入这种实践体验。一年级的学生每周由农场工作人员带领参与喂鸡、放羊等零散性的工作，在活动中熟悉动物习性并与它们建立愉快和谐的共处关系。二年级学生的体验是农作物种植，他们参与播种、养护、收割及售卖全过程，不仅能在实践中体验到劳动的艰辛，而且更加清晰地认识到粮食的来之不易。三年级学生的体验是亲自动手做饭并参与搭建房屋，这个年龄段的学生已经具备基本的动手能力和自我保护能力，可以开始尝试性地锻炼他们的自我生存和自我照顾的本能。学生们在寻找食物和搭建房屋的材料的过程中，可以学习分辨自然界中可食用的植物有哪些，学会收集、采集和分享食物，学习生火和运用有限的资源条件满足饮食和居住的基本要求。这是很好的人与自然沟通和熟悉的时机，在有限的生存条件下，学生们也能体会到生活和与自然相处的乐趣，同时养成了吃苦耐劳的意志品质。随着年龄的增长，学生们所要承担的任务就越来越复杂和艰巨，四年级有认养家禽家畜的任务，五年级要学习制作并售卖乳制品，六年级开始他们的探索范围扩大到整个农场，只要是学生的兴趣所在，都可以得到锻炼和认同。从初中开始，学生们已经开始从简单的基础任务升级到对整个生态环境和生态系统的研究。七年级的学生被安排学习气象学，在了解和理清当地气候同生态环境和生态系统的关系的同时，逐渐认知人类的生存同大自然是密不可分的。八年级的学生开始接触农场经济学，在真实的条件下进行买卖和交易，他们必须考虑到为了维持农场的正常运转，每一个产品售卖细节和价格都不能马虎，在体会到赚钱的艰辛后，树立正确的消费购买观念，戒除奢侈、享乐和浪费。经过初期的培养和体验感悟，九年级之后一直到高中阶段，学生们有权自己选择学科进行深入的研究，学校会根据学生的兴趣指派辅导教师进行专业的帮助和指导，只要不违反法律，学生们感兴趣的、想实践的都能得到满足和锻炼。从小学到高中这一系列的实践体验不仅丰富了学生们的生态知识，更让学生们在与自然相处接触的活动过程中找到适合自己的兴趣点，指引他们向未来的发展迈出有自己态度的正确的一步，逐渐树立正确的人生观、世界观和价值观。

6.2.3　大学及以上阶段生态教育

　　大学教育的根本任务是立德树人，研究生阶段是学术深造和人才形成的关键期。大学生态教育应该打破年级、班级和专业的界限，突破学生与老师之间的听与学的传统模式，紧密地连接课堂与课外实践的关系，让具有一定知识基础的学生帮助落后的学生，让一些专业的学生和老师走进非专业学生的课堂。我国从 20 世纪 70 年代在大学设立第一批环保方面专业开始发展至今，一直在不断地探索和创建更为贴近国家发展需要的环保教育体系，由环境工程、环境科学到环境管理等相关专业，逐渐覆盖整个环境研究领域。据统计，1985 年至 1995 年的 10 年间，各大院校向社会输送的环境类专业人才大约 8.5 万人，仅在 1998 年，我国各类大专院校设立环境类专业的就有 92 所，创建专业教学点 103 个，与前几年相比有了较大的突破和增长。

　　有学者认为大学生态教育应包括以下几个方面：生态文化基础知识，生态道德观和绿色生态思想。高校在建设过程中，肩负着培养大学生生态观和输送生态人才的重任。也有学者提出目前我国大学生态教育存在三点主要问题：其一，大学对生态教育关注不足，教育途径针对性有待提高；其二，大学生对生态教育有一定的了解，但配合施行生态教育的积极性不够；其三，大学中生态教育资源相对匮乏。学校生态教育至关重要，关乎生态人才培养，学校生态教育在实施和发展的道路上仍需改进不足，如进一步提高对学生生态文化素养培育的重视程度，加大力度引进和培养专业过硬的生态教育师资人才，在相关课程中增设生态教育相关内容，并且开设生态教育课程，如此才能保证学生生态价值观的形成，提高学生生态保护意识。大学生态教育应该更加注重与我国经济社会发展相关联的知识储备和技能掌握，使大学生掌握科学的、全面的生态知识，牢固树立保护生态环境、实现经济社会可持续绿色发展的生态意识和生态价值观。

　　大学生生态文明观的培养现阶段需要分为两类，一类针对具有生态知识和受过生态教育的大学生，另一类针对具有生态知识但暂时没有接触生态教育的大学生。针对大学生的差异化生态教育，应该把重点放在培养大学生生态知识自学能力和养成生态意识两方面。实施生态教育进大学校园的前提是把生态素养教育纳入高等教育范围内，使大学生能够用动态发展的眼光看待人与自然的关系，用生态的思维思考维持生态平衡的重要性。在对大学生进行基础生态理论知识教育的同时，配合大学生生态知识自我学习和检索。例如，开设网络教学课堂，借助网络收集相关文献和知识，把生态教育作为课外学习的一部分，在了解和掌握生态知识的基础上，对自己感兴趣的生态话题或者课题进行深入研究，让学生把学习兴趣和学习热情结合运用到生态文明知识的吸收和生态素养的形成过程中。同时将课外学习和课堂教学相互融合，从师资、创新自主教育、教育模式多样化和知识获取灵活性提升等多方面健全高校生态教育机制，优化和完善大学生态教育的落实和知识普及效率。生态教育在高校不仅体现在课堂上和网络上，也应在实践中加入生态教育。鼓励学生多参加环境保护、资源节约和绿色消费等方面的志愿者活动，把所学到的知识运用到实际生活中，并把生态知识和绿色生活技巧普及给更多的公民，引起社会的关注和认同感。在活动中，发现生态问题、披露生态陋习，从而吸引更多的人关注和认知保护生态环境的重要性。在培养大学生生态忧患意识的同时，带动社会群众树立生态责任感，规范和反省自身生态意识和行为的不足，最终形成人与自然和谐相处的绿色生态价值观。

　　大学生态教育实践的落实可以采取同相关专业的企业共同合作创建生态教育实践基地的

措施，通过在企业中锻炼动手和创新能力，在实践中发现自身知识存在的不足，在进一步深造或正式进入社会之前，对生态知识及相关内容做综合性地了解，从而为今后发展的道路选择提供参考。学校亦可根据自己校园环境的特点，组织师生对其进行整理、设计和改造。我国目前有几所院校有相关的实践成功案例，如清华大学胜因院。作为清华大学近代的教师住宅区之一，胜因院始建于1946年，曾有多位清华大学知名教授在此居住。后来因年久失修，各项基础设施跟不上现代发展步伐，一度破败不堪，无人愿意居住在此。2010年由清华大学教授组建的修复再建团队成立，经过两年的研究、勘察和设计后，崭新的胜因院再次名噪一时。在升级改造过程中，设计建设团队运用"海绵城市"的设计理念，围绕解决内涝问题、优化公共空间、突出教育和纪念价值等多个核心问题，通过修建雨水花园、打造生态及文化景观、运用环保建材的方式，最终达到了自然与文化的结合与统一，并解决了下雨积水的根本问题。还有北京林业大学的树洞公园，同济大学的屋顶实验花园等，都是进行生态教育和绿色实践的可借鉴的模板。

高校生态文化系统构建可参照图6-2。

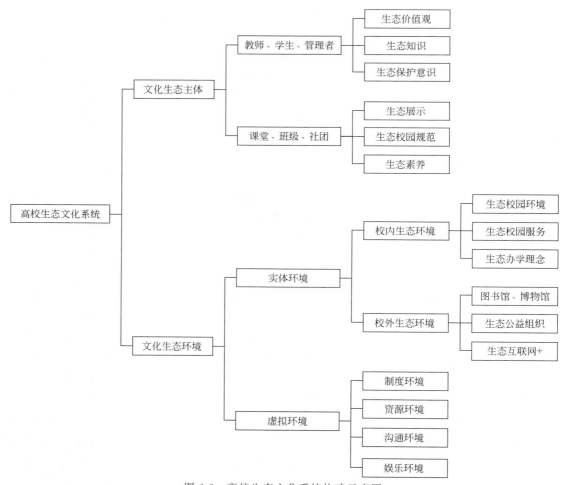

图6-2 高校生态文化系统构建示意图

6.2.4 职专类院校生态教育

职专类院校教育是通过专业教育和专业技能的培养，提高学生就业能力和就业率。职专类院校需要在提升学生学习积极性的同时，使其树立正确的职业观念和职业素养，最终成为国家需要的创新型人才。职专教育以培养技能型人才为主要目标，通过课程的学习加深对各类职业岗位的了解和认识，学生可以根据自己的兴趣选择自己想要深造和未来从事的职业。根据不同领域构建具有学校自身特色和优势的生态教育课程设置也是职专类院校可以采纳和借鉴的生态教育经验之一。职专类院校可根据学生的专业对应设置具有专业特点的生态教育课程和实践内容，学生可以依据自己专业的要求和学习兴趣，选择适合的生态教育课程，因此，职专类院校的生态教育是必须落实的，但是其形式和内容是灵活的。职专类院校大体可以从四方面开展生态教育。第一是营造教育绿色环境，建立生态文明人才培养模式；第二是深化生态文明研究，促进学术交流；第三是开展生态文明宣教，构建生态文明教育体系；第四要打造生态文化产业，助力生态服务。

职业学校的学生具有很强的社会属性，在沟通媒介日益丰富的当下，交流日益频繁，思想观念受文化思潮的影响也越来越显著。在贯彻生态文明观念的过程中，社会的多元化造成人的意识形态的多元化，有导致生态文明建设社会责任意识淡薄的风险；市场经济现实化、物质化、消费化的社会特点，直接或间接地影响了学生的道德观念、价值取向、生活方式等的培养和形成；西方个人本位主义和实用主义的主流思想，渗透和侵蚀着个别青年人追求个人利益最大化。我国的职业教育已经开始将生态教育纳入专业学科体系中，从社会可持续发展的高度强调生态文明对社会可持续发展的重要意义，唤醒青年一代的生态紧迫意识；开始从生态文明行为的角度，强调生态文明对人的身心健康、人际关系和谐发展的影响，唤醒青年人的生态道德意识；开始从政治文明、民主法制的角度，强调生态文明对一个国家和民族生存、发展、强盛的重要意义，唤醒青年的生态责任意识。

广东地区的各高校及高职院校在生态教育及生态课程设立上积累了丰富的经验，该地区的职专院校依据专业特色和生态主题相结合的综合方面考量开设生态课程，并把生态课程作为重要的知识文化素质培养课程在课堂中开展。虽然这样的课程设置方式仍然处于尝试阶段，但是经验的积累和尝试的勇气值得学习和借鉴。然而在实践过程中发现和突出的问题也值得思考和解决。第一点，人才类型与市场需要的匹配度有待提高。目前我国的就业大部分受"市场需要"导向，更多的高职院校学生希望从事国家对人才需求量大的工作，我国目前还没有完全建立起对于学生生态价值观和生态素养考察和需要的机制，因此，市场人才需求导致学校和学生对生态教育的重视程度不高是首要问题。第二点，讲授内容和教材的匹配度有待提高。由于前期生态教育并未受到足够的重视，导致相应的教材出版、更新不及时，学校缺乏合适的教材授课，故而生态教育课程开展较少。第三点，教师素养和讲授内容的匹配度有待提高。教师是课程的引领人，影响课堂的知识传导效果和学生接受效果。目前的教师考核制度缺少对教师生态素养和观念的考察，不能及时发现和弥补教师在生态知识和认知上的不足，教师的生态课程讲授质量和学生的学习质量不能得到充分的保证。第四点，学生认知和讲授内容的匹配度有待提高。学生受到家庭和社会的影响从而形成不同的生态素养和意识，接受新知识和改变错误观念的能力参差不齐，个别学生对生态教育的讲授内容缺少学习兴趣。目前尚需进一步研究对学生生态知识掌握情况的评估办法和手段，以全面反映学生的生态素养和生态知识学习实践情况。第五点，知识学习和实践空间的匹配度有待提高。目前我国课程知识学习的形式尚需丰富，对于学生的实践动手能力要求还需提高，同时出于对学生安全的考虑，实践场所多集中在校内、博物馆等一些展览陈设场地，一定程度上缩小了实践范围并且限制了学生兴趣激发的可能性。所以针对以上在实践过程中发现的问题，建立完整可行的职专院校生态教育体制至关重要。一方面，最大限度地保证学生在生态教育和实践中各方面能力得到培养和锻炼；另一方面，提升生态教育在整体教学中的比重和地位，显示出生态教育在职专教育中不可替代的地位和价值。

6.3 社会生态教育

社会生态教育的根本目的在于塑造国民生态意识，面对不同阶层和不同年龄段的"学生"，社会生态教育呈现的内容和教育教学方式应该有所变化，社会生态教育更应该注重通过感染和影响的方式传递知识，提倡"没有绝对的老师和学生"。低年龄段的儿童和未成年学生，容易被生动的活动所吸引，根据这一特点把生态教育的丰富性和趣味性展示给这一年龄段的受教育者，并尝试加深他们对所学知识的记忆能够提高教学质量。青少年学生大多对动手能力的实践体验感兴趣，因此多设置实践与宣传讲授相结合的模式课堂更加有利于此类学生的投入。成年人的重心在于工作和家庭，因此社会生态教育应该符合他们的日常需要，学习深度和内容具有较强的科学性和说服力，这一阶段的受教育者大多已经形成自己的认知能力和生活习惯，但是对其自身有利的生活行为习惯，一些成年人还是乐于接受和做出改变的。老年人考虑到其身体能力有限，活动范围较小，应该把他们的社会生态教育重点放在对隔代子女的教育和影响上，一方面通过纸媒和电视广播媒体渠道宣传生态知识和理念，另一方面在老年大学和社区开设生态文明小课堂，加深老年人对生态文明的认识和了解。社会生态教育有其独立、自由和受众广的特点，因此要注意教育尺度的把握和对教育成果的监督，最大程度地保证接受效果和效率。

6.3.1 优化现有生态教育资源

现有生态教育的资源不局限于书籍，生态大事件的历史遗迹、名山大川、生态农场等一系列生态旅游资源同样可以为生态教育所利用和展示，以突出社会生态教育"寓教于乐"的特点。生态旅游由经济、政治、文化和社会的建设等多方面构成，把生态知识通过实景感受、学习体验等方式表现出来。首先，生态旅游的提出为旅游业的经济发展带来了创新点和新的活力，把生态特色作为旅游的新亮点，而且生态旅游不再受传统旅游业的限制，用文化和生态的方式推进旅游业的可持续发展。生态旅游集娱乐性、教育性和保护性于一体，多元化地发挥生态旅游优势，把经济、政治、文化和社会领域等多角度的知识都融入到生态旅游过程中。其次，在提倡生态文明建设的大背景下，生态旅游还突出了森林公园、自然保护区和非物质文化遗产保护区在生态教育方面的资源优越性，同时彰显出生态文化和绿色低碳式的新型旅游方式对生态环境保护的重要意义，把生态知识同学习实践相结合是生态旅游的特有方式。据数据统计，我国每年假期出游人数一直稳固攀升，因此应发展生态旅游，将其加入生态教育的行列，为实现社会生态教育的多样性提供基础和动力。

6.3.2　创建生态教育共享平台

共享单车的出现极大地方便了民众的生活，同时使市民体验到分享的快乐和意义。基于大数据和网络化的运行平台，社会生态教育网络化和共享化的建立应该得到提倡和落实。全世界都在面临"老龄化"社会的问题，考虑到不同年龄段尤其是老年人的体验和学习感受时，更为直观和简单的文化场馆"平台"建设就显得意义非同一般。文化场馆多种多样，因此生态教育的表现形式就可以各有所长。博物馆是一个以教育、研究、欣赏为目的，征集、保护、研究、传播并展出人类及人类环境的物质及非物质文化遗产，为社会和其发展服务、向公众开放并且非营利的机构。博物馆是公民自主学习的免费"学校"，也是民众受教育的主要"课堂"之一。博物馆具有得天独厚的教学优势，其以馆藏文物和实物为知识文化传播载体，更加具体生动形象地展示其背后蕴藏的文化内涵，具有极强的参与性和趣味性。博物馆教育内容和形式多种多样，拥有丰富的社会教育经验，其教育方式以启发、引导和寓教于乐为主。通过实物标本、模型、场景模拟，能使参观者身临其境地感知和了解生态背景及知识，同时可以培养创造性思维能力，从而提高生态文明素养。博物馆也是生态素养巩固和持续培养的良好场所。博物馆涵盖丰富的多元化的学科知识，阐述自然规律、探索自然秘境的同时关注人类命运，注重人与自然和谐共生。博物馆丰富了老年人的闲暇时间。科技进步为社会生态教育提供了便捷和高效的知识传播方式，现今各大博物馆都在建设"云展览"，可以实现足不出户轻松感受馆藏品的魅力。

6.3.3　营造社会生态教育良好氛围

在教育教学过程中，教师对于课堂氛围的营造经验值得借鉴和学习。生态教育课堂是师生与教室环境整体性的集中展示，强调课堂氛围的轻松活跃和井然有序，有助于学生与教师在课堂上的交流。课堂的整洁，教室的亮度和温度让学生和教师感到舒适，都有助于提高教学的质量和效果。教师要有教学热情，学生要保持认真集中的听课状态，并与教师进行互动和沟通。在生态教育课堂上，教师与学生身份的界定应该由课程内容决定，教师是课堂的秩序维护者和引导者，而学生在生态课堂中和社会生态教育参与者一样都应该是主角，要充分发挥学生和参与者的积极性和学习热情。社会生态教育课堂重视在互相交流、互相影响的和谐氛围中有序进行。社会生态教育是教育者同受教育者共同合作与进步的平台，在教育教学过程中的情感交流和情绪传导都影响着生态知识的吸收和生态观念的形成，因此，社会生态教育需要保持团结协作的良好学习气氛。社会生态教育传递的是人与自然之间的和谐，推及人与人之间的相处更加讲究"和为贵"。由于接受社会生态教育的人群具有年龄跨度大、知识水平差异大等特点，社会生态教育保持和谐稳定的共享氛围就需要全民的努力和维护，消除代沟和偏见，并且以学习和接受的态度去认真对待社会生态教育所要传递的知识和正能量。

6.4　职业生态教育

教育要有其实用功能，教育要注重训练人类生存的技能，要将教育与能力、就业和财富紧密地联系起来。有教育学家指出"教师不是传声筒，也不是照相机，而是艺术家、创造者"，教师不应该只是知识的"代言人"，更应该是知识的"实践者"和"引领者"。2012年国务院发布《国家人权行动计划（2012—2015年）》，指出我国将"大力发展职业教育。保持中等职业教育和普通高中招生规模大体相当。扶持建设紧贴产业需求、校企深度融合的专业，建设既有基础理论知识和教学能力，又有实践经验和技能的师资队伍"。2016年9月国务院发布《国家人权行动计划（2016—2020年）》，有关职业教育的内容包括：完善职业教育体系和制度建设；修改职业教育法；推动产教融合发展，完善校企合作制度；完善职业教育人才多样化成长渠道；支持欠发达地区职业教育发展；逐步分类推进中等职业教育免除学杂费；实施国家基本职业培训包制度。2019年1月颁布施行的《国家职业教育改革实施方案》提出："坚持以习近平新时代中国特色社会主义思想为指导，把职业教育摆在教育改革创新和经济社会发展中更加突出的位置。牢固树立新发展理念，服务建设现代化经济体系和实现更高质量更充分就业需要，对接科技发展趋势和市场需求，完善职业教育和培训体系，优化学校、专业布局，深化办学体制改革和育人机制改革，以促进就业和适应产业发展需求为导向，鼓励和支持社会各界特别是企业积极支持职业教育，着力培养高素质劳动者和技术技能人才。"职业生态教育从受教育者的职业特点和类型，以及具体工作对从业者的要求等多方面制定学习和教育计划，有利于从业者在工作岗位上发挥在生态教育中的所学，做职业生态教育的"践行者"。

职业生态教育之政府工作人员。目前我国政府出台生态文明法律法规及规章制度等一系列工作的进度在逐渐加快，但是在相关工作推动和自身职能行使方面还有很大的提升改善空间。根据我国生态文明建设相关工作的落实情况分析可得，现阶段，个别政府行政工作人员存在生态意识淡薄、对生态问题认识不清晰的问题，过度依赖于环保部门和企事业单位自行发现和解决生态责任问题。其次，政府对环境监管和问题解决的效率和手段有待加强，监察机制有待进一步明确，从而为后续执法监督工作打下基础。因此，为了从根本上解决上述问题，需要加强对政府工作人员的生态教育和考核，强化监管人才队伍的建设，提倡和鼓励政府工作人员学习相关生态常识和生态文明法律法规条例，提升专业素养和生态素质，满足国家对生态文明建设倡导下的政府工作人员的要求。

职业生态教育之相关从业者。生态相关从业者的范围广泛，包括从事生态教育的老师、生态环保科技的科研工作者、环保工作者等一系列人员。这类人群具有专业的生态知识基础和认知辨识能力，同时拥有丰富的工作和实践经验。对于相关从业者的生态教育应该注重知识的深度挖掘和应用，激发其在工作和研究中充分利用和思考生态问题的探索精神，最终运用到正规教育教学和培训中，把其掌握的先进的思想和技术运用于解决实际生态难题中。

职业生态教育之公益组织人员。公益团队的建设一直受到国家的重视和提倡，在职业生态教育中，对公益者的生态知识培训也体现了国家对公益组织工作的协助和认可。从事公益事业人员的工作能力和工作效率值得肯定，在专业程度和科学性的水平提升方面，生态教育则能够协助他们更专业地做好公益活动，提升活动效果。经过教育和培训，他们不仅可以做生态知识的宣传员，更是生态实践的监督者，协助政府和民众完成生态环境保护等力所能及的事务，为我国生态文明建设建言献策。

根据《中国统计年鉴—2019》的数据显示（图6-3），2018年我国科学技术协会系统数量以农村专业技术协会和企业科学技术协会占比较大，因此发挥职业生态教育在相关机构和

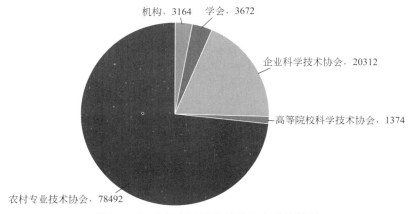

图 6-3 2018 年中国科学技术协会系统数量

数据来源：《中国统计年鉴—2019》

学会的作用，对于促进生态知识掌握和生态能力锻炼有积极作用。民众有责任和义务在生态文明建设中发挥自己的作用和优势，对于政府工作人员、相关从业者和公益团队应该提出更高的工作要求和认识要求，使其坚决落实国家政策的同时，在工作和生活中深入落实所学所感，实现自己在生态文明建设工作中的价值。

6.5 全民生态教育

国家及地方各级政府、有关部门应该鼓励创建全民生态教育基地，大致可分为以下六类：第一类，植物园、博物馆、图书馆及文化馆等以参观学习为主的展馆建设；第二类包括自然保护区及风景名胜区等的自然生态游览区域建设；第三类是生态农业示范园区和体验区的建设，促进和推广生态农业发展；第四类是培养并建设关于清洁生产、循环经济和工业污染防治示范的单位或企业，突出宣传生产方式的转型升级；第五类是建设并开放具有生态环境保护示范作用的科研院校及实验室，鼓励全民参与科技创新，并树立榜样，起到模范带头作用；第六类是在建设的过程中不断寻找开发的有利于生态教育普及的场所或地区，如社区生态教育宣传站、垃圾分类演示站等小型宣传场馆。通过建设以上各类型的宣传教育场馆，达到配合生态教育更好地实施，丰富生态教育形式，满足不同人群对生态教育的知识渴望和学习要求的效果，从而保证生态教育的效果和质量，提升生态教育的普及度和曝光点。

整理《中国统计年鉴—2018》和《中国统计年鉴—2019》的数据可知（图 6-4 和图 6-5），我国在文化馆和博物馆的建设方面投入较其他类型文化场馆和机构有明显优势，伴随着场馆的完善和数量上的增加，参观人数也呈现出逐年增长的势头。由此可以推断国家、政府和民众自身的教育意识在增强，这对于全民生态教育的普及具有推动和促进作用。民众对知识的渴望和获取途径的选择也趋向于更加严谨和合理，对知识的质量和知识内容的丰富性提出了更高的要求。全民生态教育的普及工作在国家和政府的努力下，正在有序地开展，今后全民生态教育的形式和内容会随着民众的需要更加丰富多彩。

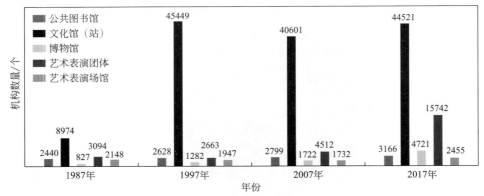

图6-4　1987—2017年中国主要文化机构情况

数据来源：《中国统计年鉴—2018》

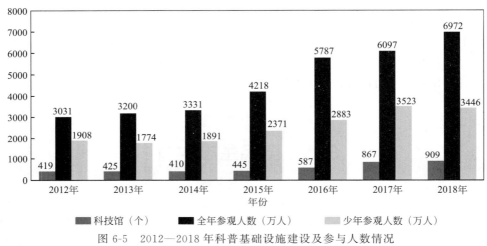

图6-5　2012—2018年科普基础设施建设及参与人数情况

数据来源：《中国统计年鉴—2019》

　　全民生态教育的涵盖范围广，包括学校生态教育、社会生态教育和家庭生态教育等多种类型，以满足不同年龄、阶级和文化水平的公民对生态教育的需求。生态环境伴随着人类的发展和进步也在时刻地改变，纵观人类的一生都与生态环境密不可分。生态环境为人类提供赖以生存的洁净空气和绿色自然的生产生活环境。在发展经济的过程中，生态环境提供的能源和资源的支持保证了人类享有舒适的健康生活发展空间和格局，生态环境保护是保障人类自身发展和后代生存的基本要求之一。生态教育涵盖物质要素和精神要素两方面内容。物质要素是指生态教育在课程设置、教材制定、课堂布置方面以及生态文化书籍、生态自然景观的保护和生态宣传；生态教育的精神要素是指对人类生态保护意识、生态观念以及生态价值观的培养，是由物质到精神的升华和自身素质的提升。全民生态教育突出体现"活到老学到老"的核心理念，体现出生态教育的可持续性和全面性，在生命的过程中探索和感悟人与自然和谐共处的方法。生态教育是一个庞大且组织结构复杂的系统工程，不仅覆盖地域广，包括城市和城镇乡村等有人类活动和聚居的地方，而且教育周期长，从幼儿到老年阶段都提倡接受生态教育，因此生态教育是一项全民教育和终身教育。这样完整全面的教育模式一方面需要国家政府加大对生态教育的资金投入，完善各级教育体系和城乡生态教育网络；另一方面需要加大对专业生态人才的培养力度，建设一批涵盖生态教育的重点课程、重点专业、重点教材和重点培训中心，从而加强和巩固"生态教育全民提倡"的实施。

本章重要知识点

（1）生态教育：以培养生态意识、普及生态知识和促进生态参与为目的的教育方法，是生态文化建设的重要组成部分。现在，许多国家已经形成以保护环境和改善环境质量为任务的科学研究体系和教育体系，并把生态教育作为全民教育。

（2）生态教育的主要内容：包括生态理论、生态知识、生态技术、生态文化、生态健康、生态安全、生态价值、生态哲学、生态伦理、生态工艺、生态标识、生态美学、生态文明等。

（3）生态教育的主要教育方式：课堂教育、实践证明、媒介宣传、野外体验、典型示范、公众参与等。

（4）生态教育的主要意义：提高公众生态保护意识，塑造生态文明建设的根本；建立监督和评估公众生态意愿的体制；提供解决生态危机和实现可持续发展的人才输入和精神建设；根本纠正公众对人、自然和社会关系的错误认知。

（5）生态教育与生态文明建设的关系：生态教育是生态文明建设的重要组成部分之一，生态教育是生态文明建设关于公众精神文明建设的重要体现之一，生态教育是生态文明建设的践行和落实方式之一，同时生态教育是生态文明建设实践的检验标准之一。总之，生态教育是生态文明建设的基础和希望，肩负着生态文明人才培养的重要责任。

（6）生态教育落实的目标：使青年一代和所有居民能够坚持发展高度的生态文明，保护自然，树立关心自然命运的责任感，确立在思想和行动上利用自然、关注自然资源的正确价值观。让公众将保护生态环境转变为自觉的道德责任和义务，增强公众的环境保护意识，促进公众真正加入环境保护行动中以解决环境问题，实现经济和社会的可持续发展。

思考题

（1）作为老师，你可能会听到学生抱怨："生态教育有什么用？生态知识有什么用？既不实用还处处约束我们的学习生活，和我们将来找到好工作一点关系也没有。光是语数外的学习已经够让人头疼的了，为什么还要给我们增加负担？"如果你是老师，你会怎么和学生沟通？

（2）你认为生态同教育的关系应该是怎样的？在普及生态教育的过程中，家长和教师应该注意哪些方面或采取哪些教育方法来提高生态教育水平？作为学生，你希望的生态教育是什么形式的？

（3）现实生活中你接触和接受过的生态教育有哪些？你认为哪种生态教育形式更有效、更有利于学习和普及生态知识？

（4）如何把学习到的生态知识运用到自身的实际学习生活中？家长或者老师有没有对你进行生态教育的实例？

（5）大胆地想象今后的生态教育还会包含哪些内容。有没有更加有效的普及生态教育的方式？

参考文献

［1］ 卞观宇.高职院校生态化课程构建策略：以广东环境保护工程职业学院为例［J］.职业技术教育，2019

（14）：37-40.

[2]　《环境科学大辞典》编辑委员会.环境科学大辞典 [J].环境教育，2010 (5)：84.

[3]　王恩宇.开展生态环境教育，培养生态文明建设者 [J].环境教育，2019 (10)：42-43.

[4]　陈燕燕.高等院校生态文化构建的主要策略 [J].吉林省教育学院学报，2011 (1)：24-25.

[5]　刘伟，张万红.从"环境教育"到"生态教育"的演进 [J].煤炭高等教育，2007 (6)：11-13.

[6]　刘建华.构建充满生命活力的学校生态教育系统 [J].环境教育，2002 (5)：21-24.

[7]　杨焕亮.生态教育策略研究 [J].小学教育科研论坛，2004 (2)：8-10.

[8]　李国华.大学生态教育新探 [J].当代教育论坛：综合研究，2011 (1)：27-28.

[9]　徐朝晖.谈生态教育与学生的成长 [J].上海教育科研，2006 (11)：48.

[10]　倪同良.高职院校生态文明教育状况分析及对策探讨 [J].科技情报开发与经济，2010，20 (32)：162-164.

[11]　王定华.谋划教育发展方略　建好教育第一资源 [N].中国教育报，2017-12-08 (1).

[12]　余东山.中职学校必须加强对学生进行环境教育 [J].中国农村教育，2012 (12)：23-24.

[13]　郑慧勇，刘娟，林向英.休闲农园的教育功能分析：以艾维农园为例 [J].农村经济与科技，2019，30 (2)：38-39.

[14]　孙芙蓉.生态教育与生态文明建设 [N].光明日报，2012-06-23 (5).

[15]　马桂新.环境教育学 [M].2版.北京：科学出版社，2007.

[16]　吴敏慧，陈思.图书馆建设生态文明教育平台的探讨 [J].图书馆论坛，2013 (5)：71-76.

[17]　张清廉，王孟洲，于长立，等.生态文明视域下的农村生态文化建设与体制改革 [C] //中国科学技术协会.经济发展方式转变与自主创新：第十二届中国科学技术协会年会：第一卷，2010：681-684.

[18]　杜昌建.绿色发展理念下的家庭生态文明教育 [J].中共山西省委党校学报，2016 (3)：96-98.

[19]　薛晓源，陈家刚.从生态启蒙到生态治理：当代西方生态理论对我们的启示 [J].马克思主义与现实，2005 (4)：14-21.

[20]　温远光.世界生态教育趋势与中国生态教育理念 [J].高教论坛，2004 (2)：52-55，59.

[21]　李颖，袁利，赵坤.生态教育：高校思想政治教育的新视角 [J].高等建筑教育，2007 (4)：22-27.

[22]　隋欣航，暴楷静.生态文明视野下的政府责任问题研究 [J].经济师，2017 (3)：53-54.

[23]　孙宝乐.生态文明视野下政府环境责任研究 [D].长沙：中南林业科技大学，2014.

[24]　杨东.生态教育的必要性及目标与途径 [J].中国教育学刊，1992 (4)：38-39.

[25]　张慧.试论大学生生态教育 [J].文教资料，2009 (22)：190-191.

[26]　朱宁.生态教育融入大学教学的探讨 [J].郑州航空工业管理学院学报（社会科学版），2012 (1)：149-151.

[27]　张凤英.社区生态教育研究 [D].福州：福建师范大学，2011.

[28]　蒋笃君.构建中国特色公民生态教育模式的探索 [J].河南工业大学学报（社会科学版），2017 (3)：115-120.

[29]　刘文良，张永红.重视环境文学教学　加强大学生生态教育 [J].内蒙古师范大学学报（教育科学版），2007 (5)：42-44.

[30]　张军凤.教育生态与生态教育 [J].天津教育，2018 (3)：22-24.

[31]　梁保国，乐禄祉.教育的生态文化透视 [J].高等教育研究，1997 (5)：25-32.

[32]　郅锦.河北省全民生态环境教育的策略研究：基于日本修复环境的经验视角 [J].牡丹江教育学院学报，2017 (12)：67-70.

[33]　蒙睿，周鸿.我国生态教育体系建设 [J].城市环境与城市生态，2003 (4)：76-78.

[34]　张一鹏，郭立新.经济落后地区更应重视环境教育 [J].环境教育，1999 (1)：34.

[35]　Pivnick J C. Against the current：Ecological education in a modern world [D]. Calgary：University of Calgary，2001.

[36]　朱国芬.构建中国特色的生态教育体系刍议 [J].当代教育论坛：宏观教育研究，2007 (11)：39-41.

[37]　吴祖强.关于环境教育教学方法现状的思考 [J].环境教育，2000 (1)：25-26.

［38］ 史万兵.环境教育的基础理论研究［J］.教育研究，1998（4）：54-59.

［39］ 黄平芳.学校生态教育体系的构建路径［J］.学校党建与思想教育（下半月），2010（7）：69-70.

［40］ 毕军.构建学校生态教育体系探讨［J］.卫生职业教育，2011（9）：17-18.

［41］ 马桂新.环境教育学［M］.北京：科学出版社，2007.

［42］ 李静.高校生态文明素质教育路径研究［D］.新乡：河南师范大学，2012.

［43］ 程爱民.试论大学生生态文明教育［J］.科协论坛（下半月），2008（9）：139-140.

［44］ 吴敏慧，陈思.图书馆建设生态文明教育平台的探讨［J］.图书馆论坛，2013（5）：71-76.

第七章　生态文明——生态治理解析

　　政府是生态文明建设的引领者。企业是生态文明建设的重要推动者。公众是生态文明建设的实践者。坚持政府、企业和公众多元共治理念，充分发挥政府主导和监管责任，发挥企业自我约束和环境治理能力，发挥公众和社会组织积极参与监督作用，才能将环境作为一个有机整体，从整个生命周期过程最大限度地节约资源、保护环境、完善生态服务功能。

　　《生态文明体制改革总体方案》（2015 年 9 月通过）指出，建立健全环境治理体系，完善污染物排放许可制，建立污染防治区域联动机制，建立农村环境治理体制机制，健全环境信息公开制度，严格实行生态环境损害赔偿制度，完善环境保护管理制度，为政府、公众、企业落实责任，推动多元共治提供制度保障。

　　本章从生态治理的政府主导责任、企业主体责任、公众参与机制等几个方面论述推动生态文明多元共治各主体建设的主要内容、模式和保障机制。

本章知识体系示意图

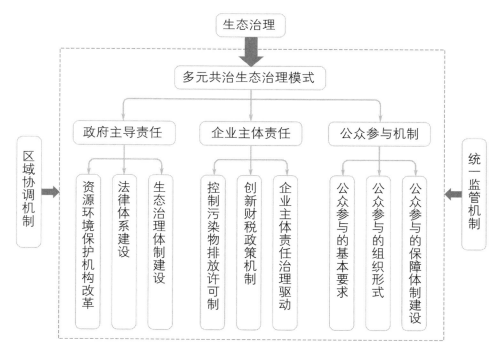

7.1　生态治理的内涵

2018 年，习近平总书记在全国生态环境保护大会提出"山水林田湖草是生命共同体"的整体系统观，指出要统筹兼顾、整体施策、多措并举，全方位、全地域、全过程开展生态文明建设。推进生态文明建设，要求整体系统观指导下的生态治理理念，即将环境作为一个有机整体，根据当地的自然条件，着眼于污染物的产生、迁移转化和处理处置整个生命周期过程的各个环节，采取法律、行政、经济和技术相结合的综合措施，最大限度地合理利用资源，减少污染物的产生和排放，将经济活动的资源、环境、生态影响限定在生态承载力之内。

对于国家、区域乃至地方各环境保护对象来说，生态治理需要综合考虑大气、水体、土壤、噪声等各环境要素，同时还需要综合考虑资源、经济、生态和健康等各个方面，针对源头预防、过程控制、末端治理全过程采取综合防治措施。生态治理依靠政府、市场以及公众共同参与的多元治理模式。2014 年修订的《中华人民共和国环境保护法》提出，国务院环境保护主管部门、地方各级人民政府、公众多元参与环境治理，政府通过法律体系、管理体制、管理能力和保障体系建设，监督、管理影响环境的各种行为，并将环境质量状况纳入责任范围。企业通过市场作用，应用环境治理技术，改进技术装备，回收再利用废物，成为环境治理的主战场和主要参与者。公众通过公众参与，直接参与到与环境质量和环境问题相关的活动中，这既能体现公民环境权利，又有利于督促决策部门将责任落实到位，从而有效降低决策失误风险。中国政府明确提出加强中央政府宏观调控职责和能力，加强地方政府公共服务、市场监管、社会管理、环境保护等职责。

《生态文明体制改革总体方案》明确指出了环境治理体系的改革方向，提出政府、企业和公众多元共治理念，政府充分发挥主导和监督责任，企业发挥积极性同时加强自我约束，公众和社会组织积极参与监督，依靠不断健全的市场机制，聚焦城市环境保护、工业污染防治、生态环境保护、农村地区环境治理等重点领域，推进环境治理体系建设。构建以空间治理和空间结构优化为主要内容，全国统一、相互衔接、分级管理的空间规划体系，着力解决空间性规划重叠冲突、部门职责交叉重复、地方规划朝令夕改等问题。

7.2　生态治理的政府主导责任

在环境治理中，我国政府发挥主导作用。为了推动生态治理，我国政府积极推动政府机构改革，加强法律体系建设，创新环境治理机制与管理模式，提高环境治理效率，确保环境治理体系及其各个要素始终处于良性运行和协调发展的状态。

7.2.1　中国资源环境保护机构改革

2018 年，中国组建自然资源部，履行全民所有各类自然资源资产所有者职责和所有国土空间用途管制职责；负责自然资源调查监测评价、自然资源统一确权登记、自然资源资产有偿使用、自然资源的合理开发利用等工作；负责建立空间规划体系并监督实施，负责统筹国土空间生态修复，负责组织实施最严格的耕地保护制度，负责管理地质勘查行业和全国地质工作，负责落实综合防灾减灾规划相关要求，负责矿产资源管理工作；负责监督实施海洋战略规划和发展海洋经济，研究提出海洋强国建设重大战略建议，组织制定海洋发展、深海、极地等战略并监督实施，会同有关部门拟订海洋经济发展、海岸带综合保护利用等规划和政策并监督实施，负责海洋经济运行监测评估工作，负责海洋开发利用和保护的监督管理工作；负责测绘地理信息管理工作，推动自然资源领域科技发展，开展自然资源国际合作；根据中央授权，对地方政府落实党中央、国务院关于自然资源和国土空间规划的重大方针政策、决策部署及法律法规执行情况进行督察，管理国家林业和草原局，管理中国地质调查局。

1974年10月，国务院环境保护领导小组正式成立，负责国家环境保护相关工作。1982年5月，第五届全国人大常委会第二十三次会议决定，将国家建委、国家城建总局、建工总局、国家测绘局、国务院环境保护领导小组办公室合并，组建城乡建设环境保护部，部内设环境保护局。1984年5月，成立国务院环境保护委员会，负责研究审定有关环境保护的方针、政策，提出规划要求，领导和组织协调全国的环境保护工作。1984年12月，城乡建设环境保护部环境保护局改为国家环境保护局，仍归城乡建设环境保护部领导，同时也是国务院环境保护委员会的办事机构，主要任务是负责全国环境保护的规划、协调、监督和指导工作。1988年7月，将环保工作从城乡建设部分离出来，成立独立的国家环境保护局（副部级），明确为国务院综合管理环境保护的职能部门，作为国务院直属机构，也是国务院环境保护委员会的办事机构。1998年6月，国家环境保护局升格为国家环境保护总局（正部级），是国务院主管环境保护工作的直属机构，撤销国务院环境保护委员会。2008年国家环境保护总局升格为环境保护部。2018年，在原环保部的基础上，组建生态环境部，负责国家生态环境保护事项，统一行使生态环境监管者职责，重点强化生态环境制度制定、监测评估、监督执法和督察问责四大职能。

自此，中国资源环境保护形成中央行政主体与地方行政主体共同监督管理模式。生态环境部和县级以上地方各级人民政府行使统一环境监督管理职权，其中，生态环境部是国务院生态环境主管部门，各省（自治区、直辖市）级、市级、县级人民政府分别设立的生态环境主管部门是二分级监督管理主体，负责监督管理本辖区的环境保护工作。

7.2.2 法律体系建设

法律是我国开展环境保护和环境治理的基本保障，我国环境治理法律体系随着应对环境挑战实践而不断完善，现在基本形成了宪法、环境基本法、环境单行法、各种环境行政法规标准，以及中国政府签署或者参与的国际公约共同发挥作用的法律体系。

（1）宪法

《中华人民共和国宪法》（以下简称《宪法》）是我国资源、环境、生态保护和环境治理的根本依据。《宪法》明确规定了自然资源和某些重要的环境要素为国家所有，同时国家保障生活环境、生态环境、自然资源的合理利用，保护珍贵的动物和植物，禁止任何组织或者个人用任何手段侵占或破坏自然资源。

《宪法》中有关国家应该承担的责任和义务，以及组织和个人对自然资源的责任和与国家在环境资源和污染问题方面的部分关系的规定，为政府履行自然资源和环境保护与污染治理职责奠定了基础。

（2）环境基本法

我国于 1979 年颁布《中华人民共和国环境保护法（试行）》，规定了环境保护的基本原则和基本制度；1989 年颁布实施了《中华人民共和国环境保护法》，并于 2014 年进行了修订。制定和修订环境保护基本法，对我国环境保护的重要问题作了全面规定，为我国制定相关环境保护单行法提供了法律依据。主要内容包括：提出生态文明理念，明确经济社会发展与环境保护相协调的环境优先原则，表明政府对解决环境问题的决心。规定环境法的基本任务，环境保护对象和适用范围，规定环境保护的基本原则、基本制度和要求，以及保护环境的法律义务。明确提出，国务院以及各级人民政府、环境保护主管部门对环境监督管理的权限、任务以及企业事业单位和个人保护环境的义务和法律责任。

（3）环境单行法

环境单行法是以宪法和环境基本法为立法依据，针对特定的环境要素或者特定环境保护对象而制定的专门法律法规。在我国主要分为以环境污染防治和公害控制为目的的法律法规和以管理自然资源和保护生态为目的的法律法规。这些单行法律法规为我国开展环境保护和资源开发提供了更加详细的规定和依据。

7.2.3　生态文明生态治理体制建设

《生态文明体制改革总体方案》提出建立健全环境治理体系，提出完善污染物排放许可制、建立污染防治区域联动机制、建立农村环境治理体制机制、健全环境信息公开制度、严格实行生态环境损害赔偿制度、完善环境保护管理制度等生态治理体制。

完善污染物排放许可制。尽快在全国范围建立统一公平、覆盖所有固定污染源的企业排放许可制，依法核发排污许可证，排污者必须持证排污，禁止无证排污或不按许可证规定排污。

建立污染防治区域联动机制。完善京津冀、长三角、珠三角等重点区域大气污染防治联防联控协作机制，其他地方要结合地理特征、污染程度、城市空间分布以及污染物输送规律，建立区域协作机制。在部分地区开展环境保护管理体制创新试点，统一规划、统一标准、统一环评、统一监测、统一执法。开展按流域设置环境监管和行政执法机构试点，构建各流域内相关省级涉水部门参加、多形式的流域水环境保护协作机制和风险预警防控体系。建立陆海统筹的污染防治机制和重点海域污染物排海总量控制制度。完善突发环境事件应急机制，提高与环境风险程度、污染物种类等相匹配的突发环境事件应急处置能力。

建立农村环境治理体制机制。建立以绿色生态为导向的农业补贴制度，加快制定和完善相关技术标准和规范，加快推进化肥、农药、农膜减量化以及畜禽养殖废弃物资源化和无害化，鼓励生产使用可降解农膜。完善农作物秸秆综合利用制度。健全化肥农药包装物、农膜回收贮运加工网络。采取财政和村集体补贴、住户付费、社会资本参与的投入运营机制，加强农村污水和垃圾处理等环保设施建设。采取政府购买服务等多种扶持措施，培育发展各种形式的农业面源污染治理、农村污水垃圾处理市场主体。强化县乡两级政府的环境保护职责，加强环境监管能力建设。财政支农资金的使用要统筹考虑增强农业综合生产能力和防治农村污染。

健全环境信息公开制度。全面推进大气和水等环境信息公开、排污单位环境信息公开、监管部门环境信息公开，健全建设项目环境影响评价信息公开机制。健全环境新闻发言人制度。引导人民群众树立环保意识，完善公众参与制度，保障人民群众依法有序行使环境监督权。建立环境保护网络举报平台和举报制度，健全举报、听证、舆论监督等制度。

严格实行生态环境损害赔偿制度。强化生产者环境保护法律责任，大幅度提高违法成本。健全环境损害赔偿方面的法律制度、评估方法和实施机制，对违反环保法律法规的，依法严惩重罚；对造成生态环境损害的，以损害程度等因素依法确定赔偿额度；对造成严重后果的，依法追究刑事责任。

完善环境保护管理制度。建立和完善严格监管所有污染物排放的环境保护管理制度，将分散在各部门的环境保护职责调整到一个部门，逐步实行城乡环境保护工作由一个部门进行统一监管和行政执法的体制。有序整合不同领域、不同部门、不同层次的监管力量，建立权威统一的环境执法体制，充实执法队伍，赋予环境执法强制执行的必要条件和手段。完善行政执法和环境司法的衔接机制。

7.3　生态治理的企业主体责任

7.3.1　企业主体责任具体要求

《中华人民共和国环境保护法》明确规定，企业具有环境保护主体责任，包括承担采取措施防止污染和危害、损害的责任，遵守环境影响评价和"三同时"要求的责任，严格按照排污许可证排污，不得超标、超总量的责任，规范排污方式，严禁通过逃避监管方式排污的责任，全面建立环境保护责任制度，强化内部管理的责任，安装使用监测设备并确保正常运行的责任，主动实施清洁生产、减少污染物排放的责任，按照国家规定缴纳排污费的责任，全面如实公开排污信息接受社会监督的责任，切实履行环境风险防范责任等。

7.3.2　企业主体责任治理模式建设

（1）控制污染物排放许可制

2016年，国务院制定的《控制污染物排放许可制实施方案》提出，控制污染物排放许可制是依法规范企事业单位排污行为的基础性环境管理制度，由环境保护部门通过对企事业单位发放排污许可证并依证监管实施排污许可制。排污许可制衔接环境影响评价管理制度，融合总量控制制度，为排污收费、环境统计、排污权交易等工作提供统一的污染物排放数据，减少重复申报，减轻企事业单位负担，提高管理效能。企事业单位持证排污，按照所在地改善环境质量和保障环境安全的要求承担相应的污染治理责任，多排放多担责、少排放可获益。向企事业单位核发排污许可证，作为生产运营期排污行为的唯一行政许可，并明确其排污行为依法应当遵守的环境管理要求和承担的法律责任义务。企事业单位依法申领排污许可证，按证排污，自证守法。并提出目标，到2020年，完成覆盖所有固定污染源的排污许可证核发工作，全国排污许可证管理信息平台有效运转，企事业单位环保主体责任得到落实，基本建立法规体系完备、技术体系科学、管理体系高效的排污许可制，对固定污染源实施全过程管理和多污染物协同控制，实现系统化、科学化、法治化、精细化、信息化的"一证式"管理。

通过实施排污许可制，落实企事业单位污染物排放总量控制要求，控制的范围逐渐统一到固定污染源。环境质量不达标地区，要通过提高排放标准或加严许可排放量等措施，对企事业单位实施更为严格的污染物排放总量控制，推动改善环境质量。环境保护部依法制订并公布排污许可分类管理名录，对不同行业或同一行业内的不同类型企事业单位，按照污染物产生量、排放量以及环境危害程度等因素进行分类管理。对环境影响较小、环境危害程度较低的行业或企事业单位，简化排污许可内容和相应的自行监测、台账管理等要求。

（2）创新财税政策机制，提高企业环境投资的使用效益

利用包括税收在内的各种手段来规范和约束排污行为，拓宽环境财政、环境价格、生态补偿、环境权益交易、绿色税收、绿色金融、环境市场、环境与贸易、环境资源价值核算、行业政策等多种方式，出台支持政策，例如《中华人民共和国资源税法》推动环保费向环保税改革。通过投入专项资金，激活企业动力。在污染防治方面，环境财政贡献较大。2017年，中央财政投入大气、水、土壤污染防治专项资金规模接近 500 亿元，新能源、绿色农业等领域企业可以获得环保补贴。各地也纷纷出台补贴政策，如北京市为"煤改清洁能源"提供补贴，天津市为居民"煤改电"工程提供补贴等。

通过环境保护治理专项基金、财政补贴、贷款额度、贷款利率、还贷条件等给予企业优惠，具体包括财政补贴、贷款贴息、物价补贴、亏损补贴、税前还贷等措施。充分利用污染罚款作为政府补贴或者奖励、政府优先购买等手段，为企业生产销售扩展空间。

通过绿色税收、绿色金融、环境价格等政策推动企业内化环境成本、实行产业转型升级。正式向企业征收环保税。发行环境债券及环境基金，鼓励和引导社会资源向环境产业流动。利用阶梯电价政策，对某些产业实行差别电价和阶梯电价，迫使违规产能退出，依靠市场竞争出清低效产能。

完善绿色消费政策，助推生活方式转变。出台《关于促进绿色消费的指导意见》（2016年），发布节能产品政府采购清单、环境标志产品政府采购清单，发布行业能效"领跑者"企业名单，实施居民阶梯水价制度，为新能源汽车提供补贴，引导公众选择更加绿色的产品，从消费段倒逼企业实施可持续生产模式。

7.3.3　企业主体责任治理驱动模式

（1）环境管制企业治污

企业的本质是追逐利益，本身治理污染的动力不足，而环境的公共物品属性要求必须借助政府主体的力量对企业进行管制，促进环境污染治理成本内部化，保护公众利益。政府管制具有强制性特征，强调管制的效果，有命令和控制政策与利用市场机制等方式。

政府重点检查许可事项和管理要求的落实情况，通过执法监测、核查台账等手段，核实排放数据和报告的真实性，判定是否达标排放，核定排放量。按照"谁核发、谁监管"的原则定期开展监管执法。现场检查的时间、内容、结果以及处罚决定应记入排污许可证管理信息平台。严厉查处违法排污行为。根据违法情节轻重，依法采取按日连续处罚、限制生产、停产整治、停业、关闭等措施，严厉处罚无证和不按证排污行为，对构成犯罪的，依法追究刑事责任。综合运用电价等价格激励措施，环保、资源综合利用优惠政策，排污权交易等市场机制政策。

（2）强化信息公开和社会监督

企业通过销售产品获益，公众作为消费者在一定程度上影响企业利润，如果公众选择购买产品时，更倾向于具有良好治污记录、乐于承担社会责任、产品更加环境友好的企业，就

能够在生产的末端倒逼企业承担治污责任，实施治污行为。

强化企业环境信用制度建设，建立和完善环保守信激励、失信惩戒机制，并从企业环境信用信息归集和技术支撑方面持续提升制度执行力。发布《企业环境信用评价办法（试行）》（2013 年 12 月）和《关于加强企业环境信用体系建设的指导意见》（2015 年 11 月）等政策文件，提出企业环境信用信息归集共享、信息公示、系统建设，以及企业环境信用评价、建立环保守信激励和失信惩戒机制、环境服务机构信用建设等方面的具体工作要求。签署《社会信用信息系统共建共享合作备忘录》（2015 年 6 月），规定搭建信用信息共享平台，推动构建联合惩戒机制。2016 年 7 月 31 部门联合印发《关于对环境保护领域失信生产经营单位及其有关人员开展联合惩戒的合作备忘录》，建立环保领域失信生产经营单位联合惩戒机制，健全企业环境信用评价体系，加强信用信息公开，切实引导企业承担社会责任。

提高管理信息化水平。建设全国排污许可证管理信息平台，将排污许可证申领、核发、监管执法等工作流程及信息纳入平台，各地现有的排污许可证管理信息平台逐步接入。通过排污许可证管理信息平台统一收集、存储、管理排污许可证信息，实现各级联网、数据集成、信息共享。形成的实际排放数据作为环境保护部门排污收费、环境统计、污染源排放清单等各项固定污染源环境管理的数据来源。在全国排污许可证管理信息平台上及时公开企事业单位自行监测数据和环境保护部门监管执法信息，并通过企业信用信息公示系统进行公示。依法推进环境公益诉讼，加强社会监督。

（3）借助绿色金融工具

《"十三五"节能减排综合工作方案》（2016 年 12 月）中明确提出：鼓励金融机构进一步完善绿色信贷机制，支持以用能权、碳排放权、排污权和节能项目收益权等为抵（质）押的绿色信贷。《关于构建绿色金融体系的指导意见》（2016 年 8 月）和《关于金融支持工业稳增长调结构增效益的若干意见》（2016 年 2 月）中提出，通过再贷款和宏观审慎评估框架等机制支持绿色金融，推动将企业环境信息纳入征信系统，大力发展能效信贷、合同能源管理未来收益权、排污权、碳排放权抵押贷款等绿色信贷业务，加大对清洁及可再生能源利用等领域的信贷投入。

7.4 生态治理的公众参与机制

《生态文明体制改革总体方案》明确提出，构建以改善环境质量为导向，多方参与的环境治理体系。中国政府积极出台政策、拓展途径，引导公众参与生态文明建设，完善国家治理体系现代化。我国《中华人民共和国宪法》《中华人民共和国行政许可法》《中华人民共和国环境保护法》等明确对环境公众参与做出了规定。联合国环境规划署、世界银行、联合国环境与发展大会，以及多个国家出台的一些文件中，都将公众参与作为环境保护的一项重要原则。公众直接参与环境与环境问题活动，有利于实现公民环境权利，提高决策部门的责任感，防止决策失误，提高国民的环保意识，有利于环保事业的发展。

2002 年开始实施的《中华人民共和国环境影响评价法》明确规定了环境影响评价公众参与的程序、方式以及效力。《环境保护行政许可听证暂行办法》（2004 年 6 月通过）首次对环保领域的公众听证进行专门规定，政府部门在规划和决策过程中需要指定环保部门通过听证会的形式征求专家、相关单位和公众关于环境影响评价报告的意见。《关于推进环境保护公众参与的指导意见》（2014 年 5 月）提出公众参与的源头参与和全过程参与理念，指出公众参与要覆盖环境法规和政策制定、环境决策、环境监督、环境影响评价、环境宣传教育等五大领域，要将公众的环保参与置于制度化、法制化的框架下运行。《环境保护公众参与办法》（2015 年 7 月通过）针对环境保护方面的公众参与专门规定公众参与环境保护的适用范围、参与原则、参与方式、各方主体权利、义务和责任以及配套措施等。2018 年 7 月，生态环境部通过了《环境影响评价公众参与办法》，并于 2019 年起施行，对公众参与责任主体以及信息公开内容、时限、载体等进行优化设计，保障广大人民群众环境保护知情权、参与权、表达权和监督权。此外，各级地方政府也积极探索有效的公共参与模式，出台政策办法，如《北京市环境保护局关于对环保违法行为实行有奖举报的规定（试行）》（2016 年 3 月）、《广州市规章制定公众参与办法》（2006 年 7 月发布，2010 年 10 月第一次修订，2020 年 2 月第二次修订）、《陕西省环境保护公众参与办法（试行）》（2016 年 1 月）、《河北省环境保护公众参与条例》（2014 年 11 月发布）等。

7.4.1 公众参与的一般要求

（1）公开环境信息

建设项目环境影响评价公众参与相关信息应当依法公开，涉及国家秘密、商业秘密、个人隐私的，依法不得公开。法律法规另有规定的，从其规定。生态环境主管部门公开建设项目环境影响评价公众参与相关信息，不得危及国家安全、公共安全、经济安全和社会稳定。

建设单位应当在确定环境影响报告书编制单位后 7 个工作日内，通过其网站、建设项目所在地公共媒体网站或者建设项目所在地相关政府网站（以下统称网络平台），公开下列信息：（一）建设项目名称、选址选线、建设内容等基本情况，改建、扩建、迁建项目应当说明现有工程及其环境保护情况；（二）建设单位名称和联系方式；（三）环境影响报告书编制单位的名称；（四）公众意见表的网络链接；（五）提交公众意见表的方式和途径。在环境影响报告书征求意见稿编制过程中，公众均可向建设单位提出与环境影响评价相关的意见。公众意见表的内容和格式，由生态环境部制定。

建设项目环境影响报告书征求意见稿形成后，建设单位应当公开下列信息，征求与该建设项目环境影响有关的意见：（一）环境影响报告书征求意见稿全文的网络链接及查阅纸质报告书的方式和途径；（二）征求意见的公众范围；（三）公众意见表的网络链接；（四）公众提出意见的方式和途径；（五）公众提出意见的起止时间。建设单位征求公众意见的期限不得少于 10 个工作日。

建设单位向生态环境主管部门报批环境影响报告书前，应当通过网络平台，公开拟报批的环境影响报告书全文和公众参与说明。

生态环境主管部门受理建设项目环境影响报告书后，应当通过其网站或者其他方式向社会公开下列信息：（一）环境影响报告书全文；（二）公众参与说明；（三）公众提出意见的方式和途径。公开期限不得少于 10 个工作日。

生态环境主管部门对环境影响报告书作出审批决定前，应当通过其网站或者其他方式向社会公开下列信息：（一）建设项目名称、建设地点；（二）建设单位名称；（三）环境影响报告书编制单位名称；（四）建设项目概况、主要环境影响和环境保护对策与措施；（五）建设单位开展的公众参与情况；（六）公众提出意见的方式和途径。公开期限不得少于 5 个工作日。生态环境主管部门依照第一款规定公开信息时，应当通过其网站或者其他方式同步告知建设单位和利害关系人享有要求听证的权利。生态环境主管部门召开听证会的，依照环境保护行政许可听证的有关规定执行。

生态环境主管部门应当自作出建设项目环境影响报告书审批决定之日起 7 个工作日内，通过其网站或者其他方式向社会公告审批决定全文，并依法告知提起行政复议和行政诉讼的权利及期限。

建设单位违反本办法规定，在组织环境影响报告书编制过程的公众参与时弄虚作假，致使公众参与说明内容严重失实的，由负责审批环境影响报告书的生态环境主管部门将该建设单位及其法定代表人或主要负责人失信信息记入环境信用记录，向社会公开。

（2）征求公众意见

对环境影响方面公众质疑性意见多的建设项目，建设单位应当按照下列方式组织开展深度公众参与：（一）公众质疑性意见主要集中在环境影响预测结论、环境保护措施或者环境风险防范措施等方面的，建设单位应当组织召开公众座谈会或者听证会。座谈会或者听证会应当邀请在环境方面可能受建设项目影响的公众代表参加。（二）公众质疑性意见主要集中在环境影响评价相关专业技术方法、导则、理论等方面的，建设单位应当组织召开专家论证会。专家论证会应当邀请相关领域专家参加，并邀请在环境方面可能受建设项目影响的公众代表列席。建设单位可以根据实际需要，向建设项目所在地县级以上地方人民政府报告，并请求县级以上地方人民政府加强对公众参与的协调指导。县级以上生态环境主管部门应当在同级人民政府指导下配合做好相关工作。

建设单位应当在公众座谈会、专家论证会结束后 5 个工作日内，根据现场记录，整理座谈会纪要或者专家论证结论，并通过网络平台向社会公开座谈会纪要或者专家论证结论。座谈会纪要和专家论证结论应当如实记载各种意见。

建设单位组织召开听证会的，可以参考环境保护行政许可听证的有关规定执行。

建设单位应当对收到的公众意见进行整理，组织环境影响报告书编制单位或者其他有能力的单位进行专业分析后提出采纳或者不采纳的建议。建设单位应当综合考虑建设项目情况、环境影响报告书编制单位或者其他有能力的单位的建议、技术经济可行性等因素，采纳与建设项目环境影响有关的合理意见，并组织环境影响报告书编制单位根据采纳的意见修改完善环境影响报告书。对未采纳的意见，建设单位应当说明理由。未采纳的意见由提供有效联系方式的公众提出的，建设单位应当通过该联系方式，向其说明未采纳的理由。

在生态环境主管部门受理环境影响报告书后和作出审批决定前的信息公开期间，公民、法人和其他组织可以依照规定的方式、途径和期限，提出对建设项目环境影响报告书审批的意见和建议，举报相关违法行为。生态环境主管部门对收到的举报，应当依照国家有关规定处理。必要时，生态环境主管部门可以通过适当方式向公众反馈意见采纳情况。

公众提出的涉及征地拆迁、财产、就业等与建设项目环境影响评价无关的意见或者诉求，不属于建设项目环境影响评价公众参与的内容。公众可以依法另行向其他有关主管部门反映。

（3）公众参与的组织形式

应当公开的信息，建设单位应当通过下列三种方式同步公开：（一）通过网络平台公开，且持续公开期限不得少于 10 个工作日；（二）通过建设项目所在地公众易于接触的报纸公开，且在征求意见的 10 个工作日内公开信息不得少于 2 次；（三）通过在建设项目所在地公众易于知悉的场所张贴公告的方式公开，且持续公开期限不得少于 10 个工作日。鼓励建设单位通过广播、电视、微信、微博及其他新媒体等多种形式发布本办法第十条规定的信息。

建设单位可以通过发放科普资料、张贴科普海报、举办科普讲座或者通过学校、社区、大众传播媒介等途径，向公众宣传与建设项目环境影响有关的科学知识，加强与公众互动。

公众可以通过信函、传真、电子邮件或者建设单位提供的其他方式，在规定时间内将填写的公众意见表等提交建设单位，反映与建设项目环境影响有关的意见和建议。公众提交意见时，应当提供有效的联系方式。鼓励公众采用实名方式提交意见并提供常住地址。对公众提交的相关个人信息，建设单位不得用于环境影响评价公众参与之外的用途，未经个人信息相关权利人允许不得公开。法律法规另有规定的除外。

建设单位决定组织召开公众座谈会、专家论证会的，应当在会议召开的 10 个工作日前，将会议的时间、地点、主题和可以报名的公众范围、报名办法，通过网络平台和在建设项目所在地公众易于知悉的场所张贴公告等方式向社会公告。建设单位应当综合考虑地域、职业、受教育水平、受建设项目环境影响程度等因素，从报名的公众中选择参加会议或者列席会议的公众代表，并在会议召开的 5 个工作日前通知拟邀请的相关专家，并书面通知被选定的代表。

建设单位组织召开听证会的，可以参考环境保护行政许可听证的有关规定执行。

在生态环境主管部门受理环境影响报告书后和作出审批决定前的信息公开期间，公民、法人和其他组织可以依照规定的方式、途径和期限，提出对建设项目环境影响报告书审批的意见和建议，举报相关违法行为。生态环境主管部门对收到的举报，应当依照国家有关规定处理。必要时，生态环境主管部门可以通过适当方式向公众反馈意见采纳情况。

7.4.2　生态治理公众参与保障体制建设

（1）依靠环境教育提升公众意识

公众参与到环境保护工作和生态文明建设中，不但需要具有积极性和主动性，更需要具有更深层次的环境保护和可持续发展理念的支持。首先，公民需要通过宣传和教育途径掌握一定的生态环境方面的专业知识。在此基础之上，科学理性认识环境与社会经济发展的关系，客观看待历史上曾经出现的极端环境事件，树立正确的资源价值观、环境价值观，培育生态权利意识，自觉地将对生态权利的主张与生态保护行动联系在一起，为参与生态文明建设提供基本的知识保障。

此外，还应该提升公众的生态道德意识和法制意识。人与其他自然界万物，都是生态系统的组成部分，只有真正树立生态道德观，才能形成尊重自然、敬畏其他生命的理念，才能建立尊重生命、保护生态环境的责任感和使命感，做到在生态保护中时时自省，自觉承担起保护自然、恢复生态的责任和义务。

（2）依靠现代宣传手段提供公众参与媒体途径

相关部门应深刻认识做好生态环境宣传和舆论引导工作的重要性，统筹好生态环境正面宣传和舆论监督的关系，利用政务新媒体等方式，为公众参与提供多样化便利途径，包括发布权威信息，听取网民呼声，引导网络舆论，关注和响应公众意见。利用新媒体产品，传播生态环境专业内容，建立公众互动。

（3）完善公众参与的表达机制

继续保持公众参与表达生态权益的政治渠道和公共舆论渠道，诸如人民代表大会制度、人民政治协商会议制度、信访制度等，确保这些渠道的通畅有效，公民的意愿和诉求得以准确有效的表达。完善信访制度，改进信访工作的方式方法，提高对公众生态环保问题反馈的及时性和处理效率。加强公众听证会、利益诉求司法救济、协商对话等方面的制度建设，拓宽公众生态意愿和权益表达渠道。

（4）完善公众参与介入机制

重视调查公众意见。积极采用书面问卷调查、电话问卷调查、入户访谈、互联网公共论坛等形式征求公众对相关内容的看法、意见和建议。选择有代表性的调查对象，科学设计调查内容，确保调查过程公开、透明，严谨使用调查结论。重视咨询专家意见。生态环境问题具有专业性和复杂性特征，相关领域专家能够从科学视角审视生态环境问题和解决方案，因此充分考虑专家学者的意见，尊重生态文明问题的科学属性，有助于提高判断和方案的合理性。依靠听证会、座谈会、论坛、圆桌会议等多种方式，为公众参与提供更多途径。

7.5　生态治理的区域协调机制

7.5.1　建立空间规划体系

编制空间规划。整合目前各部门分头编制的各类空间性规划，编制统一的空间规划，实现规划全覆盖。空间规划是国家空间发展的指南、可持续发展的空间蓝图，是各类开发建设活动的基本依据。空间规划分为国家、省、市县（设区的市空间规划范围为市辖区）三级。研究建立统一规范的空间规划编制机制。鼓励开展省级空间规划试点。编制京津冀空间规划。

推进市县"多规合一"。支持市县推进"多规合一"，统一编制市县空间规划，逐步形成一个市县一个规划、一张蓝图。市县空间规划要统一土地分类标准，根据主体功能定位和省级空间规划要求，划定生产空间、生活空间、生态空间，明确城镇建设区、工业区、农村居民点等的开发边界，以及耕地、林地、草原、河流、湖泊、湿地等的保护边界，加强对城市地下空间的统筹规划。加强对市县"多规合一"试点的指导，研究制定市县空间规划编制指引和技术规范，形成可复制、能推广的经验。

创新市县空间规划编制方法。探索规范化的市县空间规划编制程序，扩大社会参与，增强规划的科学性和透明度。鼓励试点地区进行规划编制部门整合，由一个部门负责市县空间规划的编制，可成立由专业人员和有关方面代表组成的规划评议委员会。规划编制前应当进行资源环境承载能力评价，以评价结果作为规划的基本依据。规划编制过程中应当广泛征求各方面意见，全文公布规划草案，充分听取当地居民意见。规划经评议委员会论证通过后，由当地人民代表大会审议通过，并报上级政府部门备案。规划成果应当包括规划文本和较高精度的规划图，并在网络和其他本地媒体公布。鼓励当地居民对规划执行进行监督，对违反规划的开发建设行为进行举报。当地人民代表大会及其常务委员会定期听取空间规划执行情况报告，对当地政府违反规划行为进行问责。

7.5.2　区域协调治理体系

（1）京津冀协调治理体系

2015年，国家发展改革委、环境保护部联合印发《京津冀协同发展生态环境保护规划》，明确"统筹谋划、整体推进；划定红线、严格标准"等基本原则，提出了京津冀区域生态环境保护与修复的指导思想、主要目标和重点任务，明确京津冀生态环境保护与修复的重大工程，并对重点工程进行年度任务分解，推进重点工程项目实施。

2016 年，财政部、环境保护部、国家发展改革委、水利部四部门联合印发《关于加快建立流域上下游横向生态保护补偿机制的指导意见》，明确流域上下游横向生态保护补偿的指导思想、基本原则和工作目标，就流域上下游补偿基准、补偿方式、补偿标准、建立联防共治机制、签订补偿协议等主要内容提出了具体措施。通过加快建立京津冀地区（海河流域）上下游横向生态保护补偿机制，促进流域水环境质量改善。河北省、天津市积极探索完善引滦入津横向生态保护补偿政策措施，签署《关于引滦入津上下游横向生态补偿协议》（2017 年 6 月）、《关于加强经济与社会发展合作备忘录》（2018 年 11 月）、《关于进一步加强经济与社会发展合作会谈纪要》（2010 年 5 月）等文件，明确资金补偿方案。北京市与河北省张家口市、承德市积极协商，共同建立潮河、白河流域上下游横向生态保护补偿机制。

（2）长三角区域大气协调治理

加快落实国务院《大气污染防治行动计划》（2013 年 9 月发布），针对长三角区域大气治理需求，按照"协商统筹、责任共担、信息共享、联防联控"的协作原则，共同制定了协作机制工作章程，建立会议协商机制、分工协作机制、共享联动机制、科技协作机制、跟踪评估机制，制定共同和区域实施细则，有力推进大气污染联防联控。

按照党中央、国务院有关部署及国家行动计划、目标责任书要求，加强长三角区域大气污染防治整体工作规划要求，长三角各成员单位结合区域实际，在三省一市行动计划和协商共识的基础上，聚焦共同关注的重点领域，突出整合资源、强化合力、联防联控，研究制定《长三角区域落实大气污染防治行动计划实施细则》（2014 年 1 月），制定区域协调治理重点方案，控制煤炭消费总量，大力发展清洁能源，加强产业结构调整，优化空间布局，统筹区域交通发展，防治机动车船污染，实施综合治理，强化污染协同减排，强化政策引逼，加强科技支撑，加强组织领导，强化监督考核，推动区域空气质量共同改善。

（3）推行河长制

2016 年，中共中央办公厅、国务院办公厅印发《关于全面推行河长制的意见》，明确提出在全国范围全面建立河长制。在河长制体系中，设置省、市、县、乡四级河长，省（自治区、直辖市）由党委或政府主要负责同志担任总河长，在所辖行政区域内主要河湖设立由省级负责同志担任的河长，各河湖所在市、县、乡再分级分段设立由同级负责同志担任的河长。各级河长负责组织领导相应河湖的管理和保护工作，包括水资源保护、水域岸线管理、水污染防治、水环境治理等工作。通过河长制，建立责任机制，确保河长负起责任，建立督查机制，形成全覆盖的督查体系。

7.6 生态治理的统一监管机制

7.6.1 国土空间开发保护制度

完善主体功能区制度。统筹国家和省级主体功能区规划，健全基于主体功能区的区域政策，根据城市化地区、农产品主产区、重点生态功能区的不同定位，加快调整完善财政、产业、投资、人口流动、建设用地、资源开发、环境保护等政策。

健全国土空间用途管制制度。简化自上而下的用地指标控制体系，调整按行政区和用地基数分配指标的做法。将开发强度指标分解到各县级行政区，作为约束性指标，控制建设用地总量。将用途管制扩大到所有自然生态空间，划定并严守生态红线，严禁任意改变用途，防止不合理开发建设活动对生态红线的破坏。完善覆盖全部国土空间的监测系统，动态监测国土空间变化。

建立国家公园体制。加强对重要生态系统的保护和永续利用，改革各部门分头设置自然保护区、风景名胜区、文化自然遗产、地质公园、森林公园等的体制，对上述保护地进行功能重组，合理界定国家公园范围。国家公园实行更严格保护，除不损害生态系统的原住民生活生产设施改造和自然观光科研教育旅游外，禁止其他开发建设，保护自然生态和自然文化遗产原真性、完整性。加强对国家公园试点的指导，在试点基础上研究制定建立国家公园体制总体方案。构建保护珍稀野生动植物的长效机制。

完善自然资源监管体制。将分散在各部门的有关用途管制职责，逐步统一到一个部门，统一行使所有国土空间的用途管制职责。

7.6.2 "三线一单"体制建设

"三线一单"是指为了协调中国社会经济发展与生态环境保护之间的矛盾，中国政府提出的设定并严守生态保护红线、环境质量底线、资源利用上线三条底线和环境准入负面清单，通过设置"三线一单"，将各类开发活动限制在资源环境承载能力之内。为了推动"三线一单"工作，国务院、中共中央办公厅、国务院办公厅等部门出台《中共中央 国务院关于加快推进生态文明建设的意见》（2015年4月）、《关于划定并严守生态保护红线的若干意见》（2017年2月）、《关于印发〈省级空间规划试点方案〉的通知》（2017年1月）、《关于建立资源环境承载能力监测预警长效机制的若干意见》（2017年9月）等系列文件。上述文件明确提出，要加快构建生态功能保障基线、环境质量安全底线、自然资源利用上线"三大红线"，编制环境准入负面清单，推动形成绿色发展方式和生活方式。原环境保护部印发《生态保护红线划定指南》（2017年5月）、《生态保护红线划定技术指南》（2015年4月）、《"生态保护红线、环境质量底线、资源利用上线和环境准入负面清单"编制技术指南（试行）》（2017年12月）（以下简称《指南》）等文件，为"三线一单"编制提供技术指南，为各地将"三线一单"工作落实提供技术支持。此外，《指南》还提出，将生态保护红线、环境质量底线、资源利用上线转化为空间布局约束、污染物排放管控、环境风险防控、资源利用效率等要求，编制环境准入负面清单，并将其与主体功能区战略相结合，将行政区域划分为若干环境管控单元，构建环境分区管控体系。

7.6.3 完善资源总量管理和全面节约制度

完善最严格的耕地保护制度和土地节约集约利用制度。完善基本农田保护制度，划定永久基本农田红线，按照面积不减少、质量不下降、用途不改变的要求，将基本农田落地到户、上图入库，实行严格保护，除法律规定的国家重点建设项目选址确实无法避让外，其他任何建设不得占用。加强耕地质量等级评定与监测，强化耕地质量保护与提升建设。完善耕地占补平衡制度，对新增建设用地占用耕地规模实行总量控制，严格实行耕地占一补一、先补后占、占优补优。实施建设用地总量控制和减量化管理，建立节约集约用地激励和约束机制，调整结构，盘活存量，合理安排土地利用年度计划。

完善最严格的水资源管理制度。按照节水优先、空间均衡、系统治理、两手发力的方针，健全用水总量控制制度，保障水安全。加快制定主要江河流域水量分配方案，加强省级统筹，完善省市县三级取用水总量控制指标体系。建立健全节约集约用水机制，促进水资源使用结构调整和优化配置。完善规划和建设项目水资源论证制度。主要运用价格和税收手段，逐步建立农业灌溉用水量控制和定额管理、高耗水工业企业计划用水和定额管理制度。在严重缺水地区建立用水定额准入门槛，严格控制高耗水项目建设。加强水产品产地保护和环境修复，控制水产养殖，构建水生动植物保护机制。完善水功能区监督管理，建立促进非常规水源利用制度。

建立能源消费总量管理和节约制度。坚持节约优先，强化能耗强度控制，健全节能目标责任制和奖励制。进一步完善能源统计制度。健全重点用能单位节能管理制度，探索实行节能自愿承诺机制。完善节能标准体系，及时更新用能产品能效、高耗能行业能耗限额、建筑物能效等标准。合理确定全国能源消费总量目标，并分解落实到省级行政区和重点用能单位。健全节能低碳产品和技术装备推广机制，定期发布技术目录。强化节能评估审查和节能监察。加强对可再生能源发展的扶持，逐步取消对化石能源的普遍性补贴。逐步建立全国碳排放总量控制制度和分解落实机制，建立增加森林、草原、湿地、海洋碳汇的有效机制，加强应对气候变化国际合作。

建立天然林保护制度。将所有天然林纳入保护范围。建立国家用材林储备制度。逐步推进国有林区政企分开，完善以购买服务为主的国有林场公益林管护机制。完善集体林权制度，稳定承包权，拓展经营权能，健全林权抵押贷款和流转制度。

建立草原保护制度。稳定和完善草原承包经营制度，实现草原承包地块、面积、合同、证书"四到户"，规范草原经营权流转。实行基本草原保护制度，确保基本草原面积不减少、质量不下降、用途不改变。健全草原生态保护补奖机制，实施禁牧休牧、划区轮牧和草畜平衡等制度。加强对草原征用使用审核审批的监管，严格控制草原非牧使用。

建立湿地保护制度。将所有湿地纳入保护范围，禁止擅自征用占用国际重要湿地、国家重要湿地和湿地自然保护区。确定各类湿地功能，规范保护利用行为，建立湿地生态修复机制。

建立沙化土地封禁保护制度。将暂不具备治理条件的连片沙化土地划为沙化土地封禁保护区。建立严格保护制度，加强封禁和管护基础设施建设，加强沙化土地治理，增加植被，合理发展沙产业，完善以购买服务为主的管护机制，探索开发与治理结合新机制。

健全海洋资源开发保护制度。实施海洋主体功能区制度，确定近海海域海岛主体功能，引导、控制和规范各类用海用岛行为。实行围填海总量控制制度，对围填海面积实行约束性指标管理。建立自然岸线保有率控制制度。完善海洋渔业资源总量管理制度，严格执行休渔禁渔制度，推行近海捕捞限额管理，控制近海和滩涂养殖规模。健全海洋督察制度。

健全矿产资源开发利用管理制度。建立矿产资源开发利用水平调查评估制度，加强矿产资源查明登记和有偿计时占用登记管理。建立矿产资源集约开发机制，提高矿区企业集中度，鼓励规模化开发。完善重要矿产资源开采回采率、选矿回收率、综合利用率等国家标准。健全鼓励提高矿产资源利用水平的经济政策。建立矿山企业高效和综合利用信息公示制度，建立矿业权人"黑名单"制度。完善重要矿产资源回收利用的产业化扶持机制。完善矿山地质环境保护和土地复垦制度。

完善资源循环利用制度。建立健全资源产出率统计体系。实行生产者责任延伸制度，推动生产者落实废弃产品回收处理等责任。建立种养业废弃物资源化利用制度，实现种养业有机结合、循环发展。加快建立垃圾强制分类制度。制定再生资源回收目录，对复合包装物、电池、农膜等低值废弃物实行强制回收。加快制定资源分类回收利用标准。建立资源再生产品和原料推广使用制度，相关原材料消耗企业要使用一定比例的资源再生产品。完善限制一次性用品使用制度。落实并完善资源综合利用和促进循环经济发展的税收政策。制定循环经济技术目录，实行政府优先采购、贷款贴息等政策。

7.6.4　健全资源有偿使用和生态补偿制度

加快自然资源及其产品价格改革。按照成本、收益相统一的原则，充分考虑社会可承受能力，建立自然资源开发使用成本评估机制，将资源所有者权益和生态环境损害等纳入自然资源及其产品价格形成机制。加强对自然垄断环节的价格监管，建立定价成本监审制度和价格调整机制，完善价格决策程序和信息公开制度。推进农业水价综合改革，全面实行非居民用水超计划、超定额累进加价制度，全面推行城镇居民用水阶梯价格制度。

完善土地有偿使用制度。扩大国有土地有偿使用范围，扩大招拍挂出让比例，减少非公益性用地划拨，国有土地出让收支纳入预算管理。改革完善工业用地供应方式，探索实行弹性出让年限以及长期租赁、先租后让、租让结合供应。完善地价形成机制和评估制度，健全土地等级价体系，理顺与土地相关的出让金、租金和税费关系。建立有效调节工业用地和居住用地合理比价机制，提高工业用地出让地价水平，降低工业用地比例。探索通过土地承包经营、出租等方式，健全国有农用地有偿使用制度。

完善矿产资源有偿使用制度。完善矿业权出让制度，建立符合市场经济要求和矿业规律的探矿权采矿权出让方式，原则上实行市场化出让，国有矿产资源出让收支纳入预算管理。理清有偿取得、占用和开采中所有者、投资者、使用者的产权关系，研究建立矿产资源国家权益金制度。调整探矿权采矿权使用费标准、矿产资源最低勘查投入标准。推进实现全国统一的矿业权交易平台建设，加大矿业权出让转让信息公开力度。

完善海域海岛有偿使用制度。建立海域、无居民海岛使用金征收标准调整机制。建立健全海域、无居民海岛使用权招拍挂出让制度。

加快资源环境税费改革。理顺自然资源及其产品税费关系，明确各自功能，合理确定税收调控范围。加快推进资源税从价计征改革，逐步将资源税扩展到占用各种自然生态空间，在华北部分地区开展地下水征收资源税改革试点。加快推进环境保护税立法。

完善生态补偿机制。探索建立多元化补偿机制，逐步增加对重点生态功能区转移支付，完善生态保护成效与资金分配挂钩的激励约束机制。制定横向生态补偿机制办法，以地方补偿为主，中央财政给予支持。鼓励各地区开展生态补偿试点，继续推进新安江水环境补偿试点，推动在京津冀水源涵养区、广西广东九洲江、福建广东汀江—韩江等开展跨地区生态补偿试点，在长江流域水环境敏感地区探索开展流域生态补偿试点。

完善生态保护修复资金使用机制。按照山水林田湖系统治理的要求，完善相关资金使用管理办法，整合现有政策和渠道，在深入推进国土江河综合整治的同时，更多用于青藏高原生态屏障、黄土高原—川滇生态屏障、东北森林带、北方防沙带、南方丘陵山地带等国家生态安全屏障的保护修复。

建立耕地草原河湖休养生息制度。编制耕地、草原、河湖休养生息规划，调整严重污染和地下水严重超采地区的耕地用途，逐步将 25 度以上不适宜耕种且有损生态的陡坡地退出基本农田。建立巩固退耕还林还草、退牧还草成果长效机制。开展退田还湖还湿试点，推进长株潭地区土壤重金属污染修复试点、华北地区地下水超采综合治理试点。

7.6.5　完善生态文明绩效评价考核和责任追究制度

建立生态文明目标体系。研究制定可操作、可视化的绿色发展指标体系。制定生态文明建设目标评价考核办法，把资源消耗、环境损害、生态效益纳入经济社会发展评价体系。根据不同区域主体功能定位，实行差异化绩效评价考核。

建立资源环境承载能力监测预警机制。研究制定资源环境承载能力监测预警指标体系和技术方法，建立资源环境监测预警数据库和信息技术平台，定期编制资源环境承载能力监测预警报告，对资源消耗和环境容量超过或接近承载能力的地区，实行预警提醒和限制性措施。

探索编制自然资源资产负债表。制定自然资源资产负债表编制指南，构建水资源、土地资源、森林资源等的资产和负债核算方法，建立实物量核算账户，明确分类标准和统计规范，定期评估自然资源资产变化状况。在市县层面开展自然资源资产负债表编制试点，核算主要自然资源实物量账户并公布核算结果。

对领导干部实行自然资源资产离任审计。在编制自然资源资产负债表和合理考虑客观自然因素基础上，积极探索领导干部自然资源资产离任审计的目标、内容、方法和评价指标体系。以领导干部任期内辖区自然资源资产变化状况为基础，通过审计，客观评价领导干部履行自然资源资产管理责任情况，依法界定领导干部应当承担的责任，加强审计结果运用。在内蒙古呼伦贝尔市、浙江湖州市、湖南娄底市、贵州赤水市、陕西延安市开展自然资源资产负债表编制试点和领导干部自然资源资产离任审计试点。

建立生态环境损害责任终身追究制。实行地方党委和政府领导成员生态文明建设一岗双责制。以自然资源资产离任审计结果和生态环境损害情况为依据，明确对地方党委和政府领导班子主要负责人、有关领导人员、部门负责人的追责情形和认定程序。区分情节轻重，对造成生态环境损害的，予以诫勉、责令公开道歉、组织处理或党纪政纪处分，对构成犯罪的依法追究刑事责任。对领导干部离任后出现重大生态环境损害并认定其需要承担责任的，实行终身追责。建立国家环境保护督察制度。

本章重要知识点

（1）生态文明建设与生态治理的关系：推进生态文明建设，要求整体系统观指导下的生态治理理念，即将环境作为一个有机整体，根据当地的自然条件，着眼于污染物的产生、迁移转化和处理处置整个生命周期过程的各个环节，采取法律、行政、经济和技术相结合的综合措施，最大限度地合理利用资源，减少污染物的产生和排放，将经济活动的资源、环境、生态影响限定在生态承载力之内。

（2）生态治理的政府主导责任：在环境治理中，我国政府发挥主导作用。为了推动生态治理，我国政府积极推动政府机构改革，加强法律体系建设，创新环境治理机制与管理模式，提高环境治理效率，确保环境治理体系及其各个要素始终处于良性运行和协调发展的状态。

（3）控制污染物排放许可制：环境保护部门向企事业单位核发排污许可证，作为生产运营期排污行为的唯一行政许可，并明确其排污行为依法应当遵守的环境管理要求和承担的法律责任义务。企事业单位依法申领排污许可证，按证排污，自证守法，按照所在地改善环境质量和保障环境安全的要求承担相应的污染治理责任，多排放多担责、少排放可获益。

（4）公众参与的组织形式：通过网络、报纸、大众媒介方式向公众宣传，利用邮件等方式调查公众意见和咨询专家意见，举办座谈会、论证会和听证会。

（5）建立空间规划体系：空间规划是国家空间发展的指南、可持续发展的空间蓝图，是各类开发建设活动的基本依据。空间规划分为国家、省、市县（设区的市空间规划范围为市辖区）三级。

（6）建立污染防治区域联动机制：完善京津冀、长三角、珠三角等重点区域大气污染防治联防联控协作机制，其他地方要结合地理特征、污染程度、城市空间分布以及污染物输送规律，建立区域协作机制。

（7）健全国土空间用途管制制度：简化自上而下的用地指标控制体系，调整按行政区和用地基数分配指标的做法。将开发强度指标分解到各县级行政区，作为约束性指标，控制建设用地总量。将用途管制扩大到所有自然生态空间，划定并严守生态红线，严禁任意改变用途，防止不合理开发建设活动对生态红线的破坏。完善覆盖全部国土空间的监测系统，动态监测国土空间变化。

（8）"三线一单"制度："三线一单"是指为了协调中国社会经济发展与生态环境保护之间的矛盾，中国政府提出的设定并严守生态保护红线、环境质量底线、资源利用上线三条底线和环境准入负面清单，通过设置"三线一单"，将各类开发活动限制在资源环境承载能力之内。

（9）生态文明绩效评价考核制度：建立生态文明目标体系。研究制定可操作、可视化的绿色发展指标体系。制定生态文明建设目标评价考核办法，把资源消耗、环境损害、生态效益纳入经济社会发展评价体系。根据不同区域主体功能定位，实行差异化绩效评价考核。

（10）建立生态环境损害责任终身追究制：实行地方党委和政府领导成员生态文明建设一岗双责制。以自然资源资产离任审计结果和生态环境损害情况为依据，明确对地方党委和政府领导班子主要负责人、有关领导人员、部门负责人的追责情形和认定程序。区分情节轻重，对造成生态环境损害的，予以诫勉、责令公开道歉、组织处理或党纪政纪处分，对构成犯罪的依法追究刑事责任。对领导干部离任后出现重大生态环境损害并认定其需要承担责任的，实行终身追责。

思考题

（1）试述生态治理的多元共治体系。

（2）生态治理中政府应该承担什么样的职责？如何落实？

（3）为什么将排污许可制作为生态治理中落实企业主体责任的核心内容之一？

（4）请思考为什么生态治理中企业承担主体责任。

（5）请思考：作为公众，如果请你参与生态治理，你打算发挥什么作用，需要什么信息支持？或者你觉得有哪些挑战急需解决以保证公众参与的有效性？

（6）试述"三线一单"的内容和意义。

（7）为什么要进行国土空间开发保护？

（8）你了解生态补偿制度吗？能否举一个你了解的实例？

（9）试论述相对于你所了解的传统的考核制度，生态文明绩效评价考核制度有什么不同。

参考文献

［1］ 王尔德.新时代生态环境管理体制改革和完善治理体系的路线图：专访中国科学院科技战略咨询研究院副院长王毅［J］.中国环境管理，2017（6）：20-22.

［2］ 罗会钧，许名健.习近平生态观的四个基本维度及当代意蕴［J］.中南林业科技大学学报（社会科学版），2018，12（2）：1-5.

［3］ 王名，邢宇宙.多元共治视角下我国环境治理体制重构探析［J］.思想战线，2016，42（4）：158-162.

［4］ 窦欣童.论政府环境保护目标责任制和考核评价制度［D］.长春：吉林大学，2017.

［5］ 环境保护部，中国科学院.全国生态功能区划（修编版）.2015.

［6］ 铁燕.中国环境管理体制改革研究［D］.武汉：武汉大学，2010.

［7］ 齐珊娜.中国环境管理的发展规律及其改革策略研究［D］.天津：南开大学，2012.

［8］ 严平艳.我国政府环境责任问责制度研究［D］.重庆：重庆大学，2013.

［9］ 朱国华.我国环境治理中的政府环境责任研究［D］.南昌：南昌大学，2016.

［10］ 吕怡然.我国环境保护政府责任研究［D］.沈阳：辽宁大学，2014.

［11］ 史越.跨域治理视角下的中国式流域治理模式分析［D］.济南：山东大学，2014.

［12］ 王兆平.环境公众参与权的法律保障机制研究：以《奥胡斯公约》为中心［D］.武汉：武汉大学，2011.

［13］ 覃西藩.地方政府环境责任论：以融水县融江水质调查为例［D］.南宁：广西大学，2012.

［14］ 卫益锋.《环境保护法》中政府环境责任问题研究［D］.重庆：西南大学，2014.

第八章 生态文明——生态经济解析

　　生态经济是实现经济发展与环境保护、物质文明与精神文明、自然与社会和谐发展高度统一的经济，是生态文明建设的应有之义，建立在生态文明基础上的经济发展才更容易实现人与自然、社会的协调发展。本章从生态经济概念和特征入手，按照绿色发展、循环发展、低碳发展的生态经济发展理念，从绿色 GDP 核算与制度建设、产业生态化内涵与发展的实施路径、生态产业规划管理以及绿色供应链体系建设等几个方面，系统介绍了生态经济的实施路径。生态经济体制的建设为生态经济的实施提供了保障，确保生态经济得以顺利实施，全方位、多角度地促进生态经济落地，是推动生态文明建设的关键一环，是实现经济发展与环境保护双赢的重要保证。

本章知识体系示意图

8.1　生态经济概念内涵与特征

生态经济是指不超过生态系统的自净和承受能力，通过运用生态经济学原理和系统工程的方法改变生产和消费的方式，在保证经济增长的同时，按照生态发展规律构建经济发展体系，发展环保产业，以降低生态破坏，加强环境保护。生态经济在重视资源有限性的基础上，提出以绿色经济发展取代单纯的经济增长，并开始重视生态环境的承载能力及其与经济增长的关系。

实现生态经济需要构建完整的生态经济系统，其主要包括以下三个部分：生态系统、经济系统和技术系统（图8-1）。其中，生态系统是实现生态经济的基础，人类的生产、再生产活动都离不开生态系统，以生态系统提供的能源和资源为依托，生态经济的理念要求发展经济以保护生态系统完整性为前提；经济系统是主体构成，实现经济发展是人类生产活动的最终目的，构建完整的经济系统以推动经济的发展，是促进社会进步的中心；技术系统是实现生态经济的桥梁和纽带，利用现代科学技术，将生态系统和经济系统有机结合，只有不断优化技术系统，才能达到生态环境和经济发展的平衡。

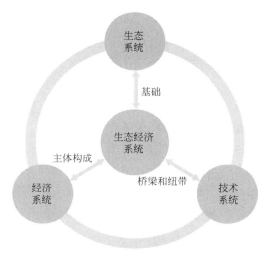

图 8-1　生态经济系统

生态经济有如下特征：

（1）持续性。生态经济的持续性是指要实现时间和空间上的均衡发展。在开展经济活动时，不仅要考虑到目前获得的收益，还应该考虑对后代造成的影响。要合理使用资源，不过度开发资源；要实现资源的可持续发展，在满足人类目前需求的同时，又不损害后代人满足其需求的能力；要符合经济效益和环境效益、社会效益相结合。

（2）协作性。在开展人类活动时，应当考虑生态系统和经济系统的协调性，实现其和谐发展，才能实现生态平衡和经济发展的共赢。生态系统和经济系统相互独立而又相互联系，协调发展是构建体系的先决条件。只有两者相联系，不断进行交换活动，实现耦合，才能保证两者的均衡发展。

（3）高效性。发展生态经济的主要途径是以创新科技作为支撑，发展"低耗、高效"的资源利用方式和产业，实现资源的高效利用，维持生态系统的平衡，促进经济的发展。所以，改善产业结构、促进产业优化升级是现代社会的必然趋势。合理高效地利用资源，才能实现人与自然和谐发展。

8.2 绿色循环低碳发展理念

8.2.1 绿色发展理念

绿色发展理念是指要以人与自然和谐为价值取向，以生态文明建设为基本抓手来实现人与自然和谐发展。绿色发展的核心是推进经济发展与自然生态环境和谐相处，强调尊重自然、顺应自然、保护自然。

绿色发展在当前新的时代背景下，已经上升为与"创新、协调、开放、共享"并列的发展理念，是今后我国经济社会发展的重要方向。然而，我国还处于快速的工业化、城镇化进程之中，这一现状使得推进绿色发展会面临更加繁重、复杂的任务。因此，建设系统的制度体系，并将其贯彻到经济社会发展的全过程、各方面，才能够实现绿色发展。

加强生态文明建设，实现绿色发展可以从以下三个方面进行。

第一，提高公众的绿色发展意识，倡导绿色生活方式。公众作为社会的主体，首先应该积极践行健康绿色的生活方式，在衣食住行游等方面能够选择有利于环境的活动。个体要文明健康、勤俭节约、低碳出行。其次，倡导绿色的消费观念，使用健康环保的生活用品。此外，还要养成理性的消费习惯，为我国的环保事业贡献力量。

第二，完善绿色的治理体系。政府作为体系的管理者和实施者，要制定严格的生态保护制度，推动绿色发展和生态文明建设，改善管辖区域的环境质量，保证生态文明建设有制可循。还可以建立相关的绿色政绩考核机制，拟定绿色发展方面的奖励和考核制度，如可以将管辖区域生态环境质量、资源利用效率等因素加入考核的条件中，逐渐建立完善的绿色考核体系。

第三，倡导绿色经济生产，转变企业经济增长模式。调整企业的产业结构，对传统的生产方式进行改造，使用新能源、高效率的设备取代传统的高消耗、高污染、低效率的运行设备。在生产过程中，充分保证生产方式的绿色化，坚持企业绿色化进程的建设，实现低碳发展，最终实现生态文明建设的任务。

8.2.2 循环发展理念

循环发展理念是指将自然界的物质循环流动的客观规律引入人类经济社会系统。其目标是实现从末端治理到源头控制的转变，在经济流程中尽可能减少资源投入，并且系统地避免和减少废物，其特征是低开采、高利用、低排放。这是人与自然复合生态系统资源供给能力有限的必然要求。循环经济具体内容包括技术手段、资源利用、市场领域、产业发展以及园区建设等五个方面，如图8-2所示。

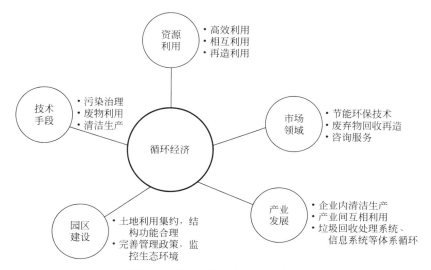

图 8-2 循环经济理念框架示意图

自 2005 年国务院颁发《关于加快发展循环经济的若干意见》起，循环经济不但作为一种发展理念和工作任务，进入了国家和地方的社会经济规划及相关专项规划，而且，在企业、园区和区域三个层面，也培育了一大批示范试点，形成了具有中国特色的微观层面清洁生产、中观层面产业共生、宏观层面社会大循环的区域循环发展模式。

我国在《循环发展引领行动》中从构建企业、园区和产业的循环体系，完善城市循环资源化利用，推进循环经济示范城市建设，强化循环经济标准和认证制度，实施循环经济专项活动和完善循环经济保障制度等多个方面确定实现循环经济的具体行动。从生态文明建设角度看，推进循环发展是促进我国经济社会健康、持续发展最重要的手段之一，循环发展今后也将持续成为经济社会转型升级的重要抓手、推进国家治理能力现代化的重要领域、实现绿色发展的必由之路。

8.2.3 低碳发展理念

低碳发展是在国际可持续发展理论基础上建立起来的。随着人类对生态环境的认识进一步加深，可持续发展也由最初的生态环境治理，逐渐发展到绿色经济和低碳经济。低碳发展不仅包括传统的局部环境问题，还包括区域性问题和全球性问题。当前，各个国家都在为实现可持续发展而努力。党的十九大报告中指出，加快建立绿色生产和消费的法律制度和政策导向，建立健全绿色低碳循环发展的经济体系。

低碳发展不但能够提升绿色发展水平，也是国家推进生态文明建设的实际需要。中国作为一个负责任的发展中国家，在 2014 年的《中美气候变化联合声明》中明确提出，中国碳排放将不晚于 2030 年达到峰值，非化石能源在 2020 年占比将达到 20%。在 2015 年，我国作为《联合国气候变化框架公约》缔约方宣布"中国国家自主贡献"目标。根据文件，到 2030 年，中国单位国内生产总值二氧化碳排放比 2005 年下降 60%~65%。

近年来，中国环境问题、气候危害问题日益显现，以往不可持续的发展模式背后潜伏着巨大的危机。发展低碳经济，开发利用新能源的关键技术，在实现减排目标的同时，转变发展模式，实现人与自然的和谐发展成为当务之急。中国要想实现经济的持续、健康、快速发展，建设资源节约型、环境友好型社会就必须要发展低碳经济，其中最重要的就是掌握低碳技术，调整能源消费结构，实现产业结构的优化升级。第一，大力发展低碳技术。通过投入更多人力物力财力等加强低碳技术的科学研究，还可以通过国际合作引进国外先进的理论和技术。第二，调整能源消费结构。在能源消费使用中，可以采用新能源代替煤、石油，减少碳排放量。还应该大力推广太阳能、核能、水电等新能源代替这些化石燃料。第三，优化产业结构。第三产业发展水平已成为衡量一个国家产业发展水平的重要标准之一。为此需要调整产业结构，大力发展第三产业，实现产业结构的优化升级。

8.3 绿色 GDP 核算

8.3.1 绿色 GDP 与绿色 GDP 核算

"绿色 GDP"是"绿色国民经济核算"的简称。绿色 GDP 是从人类生产活动的角度出发，在可持续发展理念的指引下，综合考虑经济、自然资源和生态环境成本等因素，衡量一个国家或者地区生产活动的最终成果。在国际上，"绿色 GDP"又被称为"综合环境与经济核算"。原国家环保总局和国家统计局联合发布了《中国绿色国民经济核算研究报告 2004》。报告提出，绿色国民经济核算（简称绿色 GDP）是从传统 GDP 中扣除自然资源耗减成本和环境退化成本的核算体系，它可以真实地衡量经济发展成果。

中国绿色 GDP 核算框架分为自然资源耗减成本核算和环境退化成本核算两部分，原国家环保总局和国家统计局在 2004 年的全国绿色 GDP 核算报告中采用的核算公式是：绿色国民经济核算＝传统 GDP－自然资源耗减成本－环境退化成本。其中自然资源耗减成本核算具体包括耕地资源、矿物资源、森林资源、水资源、渔业资源等五大类，环境退化成本包括环境污染损失和生态系统破坏损失。环境污染损失具体包括水污染、大气污染和固体污染等三大类。中国绿色 GDP 核算体系框架如图 8-3 所示。

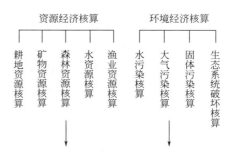

绿色GDP ＝ 传统GDP － 自然资源耗减成本 － 环境退化成本

图 8-3 中国绿色 GDP 核算体系框架

基于上述核算体系框架，绿色国民经济核算内容主要包括以下三个部分。一是环境实物量核算。运用实物单位建立不同层次的实物量账户，描述与经济活动对应的各类污染物的产生量、去除量（处理量）、排放量等，具体分为水污染、大气污染和固体废物实物量核算。二是环境价值量核算。在实物量核算的基础上，运用治理成本法和污染损失法两种方法计算各种污染排放造成的虚拟治理成本和环境退化成本。虚拟治理成本是指目前排放到环境中的污染物按照现行的治理技术和水平全部治理所需的支出。环境退化成本是指环境污染所带来的各种损害，如对农产品产量、人体健康、生态服务功能等的损害。三是经环境污染调整的 GDP 核算。在各个污染介质的价值量核算基础上，对整个环境污染损失进行价值量汇总核算，核算出经济增长中存在的资源环境成本，再采用生产法对 GDP 进行"绿色"调整，从而得出当年的"绿色 GDP"指数。

"中国绿色 GDP 核算研究"项目的核算内容如图 8-4 所示。

图 8-4 "中国绿色 GDP 核算研究"项目的核算内容

传统 GDP 核算虽然反映了经济活动为社会创造财富的正面效应，但没有客观反映经济活动所需的自然资本和环境成本等负面效应。与之相比，绿色 GDP 可用于衡量反映自然和生态环境成本的经济总体生产活动的最终成果。随着党和政府对生态文明建设的重视和推动，自然资源利用与生态环境保护相关内容也逐步在国民经济活动统计中得到更多关注。

8.3.2 绿色 GDP 核算制度

（1）解决绿色 GDP 核算技术难题。首先，搭建跨学科、跨部门的核算机构，是绿色 GDP 统计核算的保证。绿色 GDP 的核算是一项综合性很强的工作，并且核算技术相对比较复杂，涉及众多学科。因此，在推动绿色 GDP 核算过程中，在组织形式上搭建一个充分沟通交流的工作平台，保障各部门、机构、单位的协调配合至关重要。其次，在充分借鉴国际绿色国民经济核算经验的基础上，要建立适合我国生态文明发展的绿色 GDP 统计核算框架和方法。最后，依据能够持续推动我国生态文明建设的基本目标，有序选择适宜的核算对象和核算内容。

（2）建立自然资源和生态环境资本统计指标体系，充分反映支撑经济活动的自然资源和生态环境的存量和流量。第一，指标体系应该覆盖反映自然资源消耗的统计指标，对自然资源的存量和流量进行分别核算。第二，指标体系应该覆盖反映生态环境质量的统计指标。第三，指标体系应该覆盖反映环境污染排放水平的统计指标，可以包括环境监测、环境污染防治及环境污染造成的经济损失。

（3）制定绿色 GDP 核算的试点政策。按照从点到面、从小到大、从易到难的原则，逐步开展绿色 GDP 统计核算工作。通过在试点地区开展试点工作，积累绿色 GDP 核算经验，完善绿色 GDP 核算理论框架，为在全国范围内开展绿色国民经济核算工作提供支撑。

（4）完善绿色 GDP 核算的制度安排。推动绿色 GDP 的相关法律法规条例的制定工作，逐步使我国的绿色 GDP 核算工作规范化、法制化。同时，建立绿色 GDP 核算指标的部门分工方案，将绿色 GDP 的核算指标任务分配到各部门。与此同时，逐步建立绿色 GDP 的奖惩机制，对隐瞒事实、制造虚假信息，给核算造成障碍的行为，予以严惩。

（5）建立绿色 GDP 核算公众参与机制。加强对公众的绿色教育，发展绿色理念；建立各个机构部门、企业、民间组织数据共享平台，疏通信息渠道，提升民间组织、企业、公众关于绿色 GDP 核算的参与意识和参与能力；认真收集和了解公众对绿色 GDP 核算的相关意见评价，建立完善绿色 GDP 核算系统。向公众定期发布核算报告。

8.4 产业生态化

8.4.1 产业生态化的内涵

产业生态化，就是以生态化理念推进产业的发展，遵循生态学原理和经济规律来指导产业实践，使产业资源优化配置、产业结构合理构建、产业组织关联共生、产业生产低碳循环，以实现产业健康、协调、可持续发展的过程。产业生态化是以生态化理念推进产业发展的结果，其核心是把产业系统视为一个由产业个体、产业种群、产业群落及其环境构成的具有特定功能的复杂人工生态系统，系统内部各要素相互关联、互促互利，动态地呈现出协调共生与竞争发展的状态，同时产业系统又与自然环境、社会环境之间形成一种相互影响、相互制约、协同进化的生态关系。

可以从以下几个方面对产业生态化概念做出界定。

第一，产业生态化是以产业生态学为理论指导的新型产业发展模式。产业生态学是研究产业系统与自然生态系统之间相互关系的学科。产业生态化的提出是为了实现产业经济发展与环境保护和资源可持续利用发展之间的平衡。因此，产业生态学为实现产业生态化提供了有效的理论依据和指导。另外，产业生态化在产业领域内倡导新的经济规范和行为准则，其目的是实现产业的可持续发展，促进人与自然的协调与和谐。因此，产业生态化是人类社会继工业化发展以来的全新的产业发展道路，同时也是产业发展的新型模式。

第二，产业生态化的核心是产业系统的生态化，是模仿自然生态系统来构造出产业生态系统。即把一个产业、一个行业或整个企业看作一个系统，应用生态系统中物种共生、物质循环再生的原理，利用现代科技和系统工程的方法，通过一系列工艺链与生态链的连接和组合，采用系统工程的最优化方法，设计出多层次利用物质的生产工艺系统。

第三，产业生态化的目标是促进产业与环境的协调发展。产业生态化在促进自然界良性循环的前提下，通过合理开发利用区域生态系统的环境和资源，使资源在系统内得到循环利用，充分发挥出物质的最大生产潜力，从而减少废物的产生，使产业发展对环境的污染和破坏降低到尽可能低的程度，最终实现产业与环境的协调发展。

第四，产业生态化是一个动态变化的过程。产业生态系统的构建本身有一个不断完善的过程，所以，如同工业化发展的道路一样，产业的生态化发展也具有一个从低级到高级的不断变化发展的演进过程。

产业生态化发展正是通过协调产业系统内部产业个体、产业种群、产业群落之间以及整个产业系统与外界环境之间的共生与发展，利用生态调节机制来提高产业系统整体功能，着力于解决产业生态系统演化中的矛盾和失衡，从而推动产业的可持续发展。

8.4.2 产业生态化发展的实现路径

产业生态化最终实现的关键在于建立起一个结构合理、层次多样、功能完善的，能促进物质和能量在自然-经济大系统内高效循环和流动的功能体系和物质载体。这个功能体系和物质载体就是产业生态系统，产业生态系统是把人类的产业活动纳入包括人类社会在内的整个自然生态大系统的生产活动中，把人类的物质和能量转换过程置于自然生态系统物质能量的总交换过程中，通过对人类生产系统（产业系统）与自然生产系统结构和功能上的整合，使物质和能量能够以环境友好的方式，在社会-环境大系统内部不同层次的系统之内和系统之间，不断地被循环和高效利用。

产业生态化的核心是构造出一个合理的产业生态系统。构造合理的产业生态系统可以从以下三个路径来考虑：第一，在产业系统内部要实现产业活动与自然生态环境的高度统一。资源的充分有效利用、环境保护及污染治理的思想贯穿产业活动的全过程，使宏观经济活动和微观经济活动限定在自然生态系统的承载力之内。发展生态农业、生态工业等生态产业，构造出一种循环利用资源的、合理的产业生态系统。第二，在外部的制度建设方面，要有效地应用法律和经济手段，使生产的外部效应内在化，将环境成本纳入各项经济分析和决策过程中，并促使产业和企业的生产活动向减少环境负荷的方向转变。第三，在生产技术和工艺方面，要大力推广资源节约型和环境友好型的生产工艺和技术，以不断降低物质消耗和污染排放为目标，通过面向环境的技术创新来推进产业生态化。

为了实现传统产业体系向生态产业体系的转变，需要对现有产业体系重新设计和安排以满足提升产业生态效率的标准。要进行原料、产品和布局结构优化，实现原料和产品结构、布局的战略性调整；要应用现代技术改造产业，提高产业自动化、智能化和非物质化水平；要加大产业技术改造和设备更新力度，推动企业实施绿色供应链管理和清洁生产，降低污染排放；同时，全面推进清洁生产工艺，实现废物资源化，严格控制污染。改造传统产业，建立生态产业的过程如图 8-5 所示。

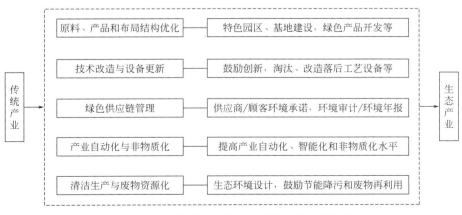

图 8-5 改造传统产业建立生态产业的过程示意

8.5　生态产业规划管理

对规划和管理的内涵进行系统梳理是科学界定生态产业规划管理研究范畴的基础工作，也是对生态产业规划与管理的发展变化趋势进行深入探讨的内在要求。

8.5.1　生态产业规划管理的内涵

生态产业规划管理包括生态产业规划和生态产业管理两方面内容。

生态产业规划介于物质空间规划和产业发展规划之间。物质空间规划主要包括城市规划和土地利用规划，近年来，随着生态环境问题日益严重，物质空间规划逐渐将"生态环境"纳入规划范畴，从而产生了通常所说的"生态环境规划"。生态产业规划的含义是国家通过行政命令和产业调控政策，优化包括环境资源在内的资源，推动生态产业进程、培育生态产业市场、提升国家生态环境软实力所制定的规划。生态产业规划往往兼备产业发展规划的特征。生态产业管理是指由各利益相关者参与运作，以产业生态化为综合管理目标，对生态产业中涉及的生产要素，以及物质、能量进行整体性、高效率的调控。它是对生产、流通、消费、服务的全过程所涉的物质流、能量流的优化方式。

按照对产业的划分方式，结合国内外生态产业的发展情况，可将生态产业规划管理进一步划分成生态工业园区规划管理、生态农业园区规划管理、生态服务业园区规划管理以及复合生态园区规划管理等类型。

8.5.2　国外生态产业规划管理发展历程分析

国外生态产业规划管理的发展历程主要以西方发达国家为线索展开分析，主要包括日本推动以静脉产业为规划管理特征的生态工业园区建设、美国实行生态化改造型和全新规划型建设并举、德国实施重工业基地的生态化改造和英国推进国家层面的工业生态共生。

（1）日本——静脉产业为规划管理特征的生态工业园区

从 20 世纪 90 年代开始，日本在全国开展以静脉产业为主的生态工业园区规划建设。1997 年，日本政府首先选择经过多年实践效果良好的静脉产业类园区作为推进生态工业园区工作的切入点进行规划和建设。日本生态工业园区经过 20 多年的发展，园区建设已基本成熟，处于世界领先水平。日本建设生态工业园区在规划、管理中的主要特点包括以下内容。

① 将静脉产业作为生态产业规划和建设的核心内容。绝大部分生态工业园区都以推动再生资源产业的发展作为关键，围绕再生资源产业的发展建设相关基础设施，废弃物的资源化利用方式多达几十种。

② 再生法有关规定的支持，使日本生态工业园区的废弃物再生利用产业得以有序、规范地发展。目前，生态工业园区内利用的废弃物大部分属于再生法规定的范畴。

③ 园区内专门规划出实验研究区域，官、产、学、研共同研究再生资源收运体系、废弃物无害化处理技术、资源化利用技术和环境复合污染控制技术，为企业开展废弃物再生、

循环利用提供了政策保障和技术支持。

④ 生态工业园区规划建设均以废弃物资源化利用为重点，但各园区所利用的废弃物类型存在差异，有各自的主导产业方向。此外，同一类型的废弃物资源化利用也会在不同的生态工业园区以不同的模式实施。

⑤ 生态工业园区是一个多功能载体，除规划的常规产业活动外，还是地区资源节约、环境保护的宣传推广窗口。

⑥ 日本生态工业园区建设的管理模式主要表现为生态工业园区规划建设以地方自治体为主体，国家和地方政府共同负责运行和管理，企业、科研机构、政府部门积极参与，形成了官产学研一体化的园区管理和运作模式。

（2）美国——生态化改造型和全新规划型建设并举

自 20 世纪 70 年代起，美国环境保护署首先在美国提出生态工业园区概念，主要涉及新能源开发、废弃物资源化处理、清洁生产等领域。从 1993 年开始，"生态工业园区特别工作组"成立，隶属于总统可持续发展委员会，负责规划建设生态工业园区。截至 2006 年底，经认定的生态工业园区近 20 个。

① 改造型的 Chattanooga 生态工业园区。田纳西州小城 Chattanooga 是美国的制造业中心，曾以污染严重闻名。通过推行企业最小化排放，不仅减少了污染，还带动了以工业废弃物再生利用为核心的再生资源产业发展，在老工业园区培育出新的产业发展空间，其中以杜邦公司的尼龙线头回收为成功案例。目前，原来的钢铁铸造车间已成为利用太阳能处理废水的生态车间，周边还配套利用废水的肥皂厂和以肥皂厂副产品为原料的工厂。该革新方式对老工业企业密集的老工业区生态化改造有较好的借鉴意义。

② 全新规划型的 Choctaw 生态工业园区。位于美国俄克拉何马州的 Choctaw 园区以利用州内大量废旧轮胎，采用热裂解工艺得到的炭黑、塑化剂和废热等为核心产品，并进一步衍生出不同的产品链，这些产品链和辅助废水处理系统共同构成以废轮胎、废塑料、空墨盒、城市污水为核心的生态工业网络。该园区的特点是基于所在地丰富的特定再生资源，采用废弃物资源化技术构建核心生态工业链，并进一步扩展成工业共生网络。

（3）德国——重工业基地的生态化改造

莱茵-鲁尔工业城镇密集区的改造建设是德国生态工业成功发展的重要模式。莱茵-鲁尔工业城镇密集区的改造建设中所取得的主要经验包括以下内容。

① 从调整工业空间布局入手，对老的工矿城市进行重新规划和转型升级。一方面把高消耗、高排放、高污染的比较优势较小的产业外迁或停产、转产、限产，另一方面积极引导区域发展高端制造业和高技术产业；对一些工矿业为主的城镇进行转型升级，整合优化产业定位，同时对原有厂房进行改造，作为办公、居住或公益用途。

② 进行大规模生态环境修复，对大量露天开采的煤矿采取填埋矿坑和平整土地措施，人工种植树木和花草，建设公园绿地。该区域绿地面积由 1956 年的 460 多公顷，增加到 2000 年的 2860 公顷，绿地率也由 8%左右增至 24%。往日的矿区通过生态恢复，成为鲁尔地区的高产农业区。

③ 在进行生态修复的同时，莱茵-鲁尔工业区一些建筑和遗迹也完整地保留下来，用以反映工业发展历史的变迁。位于莱茵河与鲁尔河交汇处的杜伊斯堡是典型的内河港口城市，其内港有古老仓库和港口装卸设施，在进行生态修复的同时，都得到了很好的保护利

用。市内新建的餐厅和酒吧，其室内外装饰均保留着粮仓的特色，水道两边的高档住宅楼也与生态修复的总体设计相协调，成为鲁尔区工业遗产旅游路线的一部分，是颇具吸引力的后现代地区。

（4）英国——国家层面的工业生态共生推进

世界上第一个国家层面的生态工业发展项目是英国的国家共生项目（NISP）。该项目以公司化运营为主要特点，通过与当地政府的联系，免费为当地企业提供废弃物资源化利用项目信息，其经费来源于当地政府从垃圾处理税中拨付的专款和其他多个公益性组织。该项目遍及英国各地，现已有 70 多个地区开展工业共生项目，在提高废物资源化率、降低 CO_2 排放、降低生产成本等方面取得了显著成效。

为使项目顺利实施，并使参与企业履行社会责任，NISP 企业运营部门、政府机构以及专业的商业顾问团，共同为参与企业提供项目指导。现已有 4000 余家企业参与其中，这些企业涉及众多行业，而且企业规模差异较大（包括小型私企和大型跨国企业），追求环境、经济和社会效益的统一是项目开展的宗旨，政府主导是工业园区深入发展的核心推动力，也是推进产业共生实践的主要资金保障，此外，第三方中介的积极参与也是项目取得成功的重要因素。

8.5.3　国内生态产业规划管理发展历程分析

国内生态产业规划管理的发展主要以创建国家生态工业示范区为工作重点，国家生态工业示范区的规划管理将动脉产业和静脉产业相结合作为特色，努力构建"政府主导、市场引导、公众参与"的管理和运行模式，通过多年的实践，正在形成日趋完善的管理体系。

国内生态产业规划管理的发展历程包括：①建立多部门协同管理机制；②确定生态工业园区规划管理分类分区域指导原则；③加快形成各具特色的生态工业园区区域管理机制；④强化方法标准在生态工业园区规划管理中的核心作用。

（1）建立多部门协同管理机制

2007 年 4 月和 12 月，国家环境保护总局、商务部、科技部三部局联合发布《关于开展国家生态工业示范园区建设工作的通知》（环发〔2007〕51 号）和《国家生态工业示范园区管理办法（试行）》（环发〔2007〕188 号），成立"国家生态工业示范园区建设协调领导小组"。三部门协同管理，出台一系列扶持国家生态工业示范园区创建的政策法规，奠定了园区发展的政策法规基础，扩大了示范园区的社会影响，形成多部门、多方面联动推进生态工业园区建设的良好外部环境。

此外，在国家发改委、环境保护部等六部委开展的循环经济试点中，环境保护部选择建设成效显著的在建国家生态工业示范园区，优先进入循环经济试点；商务部将国家生态工业示范园区建设工作纳入国家级经济技术开发区综合发展水平评价体系，积极推进金融机构参与园区创建，加大融资支持力度，重点支持园区参与国际节能环保合作；科技部加大国家科技计划项目对国家生态工业示范园区的支持力度。

（2）确定生态工业园区规划管理分类分区域指导原则

2003 年 12 月，国家环境保护总局颁布《国家生态工业示范园区申报、命名和管理规定（试行）》《生态工业示范园区规划指南（试行）》《循环经济示范区申报、命名和管理规定（试行）》和《循环经济示范区规划指南（试行）》4 项文件（环发〔2003〕208 号）；2007 年，国家环境保护总局颁布《生态工业园区建设规划编制指南》（HJ/T 409—2007）。

2006 年 6 月，国家环境保护总局针对行业类、综合类和静脉产业类三大生态工业园区类型，分别颁布《行业类生态工业园区标准（试行）》（HJ/T 273—2006）、《综合类生态工业园区标准（试行）》（HJ/T 274—2006）、《静脉产业类生态工业园区标准（试行）》（HJ/T 275—2006）3 项标准。根据试行结果，《综合类生态工业园区标准（试行）》分别于 2009 年 6 月、2012 年 8 月进行了修订。随着全社会对生态工业园区规划管理水平的要求不断提升，规划、指南、标准等技术规范的出台完善正在发挥有效的指导作用。

随着国家生态工业示范园区规划管理建设工作的不断开展，三部门在深化和细化区域差异化原则指导下，针对我国目前不同区域资源环境禀赋存在显著差异，经济社会发展不平衡，不同地区工业园区的工业布局、产业结构、技术水平等方面存在差异的现状，本着突出特色、彰显示范的原则，指导东部地区各类国家生态工业示范园区在产业结构优化、实施"腾笼换鸟""退二进三"等发展战略的同时，强化产业发展的质量和生态效益，倡导绿色经济；指导中西部地区各类国家生态工业示范园区提高环境准入门槛，实施绿色招商，在实行污染物总量控制的同时，重点关注污染物的强度控制，有选择地承接东部地区的产业转移，实现区域经济可持续发展。

（3）加快形成各具特色的生态工业园区区域管理机制

"十一五"时期，部分省市在充分参照生态工业园区国家标准的同时，结合本地产业和资源环境、经济社会发展特点，提出了一些区域差异化的生态工业园区管理政策。例如，北京、山东、上海、江苏、浙江、江西等省市相继出台关于推进省（市）级生态工业园区的考核标准。这些地方管理政策的出台，进一步增强了生态工业园区规划管理的针对性和可操作性。以江苏省为例，全省 125 家省级以上园区中约 80% 开展了生态工业园区创建工作，其中 22 家被命名为省级生态工业园区，52 家通过了省级规划论证，正式启动建设试点，苏州、常州、镇江、扬州、泰州 5 市辖区内的所有省级以上各类园区已全部启动生态工业园创建工作。

（4）强化方法标准在生态工业园区规划管理中的核心作用

国家相关部门针对国家生态工业园区规划管理先后启动了"循环经济理论与生态工业技术研究""典型工业国家生态工业示范园区环境风险评估与环境监管技术研究""能源（煤）化工基地生态转型及其环境管理技术研究""区域工业系统物质代谢过程机理及其环境效应研究""废液晶显示器污染控制技术研究""我国静脉产业类国家生态工业示范园区布点规划技术研究"等项目和课题，对我国生态工业园区规划管理的理论和方法、评估指标体系、环境管理技术、产业布局、环境风险、环境效应、污染控制技术等方面进行专题研究。目前部分科研成果已转化为推进国家生态工业示范园区建设的管理工具，为国家生态工业示范园区的规划管理提供了科学的方法标准支撑。

8.5.4 生态产业规划管理的物质流分析方法

物质流分析是一种针对一定时空范围内特定系统进行物质输入、输出和利用情况分析的系统工具，它遵循质量守恒定律。物质流分析是基于特定系统物质流动情况展开的，特定系统可以是某个国家、城市、行业或企业等；物质也具有广泛的含义，可以是原材料、产品、废弃物或元素等，通常根据物质的来源或去向分为区内和区外两部分。

通过开展物质流分析，能够直接描述目标系统的物质输入、输出的途径和量，反映目标系统与生态环境的物质流动关系，从而为主动调控和优化物质流动情况，科学规划和管理生态产业提供依据，是推进生态产业发展的核心手段。

（1）物质流分析理论的发展历程

对物质流分析理论的探讨最早可以追溯到 16 世纪，当时的研究主要集中在物质代谢理论。Jarob Moleshott（1557）是最早提出物质代谢概念的学者，他把物质流动看作是一种生命代谢现象，是生命体与周围环境进行物质、能量交换的过程。在 20 世纪初，物质流分析的思想开始在不同的研究领域得以应用。在社会学领域，马克思在他的《资本论》和《政治经济学批判大纲》等著作中多次提到物质代谢这个概念，用来描述人类无差别的劳动、生产和消费，以及商品交换等政治经济学问题。在经济学领域，列昂惕夫在 20 世纪 30 年代运用物质平衡原理，定量解析了美国经济系统中用价值流计量的物质流状况。到了 20 世纪 70 年代，物质流作为一种分析工具开始进入资源环境领域，最早的两个理论成果是城市新陈代谢和城市或流域的污染物迁移路径分析。此后，物质流研究领域又提出了更具现代环境管理意义的物质平衡理论和工业代谢理论。在此基础上，德国 Wuppertal 研究所在 20 世纪 90 年代初提出了物质流账户体系和隐藏流；欧盟委员会组建了致力于促进物质流分析国际交流的 Con Account 平台；世界资源研究所完成了"工业经济的物质基础"的研究，分析了美国、日本、德国、奥地利和荷兰的物质输入流，进而又完成了"国家之重"的研究，分析了上述国家的物质输出流。此后，多个国家和地区开展了物质流分析，逐渐形成了欧盟统计局"欧盟方法体系"和世界资源研究所的"WRI 方法体系"两大方法体系。

（2）物质流分析的理论框架

物质流分析按照研究层次的不同可以划分为区域层面物质流分析、行业层面物质流分析和企业层面物质流分析。在质量守恒定律的指导下，目标系统的物质分为输入、储存和输出三部分，通过研究物质在三者间迁移、转化的途径和量的变化，确定整个系统的物质流动情况。一般而言，物质流分析重点关注外界与目标系统进行物质交换的种类和数量，即物质输入端和物质输出端的情况。

在物质输入端，进入目标系统的物质包括直接物质输入和隐藏流。直接物质输入是指直接进入目标系统的物质，分为区内直接物质输入和区外进口两个部分。区内直接物质输入主要考虑化石燃料、矿物质和生物质三个部分；区外进口主要考虑原材料（包括化石燃料、矿物质和生物质等）、半成品、成品、包装材料和废弃物等。由于水资源在人类生产生活中的使用量太大，为避免削弱分析结果，常常单独考虑或不作分析。在一些情况下，还需要引入平衡项物质，主要包括燃烧耗氧、呼吸耗氧、工业过程消耗的空气等。隐藏流是指特定系统在获取直接物质输入过程中物质的移动与损失，包括开采、加工和运输过程能量的消耗，工具的折旧，物质的损失和环境的变化等。

物质输出端所指的物质主要分为出口物质、排入环境的物质和区域内隐藏流。出口物质主要包括原材料、半成品、成品、包装材料和废弃物等。排入环境的物质是指最终进入目标系统所处区域生态环境的各种污染物、废弃物。输出端需要考虑平衡项物质时，主要关注燃烧时排放的水蒸气、人畜呼吸排放的 CO_2 和水蒸气等。区域内隐藏流是指区域内未使用物质的移动与损失，它可以用来揭示目标系统经济社会活动对所处区域生态环境的冲击。

在物质的流动过程中，会有一定量的物质储存在目标区域内，这一部分物质主要关注原材料、建筑物、基础设施和机器设备等。

物质流分析工作包括数据的获取、识别与整理，指标计算和分析等环节。指标在物质流分析中发挥着重要作用，可以用于描述和评价目标系统与生态环境间的协调程度，是将系统表象转化为内在本质的关键所在。目前，国内外学者已经在物质流分析的指标研究方面取得了一些成果（Moldan，Billharz，1997；OECD，1994，1998；徐明，张天柱，2005；周国梅等，2005），相关指标可以分为输入型指标、输出型指标、消耗型指标、平衡型指标、强度和效率指标以及综合指标六大类，见表8-1。

表 8-1 物质流分析指标体系

指标		简写	计算公式
物质输入指标	直接物质输入	DMI	区域内物质输入＋进口
	物质总输入	TMI	直接物质输入＋区域内隐藏流
	区域内物质总需求	DTMR	区域内物质开采＋区域内隐藏流
	物质需求总量	TMR	物质总输入＋进口隐藏流
物质输出指标	区域内加工产出	DPO	废物排放＋产品浪费和损失
	区域内物质输出	DMO	区域内加工产出＋出口
	区域内总输出	TDO	区域内加工产出＋区域内隐藏流
	物质总输出	TMO	区域内总输出＋出口
物质消耗指标	区域内物质消耗量	DMC	直接物质输入－出口
	物质总消耗	TMC	物质需求总量－出口－出口物质的隐藏流
平衡指标	物质库存净增量	NAS	物质需求总量－物质总输出
	实物贸易平衡	PTB	进口－出口
强度和效率指标	物质消耗强度	MCI	区域内物质消耗量÷人口基数或区域内物质消耗量÷GDP
	物质生产力	MP	GDP÷区域内物质消耗量
	环境效率	EEE	废弃物产生量÷GDP
综合指标	分离指数	DF	经济增长速度－物质消耗或污染排放增长速度
	弹性指数	EC	物质消耗或污染排放增长速度÷经济增长速度

表8-1中的指标能够从多个角度描述、评价目标系统的物质流动状况，但就目标系统的资源环境状态来看，区域内物质总需求、区域内总输出、物质总消费、物质库存净增量和物质生产力是最关键的五项指标。

区域内物质总需求由区域内物质开采和区域内隐藏流构成。区域内物质开采表征了目标系统对区域生态环境的资源索取，区域内隐藏流是目标系统产生负面环境影响的重要组成部分。而物质输入指标中，物质进口和进口隐藏流等表征的资源环境影响均产生在区域外部。因此，一般而言，区域内物质总需求越小，自然资源的消耗就越少，自然生态系统的支持能力就越强。

区域内总输出包括各种污染物、废弃物和区域内隐藏流等，是目标系统物质流动中排入环境的部分，是环境污染和生态破坏的直接来源，可以用于评价目标系统与区域自然生态环境的协调程度。一般来讲，区域内物质总输出越少，排入系统外部即环境中的废弃物越少，目标系统对环境的不良影响也就越小，环境质量越好。

物质总消费反映了目标系统的资源消耗情况。目标系统物质总消费的降低，是节约型社会的努力方向，往往代表与自然界和谐程度的增强。

物质库存净增量反映了目标系统物质财富的变化情况，是表征区域经济社会发展情况的重要参考指标。

物质生产力能够描述目标系统的资源利用效率，有助于揭示区域经济社会发展中存在的深层次问题。

总之，物质流分析指标可以用于描述目标系统的物质输入、输出、利用、废弃及再生利用情况，能够在一定程度上揭示目标系统与区域生态环境间的和谐程度，发现区域经济社会发展中存在的问题。

上述的理论框架可以称为狭义的物质流分析理论，广义的物质流分析还包括元素流分析（为表述方便，本节中物质流分析特指狭义的物质流分析）。物质流分析将目标系统视为"黑箱"，忽略物质在系统内部的流动情况差异。而元素流分析是具体分析某种元素或化合物在目标系统内部的流动转化过程，从而针对具体的环境问题识别产生原因和寻求预防、解决的路径。目前研究的物质主要包括铅、锌、汞、镉、磷、碳、铁、铜、硅等。元素流分析包括宏观层面和微观层面。宏观层面的元素流分析将目标系统分解为开采、生产、加工、消费、回收等环节。微观层面的元素流分析把企业的生产过程分解成若干工序，依据质量守恒定律，通过分析各元素在系统中各环节的存在形式和数量等方面，识别物料损失和污染严重的关键节点，发现潜在的物质流和外排物，为采取进一步措施提供科学依据。

（3）物质流分析理论的应用实践

目前，世界上的许多国家已经将物质流分析作为发展循环经济的重要手段和评价方法，纷纷开展相关的实践应用，其中发展最快的两个领域是针对一定区域的经济系统或某些纯元素进行的分析。通过开展物质流分析，能够在宏观上掌握目标系统农业、矿产等资源的摄取量以及物质交换过程中产生的废物量，有助于从整体上把握物质利用与经济发展间的关系，探索内在规律，实现优化配置。此外，有些国家还进一步制订了中长期的发展目标和相关指标。

21世纪以来，日本开始编制《循环型社会白皮书》，应用物质流分析对年度全国物质收支情况进行核算，并将一些重要指标作为制订循环型社会发展目标的理论依据。从2000年度的物质流动情况来看，日本当年直接物质输入量为21.3亿吨，最终10.8亿吨的物质以建筑物、道路、桥梁、机械、汽车和家电产品等形式储存在经济系统中，然而它们最终也要报废，进入自然生态系统。日本当时就意识到未来将面临严峻的废物处置问题，并在循环型社会发展目标中确定了资源生产率、循环利用率和最终处置量三项指标。日本还对水泥、机械、食品、木材等多个行业进行了物质流分析，发现20世纪80年代初到90年代后期各行业资源生产率均呈上升趋势，其中机械制造行业涨幅最大，约提高一倍。除此以外，日本还对北九州生态园和川崎生态园等产业园区进行了物质流分析。

1996年，美国总统环境质量委员会成立了由农业部、商业部、内政部、能源部、环境保护署、住房和城市部、运输部和国际贸易委员会等8个部门组成的工作组，就物质与能量的流动开展全面研究，重点关注国家层面的物质流动情况。美国矿产局从全生命周期对砷、汞、镉、铬、铅、钨、钴、锰和钒等进行了一系列的物质流分析，从预防污染的角度重点计算了向环境的排放情况，并针对分析得出的砷、汞等重点排放源采取了改进设备、增加回收装置等措施。

20世纪90年代初，德国作为首先探索物质流理论与实践的国家之一，提出了物质流账户体系和生态包袱概念，并进一步应用物质流分析方法对德国国家层面经济系统中的物质，特别是自然资源的流动情况进行了分析。德国联邦统计局出版的"*Integrated Environmental and Economic Accounting—Material and Energy Flow Accounts*"一书中，第一次对国家层面的经济系统进行了全面的物质流研究。

21世纪以来，国内物质流分析相关理论研究与应用逐渐开展并不断丰富。在国家层面，一方面，一些学者核算了中国部分年份的物质输入、输出情况，运用经济系统的物质需求总量、物质消耗强度、物质生产力等广泛应用的指标分析国家物质流动情况，并据此提出资源利用效率的中长期目标；另一方面，在分析了目前物质流指标体系情况的基础上，一些学者积极探索并应用资源循环利用效率等新指标，研究我国资源综合利用与环境经济大系统相关情况。在区域层面，采用物质流方法分析了北京市、邯郸市、青岛市城阳区、江苏省、贵阳市等区域物质流，并分析资源投入、废弃物排放等指标的变化情况；积极探索区域的循环经济发展评价体系，并开展以湖北省为例的实证分析。此外，国内还探索了针对钢铁等金属资源、滇池等流域以及园区层面的物质流分析。

8.5.5 生态产业规划管理发展的关键领域和趋势

未来，深入开展生态产业的规划和管理工作，需要从全面推进企业实施清洁生产、提升企业资源产出率，促进园区内和园区间的产业共生、提高产业关联度，加强园区资源-环境基础设施建设、提高再生资源管理水平三个关键领域开展工作，并从生态文明顶层设计创新先导、因地制宜探索差异化生态产业发展模式、通过政府宏观规划和管理，让市场说出生态真理三方面对生态产业规划管理的发展变化趋势进行展望。

8.5.5.1 生态产业规划管理发展的关键领域

推进生态产业规划管理是在园区层面实施循环发展的主要工作，其基本原则是以区域的资源环境承载能力为依托，根据物质流动规律和产业关联属性，结合本区域的产业和资源的比较优势，按照地方的实际发展情况，进行生态产业规划管理。针对我国生态产业园区规划管理中存在的产业链接不紧密、资源产出率不高、环境污染较为严重的问题，结合现有的工作基础，提高加强生态产业园区规划管理水平，应重点抓好推进企业实施清洁生产、促进园区内和园区间的产业共生、加强园区资源-环境基础设施建设三个关键领域。

（1）全面推进企业实施清洁生产，提升企业资源产出率

全面推进企业实施清洁生产是生态产业园区规划管理在企业层面的首要工作，通过促使企业按照"节能、降耗、减排、增效"的方针，不断优化生产工艺流程、提高使用清洁能源比例和原料利用效率、采用先进技术装备等方法，提高资源利用效率、最小化污染物排放，持续降低产品全生命周期内的负面资源环境影响。目前，我国已经建立了较为完善的清洁生产政策法规体系和推进技术支撑体系，制定了重点行业中核心企业清洁生产推进机制，有效实现了污染防控和资源综合利用。在生态产业园区创建过程中，应采用经济激励方式鼓励企业实施清洁生产审核，强化技术指导，制定对清洁生产审核服务机构监督管理的具体规定，定期向公众公开具备审核资质的机构名单及其审核业绩，同时对问题严重的审核服务机构予以通报；同时，要严格执行清洁生产评估验收工作制度，加强对评估验收工作的日常管理。此外，鼓励科研单位深入企业生产一线，创新跨行业和跨领域的集成共性技术，解决资源高效利用和废弃物综合利用、无害化生产工艺等清洁生产技术难题，及时将企业自主创新的清洁生产技术总结、消化、提升，促进全行业企业广泛采用。

（2）促进园区内和园区间的产业共生，提高产业关联度

要促进园区内和园区间的产业共生规划工作，形成有利于"区内循环，区外共生"的管理制度。一方面按照产品链的正向物质流，通过整合完善园区已有产业链，使其实现生态化转型；同时采用经济激励机制，引导补链项目进入园区。构建产业共生网络信息化管理平台，促进企业间通过副产品和废弃物交换的互利共生以及跨区域的物质循环，实现能源、资源的高效利用，增强产业的柔性。促进生态产业的集群式发展，充分利用信息通信工具和交通网络，将生态产业集群内的生产者、消费者和分解者进行链接，打造一个超越空间束缚的虚拟产业共生链条。在管理上需特别关注园区生态产业链及由此形成的产业生态网络的动态适应性，使得生态产业园区中各子系统整体协调运转。此外，在园区层面，还应根据园区特点制定差异化的产业政策，针对新园区规划与老园区改造提升，综合性产业园区与静脉产业园区，工业园区与农业园区，高端产业、高新产业、战略性新兴产业与传统产业等不同园区特点，因地制宜制定差异化的引导政策和评价标准，引导园区健康、快速、可持续发展。

（3）加强园区资源-环境基础设施建设，提高再生资源管理水平

在生态文明建设大背景下进行生态产业园区规划管理，本质上是以自然界物质循环流动的客观规律为指导，整合和优化园区的物质流动过程。从长远来看，再生资源产业将在国民经济体系中扮演着类似于自然生态系统中"分解者"的角色，承担着对人类生产、生活中产生的各类废弃物实现资源化和无害化的产业功能。因此，在进行生态产业园区规划管理的过程中，应加强园区资源-环境基础设施建设与管理，着重加强余热余压利用、水资源的循环利用、工业废弃物的综合利用和危险废物的安全处置，加强对专业化水平高的废弃物回收处理及中介服务公司的培育力度，鼓励园区采用信息化手段实现副产品和废弃物的网上交易，实现园区层面的物质大循环。

总之，园区企业的清洁生产、园区内和园区间的产业共生、园区资源-环境基础设施建设共同组成了园区生态化规划管理的关键领域，它们不是孤立存在的，而是相互交叉、渗透，共同作用，把园区规划建设成为"经济快速发展、资源高效利用、环境优美清洁、生态良性循环"的生态产业示范园区。

8.5.5.2 生态产业规划管理发展趋势

（1）生态文明顶层设计创新先导

生态文明建设是今后一个时期我国生态环境领域最重要的指导思想，加强生态文明顶层设计是生态产业规划和管理遵循的首要原则，也是实现产业发展向生态化方向战略转型的依据。要加快实现产业发展的生态化转型，一方面是生态产业规划指导思想的变化，另一方面是生态产业管理路径的变化。实现战略转型，是在科学、客观分析和判断我国经济社会发展与资源生态环境形势基础上做出的战略选择，是推动资源节约、环境友好更全面、更深入地融入经济社会发展全局，实现资源生态环境与经济发展并重的具体体现。

加快实现产业发展的生态化转型，首先应从国家宏观战略层面考量资源环境问题。我国正处于产业转型升级的关键阶段，生态化转型为产业发展提供了一条产业可持续发展的出路，同时随着生态环保意识的不断增强，公众对环境质量提出了更高的要求，不损害公众健康的基本环境质量成为一条底线，政府应当提供基本的带有环境属性的公共物品。

其次，生态化转型迫切需要探索生态产业规划和管理的新思路。针对我国结构型资源环境问题突出的特点，从产业结构动态优化入手为规划和管理确定合理的目标定位。一方面，从产业结构合理化入手分析，产业结构的合理化标志着产业结构的生态化，经过生态化改造

得以优化的产业结构有利于实现资源能源的高效利用，废弃物的最小化排放，增加生态型产业比重。产业结构的生态化从不同产业间技术经济定量关系入手，分析资源环境硬约束下实现产业结构生态化均衡的内生动力和运行机制。另一方面，从产业结构的高级化切入，通过产业结构的生态化转型升级，产业链的合理延伸，生态型产品的开发及附加值提升，在技术进步核心驱动下不断优化提升产业结构。这种动态分析方法遵循产业结构演化的一般规律，考察产业结构在生态化要素影响下，由初级产业结构向中高级产业结构提升的全过程；同时对产业结构调整过程中生态产业规划和管理政策起到的规制作用进行全面分析。

（2）因地制宜探索差异化生态产业发展模式

① 通过生态产业规划，调整我国部分区域资源环境承载力水平与地区产业选择错位的现状。资源环境承载力与区域主导产业选择间的协同关系是产业生态化的核心任务。近年来经济持续快速发展和工业化、城镇化进程加快推进，造成了我国部分地区的耕地面积减少过多过快，导致生态系统功能严重退化。尤其是一些生态敏感区，资源环境十分脆弱，单纯追求经济增长，以发达地区的淘汰产业作为地区发展的主导产业和继续产业，带来森林破坏、湿地萎缩、河湖污染等生态环境问题。同时一些经济发达地区，在主导产业选择和产业布局上缺乏生态化转型战略思维，与地区资源环境承载力相脱节，从而进一步加剧了已有的资源环境危机。近年来，关于中西部地区和资源枯竭型区域的产业转型与产业可持续发展的研究很多，但缺乏从国家战略高度，统筹区域差异性条件下生态化转型方面的研究。因此，未来生态产业的规划与管理应依据不同区域自然生态条件和资源特点，并结合当地的社会、经济、文化和技术等条件，进行区域产业选择，并建立与之相适应的生态产业体系。

② 通过我国产业生态化地区空间解析，实施区域差异性产业生态化管理政策。生态环境是一种特殊的自然环境，它在经济社会发展过程中的地位和作用，决定了社会生产过程的各个环节和各项活动都必须遵循生态规律。我国国土空间呈现显著的多样化、非均衡性和脆弱性等特点，这要求在宏观层面的规划和管理中突出生态适宜性原则，即对那些不适宜进行大规模、高强度的工业化和城镇化开发的国土空间，应严格遵循自然生态规律，科学开发；对那些不符合当地实际情况的经济社会发展功能，必须因地制宜，分级开发，分类管理，全面考核。因此，区域的主体功能区类型是区域产业生态化发展的战略原则和基本前提。产业发展应充分体现出不同类型区域间的分工协作，发展与当地资源环境相适宜的产业，突出区域特色产业优势，增强区域产业竞争力，缩小区域间贫富差距，进而实现产业发展与生态环境保护的良性互动。体现区域差异的产业生态化政策主要包括三个方面的内容：一是区域资源环境承载力差异性产业选择；二是区域资源环境承载力差异性产业布局；三是区域资源环境承载力差异性产业生态化政策。

（3）通过政府宏观规划和管理，让市场说出生态真理

通过政府开展生态产业相关的规划和管理工作，摸索政府引导、市场主导的产业生态化发展机制。

① 政府引导，增强生态产业发展的内生化与自运行动力。在大力发展生态产业，实现产业的生态化转型过程中，政府是主要推动者，引导作为市场主体的企业开展产业升级工作。生态产业发展过程中，发展要素中蕴藏的公共物品特性，使得市场机制不会自主驱动产业的生态化转型。目前我国生态产业发展等实践主要由政府主导，企业内生性实施生态化转型还未成为主动的行为选择方式，政府的生态化目标导向与企业的市场行为之间存在着多重障碍。发展生态产业的目标是实现经济发展与环境保护的双赢，其实践过程是在资源、生态以及环境承载力支撑下，通过一系列经济活动来转变经济发展方式。政府主导的经济发展方

式是我国多年来经济快速增长的主要驱动力，随着改革的深化，生态产业的可持续发展需要政府通过体制、机制创新，为产业部门创造更加适宜的制度环境。只有将生态产业规划与管理工作和按照市场化原则运作与实施相贯通，遵从经济规律，才能使政府引导角色与企业主体之间形成有利于生态产业发展的合力。

② 加快形成市场主导的产业生态化发展机制。在生态产业规划与管理实践过程中，政府通过合理定位与有效引导，促成市场的主导地位，通过资源产品定价、财政补贴、税收减免、信贷与金融支持、技术共生与交易体系信息化平台建设、环境产权交易等市场化手段，使微观行为主体间形成互补互动、共生共利的类生态化关系，从而实现生态产业的动态均衡和长效发展机制。

对于发展生态产业的基础性资源，要以市场化的思路进行规划和管理。针对公共物品和公共服务，给正外部性一个合理的正价格，形成使外部经济性内部化的价格管理机制，让企业将生态环境收益及社会效益纳入成本核算，在实现收益最大化原则下优化资源投入要素，使再生资源和废物资源等生态型资源能够像其他原材料一样，按照市场价格、通过市场交易来进行资源配置。

以市场化方式规划和管理各种经济实体。企业和企业之间形成的物质流动关系，不论是正向物质流，还是逆向物质流，都要按照市场契约关系进行规划和管理，组织和实施，并进行后评估，逐渐形成良性竞争的生态资源配置市场，摸索出一套自我约束、自我管理和自我激励的市场机制，最终实现区域生态经济效率的可持续提升。

继续探索资源性产品的价格形成机制，以市场化方式规划和管理资源型产业。对水、电、石油、天然气、煤炭、土地等资源价格继续实施市场化改革，特别是要逐步建立能够反映资源绝对稀缺程度和生态环境功能的价格形成机制；同时，采用物质流分析手段，创新资源管理机制，政府引导组成基于物质流分析的企业、专家间自愿性联盟，开展围绕资源高效利用、废物最小化排放等方面的技术经验交流、信息共享、方案改进等活动。

8.6 绿色供应链体系

8.6.1 绿色供应链的内涵

环境保护部于 2016 年颁布的《关于积极发挥环境保护作用促进供给侧结构性改革的指导意见》中提到，推进绿色供应链环境管理，以政府、企业绿色采购和公众绿色消费为引导，带动绿色产业链上下游采取节能环保措施。绿色供应链，一般情况下将其理解为在供应链过程中，对原材料、资金流和供应链企业间合作进行科学管理，充分结合可持续发展中经济、环境、社会的可持续性目标，并且能够符合消费者和利益相关者所提出的要求。它是以绿色制造理论和供应链管理技术为基础，中间关系到供应商、生产厂、销售商和用户，努力使环境和经济相互平衡的供应链管理方式。建设绿色供应链目的是使得产品在整个过程中对环境产生的负面影响降到最小，过程包括物料获得、物料加工、包装、存储、运输、使用、报废处理。因此，绿色供应链就是从供给端和生产端着手，推动全要素生产率稳步持续提升，真正解决经济发展过程中长期积累的供给结构性问题。

8.6.2　绿色供应链管理体系建设

绿色供应链管理体系建设的全过程主要分为绿色采购、绿色设计、绿色生产、绿色物流、绿色回收五部分，如图 8-6。

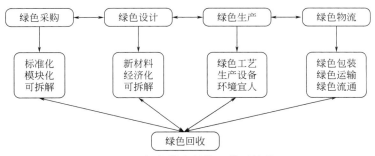

图 8-6　绿色供应链管理体系结构

绿色采购。绿色采购是指政府用采购力量购买对环境造成负担较小的标志产品，推动企业环境行为的改善，是行动上对国家绿色发展的落实，同时也对全社会绿色消费起到了示范作用。采购产品对环境造成压力的大小在很大程度上决定着供应链的绿色化程度，因此绿色采购是绿色供应链管理中最为关键的一步。很多法规政策都对此做出了规定，比如《中华人民共和国环境保护法》《中华人民共和国循环经济促进法》《中华人民共和国清洁生产促进法》《中华人民共和国大气污染防治法》《中华人民共和国政府采购法实施条例》，还有《企业绿色采购指南（试行）》《节能产品政府采购实施意见》等。这些法规政策既通过财税金融手段作为引导，鼓励市场主体进行绿色采购，又要求政府以及国有企事业单位采购具有节水、节能、节材等特点的绿色产品，从而带动市场主体。

绿色设计，也称为生态设计、环境设计等。在我国《电子信息产品污染控制管理办法》《中华人民共和国清洁生产促进法》《中华人民共和国循环经济促进法》等法律法规中都做出明确要求：产品在设计阶段就要综合考虑原材料、所需设备、包装、存储、使用及回收处理等环节会对环境产生什么样的影响，在这些环节的加工过程中优先考虑无毒无害、容易降解、方便回收利用的方法。简单来说，绿色设计就是对产品及产品的生产过程进行重新设计，减少其环境污染。

绿色生产。绿色生产的目的同样是使污染物的产生量最小化，它是以节能减污为目标，以管理和技术为手段，在工业生产全过程实施污染控制的一种综合措施。绿色生产可以从一定程度上减少产品在生产中需要的水、材料、能源，同时还可以减少污染物排放，从而使产品更加绿色。环境保护类法律政策，比如《中华人民共和国环境保护法》《中华人民共和国大气污染防治法》《中华人民共和国节约能源法》等，都对企业的能源资源消耗和污染物排放提出了相应规定，是否遵守这些规定可以作为判断上游生产企业是否绿色的重要依据。

绿色物流。绿色物流是指在物流过程中既减少对环境造成的危害，又实现对物流环境的净化。物流环节在整体供应链过程中是必不可少的，正因如此，物流环节往往导致了大量的能源消耗和污染物排放，而绿色物流主要基于保护环境和节约资源的根本目标改进物流环节，其中包括绿色包装、绿色运输、绿色流通等。在《中华人民共和国节约能源法》《交通运输节能环保"十三五"发展规划》《物流业发展中长期规划（2014—2020 年）》《包装行业高新技术研发资金管理办法》等政策规定中，都对绿色物流做出了要求和规定，政府及企业要积极实施绿色物流，做好各运输工具之间的协调工作。

绿色回收。绿色回收是指对报废后的产品和零部件进行回收处理，使其可以循环使用或者再生利用，从而提高资源利用率，减少环境污染。《中华人民共和国固体废物污染环境防治法》《电子废物污染环境防治管理办法》《废弃电器电子产品回收处理管理条例》等都对绿色回收做出了规定。

除了国家层面的法律政策外，一些地方政府也开展了绿色供应链的管理制度建设工作，同时出台了一些地方性的法律政策，鼓励和引导企业配合并参与绿色供应链的管理工作。天津是我国首个开展绿色供应链管理试点工作的城市，天津市先后出台了《绿色供应链管理试点实施方案》《绿色供应链管理暂行办法》《绿色供应链管理工作导则》《绿色供应链产品政府采购目录》等一系列政策，除此之外，还将绿色供应链管理工作纳入了天津"十三五"规划纲要，市政府充分发挥了引领和鼓励作用，率先在建筑和钢铁行业开展绿色供应链管理试点工作。政策的引领必不可少，但要想真正顺利开展绿色供应链管理工作，就要从政府和企业两个层面共同着手。

首先从政府层面，政府采用采购、税收等手段鼓励各企事业单位参与到绿色供应链管理工作中。《中华人民共和国环境保护法》第 36 条中规定："国家机关和使用财政资金的其他组织应当优先采购和使用节能、节水、节材等有利于保护环境的产品、设备和设施。"法律政策要求政府机关奖惩有度：当出现污染超标、治污设备数量不足等情况时，政府要对相关企业进行适量处罚；相反，当其工作进展顺利，起到保护环境的作用时，政府应给予相应的鼓励。

其次从企业层面，企业生产和与生产相关的用水、用能、用材、污染物排放活动都必须符合标准，企业必须公开其环境信息。结合相应的法律政策，企业做到了节能减排，就能获得相应的财税支持；相反，如果企业出现环境违法行为，将会受到相应惩罚。虽然制度在不断完善，但事实是我国"绿色供应链管理"刚开始发展，调查数据显示我国企业的绿色供应链管理在原材料采购、废弃物再回收利用的环节中仍然存在很多问题，必须进一步强化企业的绿色供应链管理观念。

企业可以通过以下方式进行绿色供应链管理。第一，加强宣传，使企业更充分地了解绿色产业链管理以及绿色供应链管理的必要性，从而鼓励更多企业人员充分学习绿色供应链管理的业务流程和管理模式。第二，企业应该将可持续发展作为指导思想，积极建立绿色文化，营造绿色形象，通过建立绿色企业形象向消费者传递绿色消费方式。第三，企业可以设计一套适合自身发展的绿色供应链管理流程。设计时应该关注供应链节点上的各个企业的重组、各个阶段的衔接，通过绿色供应链管理提高企业的市场竞争力。第四，企业可以增设绿色供应链管理部门，专门负责绿色供应链的开展、管理等工作，提高办事效率。

8.7　生态经济体制建设

8.7.1　生态经济体制的内涵

生态经济体制是生态与经济一体化的现代市场经济体制。它是在可持续发展观和可持续发展经济观指导下，克服传统经济体制的根本缺陷和主要弊端的基础上形成的。它既是一种新的经济体制，又是一种新的经济形态，是一种符合生态文明发展观要求的崭新的经济体制。它的运行是要把现代经济社会发展转移到良性的生态循环和经济循环的轨道上来，实现生态环境与经济社会相互协调与可持续发展。

建立生态经济体制需要资源有偿使用制度和生态补偿制度保驾护航。传统市场经济体制的弊端在于破坏生态环境和自然资源。为了解决这一问题，需要赋予生态产品相应的价格，以实现生态经济建设者的利益补偿。该制度的重点应该包括以下内容。一是建立真实反映资源稀缺程度、市场供求关系、环境损害成本的价格机制。目前，我国资源性产品（如石油、天然气、水、土地、电力、煤炭）整体价格偏低，没有真实地反映市场的供求关系。不但难以对地方政府和企业起到节约使用资源的激励与约束作用，反而由此产生了大量的资源浪费和环境污染问题。建立科学合理的产品价格机制，本质上就是建立一个资源产品价格反映资源稀缺程度和环境成本的机制。这种价格机制要求尽快明确政府职能，建立合理的政府补偿机制。通过完善资源价格体系结构，将资源自身的价值、开采成本、环境代价等均纳入资源价格体系，为资源有偿使用的实施提供制度保障。二是建立边界清晰、权能健全、流转顺畅的生态资源资产的产权制度。自然资源产权界定及产权关系不明晰，容易导致因争夺资源而发生的冲突，破坏资源矿产，容易导致资源的流失和生态环境的破坏。因此，应对水流、森林、山岭、草原、荒地、滩涂等自然生态空间进行统一确权登记，形成归属清晰、权责明确、监管有效的自然资产产权制度。三是建立生态补偿机制。生态补偿机制是这样一种经济制度：通过制度创新实行生态保护外部性的内部化，让生态"受益者"付费；通过体制创新增强生态产品的生产能力；通过机制创新激励投资者从事生态投资，建立吸引社会资本投入生态环境保护的市场化机制。

建立生态经济体制需要考虑我国的基本国情。在深化经济体制改革过程中，努力朝着可持续发展经济体制迈进。可持续发展经济体制的本质特征就是生态与经济发展相结合。从长远发展趋势来看，生态经济将成为 21 世纪的主流经济形态。这种新经济形态的运行过程能够保证：坚决反对以牺牲生态环境为代价去谋求发展；坚决反对为了当前的发展去危害长远的发展；坚决反对用局部的发展去损害整体的发展。在新的生态市场经济体制下，可以实现人类自身价值和自然界价值的统一，以此，实现"生态-经济-社会"三维复合系统的协调发展。

8.7.2 生态经济发展的体制建设

落实生态文明建设的要求，深入推进绿色发展、循环发展、低碳发展，是推进生态经济体制建设的重要战略路径，对于促进社会经济转型，产业结构优化升级有着重要的意义。做好顶层设计和相关制度建设，处理好经济发展和环境保护之间的关系，在全社会树立"绿水青山就是金山银山"的价值观念，对于走向生态文明也至关重要。

（1）提高全民意识。绿色发展是进行生态文明建设的一条必经之路，它包含低碳发展、循环发展。在发展理念上大力践行绿色发展、循环发展、低碳发展理念，这是解决国家自然资源紧缺与生态环境问题的起点与重点。绿色发展、循环发展、低碳发展，是我国进行生态文明建设过程中，针对需要着手处理的人与自然资源、人与能源气候、人与生态环境之间的重大关系，应当首先解决的思想与价值观层面的认识问题，要做到理念先行、认识先行。

（2）全面做好规划工作。规划是顶层设计的重要手段，体现的是在一定的时间和空间范围内的战略部署、总体谋划、重大安排和远景展望。要做好顶层设计，从"五位一体"的全局出发，按照生态文明建设的要求，提前做好系统的规划工作，将绿色、循环、低碳的想法和理念贯彻到全过程。

（3）加快绿色发展制度体系建设。在绿色发展的大框架下，应重点抓好完成自然资源确权登记，使自然资源的权属体系权责明确，能够逐步发挥市场机制的作用，更好地保护和开发自然资源。加快建立以环境容量和资源禀赋为基础的环境承载力预警机制和监测机制，保障生态功能的实现，综合应用行政、经济等手段改善区域生态环境状况。

（4）促进低碳发展制度体系建设。制定产业低碳化发展政策，积极推进产业结构调整，加强太阳能、风电等清洁能源的开发利用，推进能源供给体系的低碳化，加大力度促进电力等行业部门低碳发展的工作。开展低碳城市的试点工作，科学制定合理的碳排放量目标，逐步建立全国性的碳排放权交易市场，并出台相应的制度措施，保障其有效运行。

（5）推进循环发展制度体系建设，要将城市作为工作重点。随着我国城镇化率不断提高、大型和超大型城市数量不断增长，大量的人口在城市聚集，大量的资源、能源、产品输入城市，城市因此也面临着巨大的废弃物处置压力，亟待补齐制度建设的短板，尤其是针对生活垃圾、建筑废弃物、污泥、废旧纺织品等城市中低值典型废弃物，必须依靠制度体系落实相关主体的分类、回收和处理责任，建立规范、高效的回收利用体系。另外，考虑到工业园区对于我国经济发展的重要性，推进园区循环化改造相关的管理制度是在园区层面推进循环发展的实践抓手。今后应逐步建立服务于我国多种类型、不同区域园区的循环化改造范式、管理模式和支撑技术的制度体系。通过推行生产者责任延伸制度，推动废弃产品的有序回收和规模化、高值化利用，推进产品的生态设计，进而推动绿色产业体系的构建。

8.7.3 生态经济绿色 GDP 政绩考核体制

绿色 GDP 纳入地方政府政绩考核，是推进地方生态经济体制建设的重要手段，对于促进生态文明建设具有重要意义。第一，采用绿色 GDP 作为地方政府和官员的政绩考核指标，在一定程度上可以阻止个别地方官员将 GDP 增长作为唯一绩效目标和注水造假的行为，有利于地方政府在国家生态文明发展战略的引领下，树立正确的绿色发展政绩观，使政府的执政理念与保护地方自然和生态环境有机结合。第二，推行绿色 GDP 政绩考核体制有利于经济可持续发展。绿色 GDP 的核算不仅反映经济活动对自然环境的影响，而且可以围绕自然环境成本，在制度、技术革新、能源节约、生态保护等方面采取有力措施。第三，绿色 GDP 纳入地方政府绩效评估体系有利于生态文明目标的实现。绿色 GDP 纳入我国地方政府绩效评估指标体系，将生态环境作为评估的指标，有利于在政府层面倡导生态文明的执政观念，将生态环境保护与经济发展放在同等重要位置，自上而下地引导全社会建设生态文明。总之，开展绿色 GDP 政绩考核体制建设，将大大加快我国生态文明体制改革的进程。

绿色 GDP 政绩考核体制建设措施主要包括以下几个方面。第一，树立正确的绿色政绩观。首先，各级政府官员应当树立绿色政德观，从思想上克服唯经济发展的执政理念，以人民群众的根本环境利益为出发点造福于民。其次，要从可持续发展的理念出发，树立持续引领绿色可持续发展的绿色政绩观，政绩观应与全面可持续发展相适应，与人与自然和谐发展相适应。第二，建立有效的利益协调机制，分担地方政府保护环境的压力。充分考虑各地的实际发展状况，区别对待，对经济发达的区域赋予更多环境保护的责任。第三，发挥社会公众的监督作用。让社会公众参与到制度建设的各个环节，丰富绩效评估体系的公众基础，加强其有效性、公共性，从而激励政府实现经济增长方式的根本转变。第四，完善绿色 GDP

政绩考核相关的法律制度。通过法律的保障，维护绿色政绩考核制度的持续性和规范化，为绿色GDP绩效评估提供制度支持和保障。第五，完善绿色GDP政绩考核指标。从技术上不断完善绿色GDP政绩评估体系，使评估指标体系设计更加科学化、合理化，以科学客观的评估结果获得地方政府的认可和接受。第六，开展政策试点，建立推广机制。配合绿色经济核算的试点，同步开展绿色政绩评价考核的试点。加强经验总结和归纳，在更大范围内进行推广。第七，建立激励和奖惩机制。绿色经济核算与绩效评估体系的推动，需要建立与之相对应的干部激励和奖惩机制。同时，根据绿色政绩评价的结果进行财政支付，形成经济动力，推动实施。

本章重要知识点

（1）生态经济：是指不超过生态系统的自净和承受能力，通过运用生态经济学原理和系统工程的方法改变生产和消费的方式，在保证经济增长的同时，按照生态发展规律构建经济发展体系，发展环保产业，以降低生态破坏，加强环境保护。

（2）"绿色GDP"：是"绿色国民经济核算"的简称。绿色GDP是从人类生产活动的角度出发，在可持续发展理念的指引下，综合考虑经济、自然资源和生态环境成本等因素，衡量一个国家或者地区生产活动的最终成果。在国际上，"绿色GDP"又被称为"综合环境与经济核算"。

（3）产业生态化：就是以生态化理念推进产业的发展，遵循生态学原理和经济规律来指导产业实践，使产业资源优化配置、产业结构合理构建、产业组织关联共生、产业生产低碳循环，以实现产业健康、协调、可持续发展的过程。

（4）绿色供应链：一般情况下将其理解为在供应链过程中，对原材料、资金流和供应链企业间合作进行科学管理，充分结合可持续发展中经济、环境、社会的可持续性目标，并且能够符合消费者和利益相关者所提出的要求。

思考题

（1）何为生态经济？生态经济的基本特征是什么？

（2）生态经济系统包括哪些内容？请解释其之间的相互关系。

（3）请介绍生态经济发展的理念有哪些。

（4）简述绿色供应链的概念及其管理体系结构。

（5）理解绿色GDP的定义，谈谈绿色国民经济核算的主要内容。

（6）试分析绿色GDP纳入政绩考核体制的意义。

（7）生态产业规划管理的内涵是什么？

（8）试述日本、美国、德国和英国等国家发展生态产业的经验及对我国的启示。

（9）如何理解物质流分析思想？

（10）阐述推进生态产业规划管理深入发展三个关键领域之间的关系。

参考文献

［1］　邓启惠.生态经济理论与经济体制改革［J］.生态经济，1993（6）：23-27.

［2］　高琦.生态经济体系的构建分析［J］.民营科技，2017（5）：198.

[3]　张海霞.加强生态文明建设，走绿色发展之路［J］.中外企业家，2019（21）：230-231.

[4]　朱坦，高帅.关于我国生态文明建设中绿色发展、循环发展、低碳发展的几点认识［J］.环境保护，2017（8）：10-13.

[5]　刘思华.可持续发展经济学［M］.武汉：湖北人民出版社，1997.

[6]　杨文进，柳杨青.论市场经济向生态市场经济的蜕变［J］.中国地质大学学报（社会科学版），2013，13（3）：20-25.

[7]　高红贵.为美丽中国创设制度基石［N］.湖北日报，2012-12-12（11）.

[8]　王金南，於方，曹东.中国绿色国民经济核算研究报告2004［J］.中国人口·资源与环境，2006（6）：11-17.

[9]　中国绿色国民经济核算体系框架研究课题组.中国资源环境经济核算体系框架（第一版本）.2004.

[10]　中国绿色国民经济核算体系框架研究课题组.中国环境经济核算体系框架（第一版本）.2004.

[11]　李红梅.绿色GDP：核算沿革及路径依赖［J］.对外经贸，2011（7）：67-69.

[12]　孙洪敏.将地方政府绩效评估纳入科学发展轨道［J］.云南行政学院学报，2011，13（3）：120-123.

[13]　国务院办公厅印发《关于建立统一的绿色产品标准、认证、标识体系的意见》.（2016-12-07）［2019-10-19］.http：//www.gov.cn/xinwen/2016-12/07/content_5144668.htm.

[14]　马奇菊.浅析我国绿色产品认证的现状与意义［J］.质量与认证，2016（7）：37-39.

[15]　质检总局认监委：建立绿色产品体系　推动供给侧改革.（2016-06-30）［2019-10-19］.https：//www.sohu.com/a/100201491_115496.

[16]　刘志峰，刘光复.绿色产品与绿色设计［J］.机械科学与技术，1997，15（12）：1-3.

[17]　张新国，杨梅.论绿色产品市场的监控和管理［J］.财贸经济，2001（9）：78-80.

[18]　刘飞，曹华军.绿色制造的理论体系框架［J］.中国机械工程，2000，11（9）：961-964.

[19]　王京歌，邹雄.政府绿色采购制度研究［J］.郑州大学学报（哲学社会科学版），2017（6）：31-35.

[20]　环境保护部.关于积极发挥环境保护作用促进供给侧结构性改革的指导意见［J］.中国环保产业，2016（4）：9-12.

[21]　毛涛.我国绿色供应链管理法律政策进展及完善建议［J］.环境保护，2016（23）：57-60.

[22]　毛涛.用制度推进绿色供应链管理［J］.电气时代，2016（10）：19.

[23]　倪梓桐.探索绿色供应链的发展路径［J］.环境保护，2016，44（S1）：72-74.

[24]　李慧明，朱红伟，廖卓玲.论循环经济与产业生态系统之构建［J］.现代财经：天津财经学院学报，2005（4）：9-12.

[25]　袁增伟，毕军，张炳，等.传统产业生态化模式研究及应用［J］.中国人口·资源与环境，2004，14（2）：108-111.

[26]　朱坦，高帅.推进生态文明制度体系建设重点环节的思考［J］.环境保护，2014，42（16）：10-12.

[27]　朱坦.持续推进循环经济　构建新型经济增长模式［J］.环境保护，2011（23）：38-41.

[28]　李慧明，王军锋，左晓利，等.内外均衡，一体循环：循环经济的经济学思考［M］.天津：天津人民出版社，2007.

[29]　黄和平，毕军.基于物质流分析的区域循环经济评价：以常州市武进区为例［J］.资源科学，2006，28（6）：20-27.

[30]　解振华.关于循环经济理论与政策的几点思考［J］.环境保护，2004（1）：3-8.

[31]　周国梅，任勇，陈燕平.发展循环经济的国际经验和对我国的启示［J］.中国人口·资源与环境，2005，15（4）：137-142.

[32]　高吉喜.可持续发展理论探索：生态承载力理论、方法与应用［M］.北京：中国环境科学出版社，2001.

[33]　毕军，黄和平，袁增伟，等.物质流分析与管理［M］.北京：科学出版社，2009.

[34]　戴铁军，陆钟武.钢铁企业生态效率分析［J］.东北大学学报（自然科学版），2005（12）：48-53.

[35]　段宁.城市物质代谢及其调控［J］.环境科学研究，2004，17（5）：77-79.

[36]　刘毅，陈吉宁.中国磷循环系统的物质流分析［J］.中国环境科学，2006，26（2）：238-242.

［37］　杜欢政，王舟，王岩.工业园区循环化改造为发展循环经济助力［J］.资源再生，2013（7）：28-30.

［38］　薛占海.生态环境产业研究［M］.北京：中国经济出版社，2008.

［39］　苏伦·埃尔克曼.工业生态学［M］.徐兴元，译.北京：经济日报出版社，1999.

［40］　吴晓青，熊跃辉，赵英民.中国生态工业园区建设模式与创新［M］.北京：中国环境出版社，2014.

［41］　张墨，朱坦.浅析我国循环经济发展的制度建设［J］.未来与发展，2011（2）：10-13，30.

［42］　李慧明，左晓利，张菲菲.破解我国循环经济发展的经济学难题［J］.理论与现代化，2009（2）：20-24.

［43］　张墨，朱坦."十二五"时期转变经济发展方式、促进循环经济的关键政策研究［J］.生态经济，2011（8）：43-47.

［44］　朱红伟，廖筠.循环经济中生态规律与经济规律的关系辨析［J］.中央财经大学学报，2010（5）：54-58.

［45］　李慧明，左晓利，王磊.产业生态化及其实施路径选择：我国生态文明建设的重要内容［J］.南开学报（哲学社会科学版），2009（3）：34-42.

［46］　段宁，但智刚，王璠.清洁生产技术：未来环保技术的重点导向［J］.环境保护，2010（16）：21-23.

［47］　国家发展改革委体管所循环经济研究中心课题组.天津经济技术开发区循环经济实践与经验的调研报告［J］.宏观经济研究，2008（3）：17-23，42.

［48］　李东进，秦勇，朴世桓，等.管理学原理［M］.3版.北京：中国发展出版社，2014.

［49］　杨永恒.发展规划：理论、方法和实践［M］.北京：清华大学出版社，2012.

［50］　左晓利.基于区域差异的产业生态化路径选择研究［D］.天津：南开大学，2010.

［51］　徐海.生态工业园模式与规划研究［D］.上海：上海大学，2007.

［52］　熊艳.生态工业园发展研究综述［J］.中国地质大学学报（社会科学版），2009（1）：69-73.

［53］　唐燕.基于物质流分析的天津子牙循环经济产业区产业规划与设计［D］.天津：天津理工大学，2008.

［54］　Ayers R U. The life-cycle of chlorine，part Ⅰ：Chlorine production and the chlorine-mercury connection［J］. Journal of Industrial Ecology，1997b，1（1）：81-94.

［55］　Allenby B R，Richards D J. The greening of industrial ecosystems［M］. Washington，DC：National Academy Press，1994.

［56］　Fischer-Kowalski M. Society's metabolism［M］. Vienna：IFF，2001.

第九章 生态文明——生态消费解析

党的十七大报告指出，建设生态文明，基本形成节约能源资源和保护生态环境的产业结构、增长方式、消费模式，生态文明观念在全社会牢固树立。党的十八大报告指出，大力推进生态文明建设，着力推进绿色发展、循环发展、低碳发展，形成节约资源和保护环境的生活方式。全面促进资源节约，推动资源利用方式根本转变，加强全过程节约管理，大幅降低能源、水、土地消耗强度，提高利用效率和效益。推动能源生产和消费革命，控制能源消费总量，加强节能降耗，支持节能低碳产业和新能源、可再生能源发展，确保国家能源安全。加强水源地保护和用水总量管理，推进水循环利用，建设节水型社会。严守耕地保护红线，严格土地用途管制。发展循环经济，促进生产、流通、消费过程的减量化、再利用、资源化。加强生态文明宣传教育，增强全民节约意识、环保意识、生态意识，形成合理消费的社会风尚，营造爱护生态环境的良好风气。《中共中央　国务院关于加快推进生态文明建设的意见》提出，"培育绿色生活方式。倡导勤俭节约的消费观。广泛开展绿色生活行动，推动全民在衣、食、住、行、游等方面加快向勤俭节约、绿色低碳、文明健康的方式转变，坚决抵制和反对各种形式的奢侈浪费、不合理消费"。《生态文明体制改革总体方案》指出，建立统一的绿色产品体系。将目前分头设立的环保、节能、节水、循环、低碳、再生、有机等产品统一整合为绿色产品，建立统一的绿色产品标准、认证、标识等体系。完善对绿色产品研发生产、运输配送、购买使用的财税金融支持和政府采购等政策。党的十九大报告指出，加快生态文明体制改革，建设美丽中国，推进绿色发展。加快建立绿色生产和消费的法律制度和政策导向，构建市场导向的绿色技术创新体系，发展绿色金融，壮大节能环保产业、清洁生产产业、清洁能源产业。推进能源生产和消费革命，构建清洁低碳、安全高效的能源体系。推进资源全面节约和循环利用，实施国家节水行动，降低能耗、物耗，实现生产系统和生活系统循环链接。开展创建节约型机关、绿色家庭、绿色学校、绿色社区和绿色出行等行动。2018年，在全国生态环境保护大会上，习近平总书记强调，要倡导简约适度、绿色低碳的生活方式，反对奢侈浪费和不合理消费。

生态消费是生态文明建设的重要组成部分，推进生态文明建设，必须推动生态消费进程，通过生活方式的绿色革命，推动生产方式绿色转型，生态消费涉及人们生活的衣食住行各个方面，应在机关、家庭、学校、社区等各个层面进行推动。本章从生态消费的内涵、生态消费的特征和现实意义、生态消费的法规政策、生态消费的绿色标识、政府绿色采购机制、绿色产品认证机制等角度出发，全面介绍生态文明体制下，以生态消费为目标的绿色消费的特征、主要形式和实现机制。

本章知识体系示意图

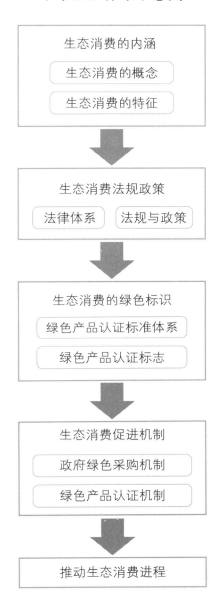

9.1 生态消费的内涵

9.1.1 绿色消费概念起源和内涵

1987年，英国学者 John Elkington 和 Julia Hailes 在《绿色消费者指南》一书中正式提出"绿色消费"概念，并将绿色消费定义为避免使用下列商品的一种消费：①危害到消费者和他人健康的商品；②在生产使用和丢弃时，造成大量资源消耗的商品；③因过度包装，超过商品物质有效期或过短的生命周期而造成不必要消费的商品；④使用出自稀有动物或自然资源的商品；⑤含有对动物残酷或不必要的剥夺而生产的商品；⑥对其他国家尤其是发展中国家有不利影响的商品。英国学者 K. 皮蒂（K. Peattie）则避开否定的表达方式，把"绿色消费"定义为："所谓绿色消费，是购买时至少一部分，从环境、社会的角度进行的购买或非购买的行为。"1994 年联合国环境规划署的报告《可持续消费的政策因素》中指出，绿色消费是指"提供服务以及相关产品以满足人类的基本需求，提高生活质量，同时使自然资源和有毒材料的使用量减少，使服务或产品的生命周期中所产生的废物和污染物最少，从而不危及后代的需求"。国际环保专家将绿色消费概括成 5R 原则，即节约资源，减少污染（Reduce）；绿色生活，环保选购（Revaluate）；重复使用，多次利用（Reuse）；分类回收，循环再生（Recycle）；保护自然，万物共存（Rescue）。

唐锡阳（1993）把绿色消费概括为 3R 和 3E：Reduce，减少非必要的浪费；Reuse，修旧利废；Recycle，提倡使用再生原料制成的产品；Economics，讲究经济实惠；Ecological，讲究生态效益；Equitable，符合平等、人性原则。中国消费者协会把绿色消费概括为三层含义：一是在消费内容上，倡导消费者在消费时选择未被污染或有助于公众健康的绿色产品；二是在消费过程中要注重对垃圾的处置，尽量减少环境的污染；三是在消费观念上，引导人们在追求生活方便、舒适的同时，注重环保，节约资源和能源，实现可持续消费。不仅要满足当代人的需要，还要满足子孙后代的消费需要。易必武（2003）认为，绿色消费是一种综合考虑环境影响、资源效率、消费者权利的现代消费模式，其目标是使产品在消费与回收处理过程中对环境与消费者的负面影响最小，实现资源利用与生存环境的"代内公平"与"代际公平"，实现人类的可持续发展。

综合考察绿色消费思想的起源，提出绿色消费的背景和目的，以及国内外学者对绿色消费的定义不难发现，绿色消费的思想至少包含两个方面的内容：一是要求消费者消费的产品或服务不会危害消费者或他人的健康，同时在产品或服务的全生命周期中尽量减少对环境的污染、破坏及不利影响；二是要求消费者树立环保节约理性的消费观念，在满足自身需要的消费过程中，注重保护环境、节约资源，自觉拒绝和抵制铺张浪费的消费行为。

9.1.2　中国生态文明体制下的生态消费

为了进一步明确绿色消费的内涵和特征，国内外学者对绿色消费相关概念之间的关系进行了分析和辨识。汪秀英（2005）研究了"绿色消费"和"生态消费"的内涵后，认为二者之间的关系为：绿色消费应寓于生态消费之中，并成为生态消费的重要组成部分。文可、关茹萍（2008）分析了循环经济与绿色消费的关系，认为：绿色消费意识和观念是循环经济发展的基础；绿色消费是循环经济发展真正意义上的"源头消减"；绿色消费是循环经济发展的内在动力。国内学者还对"可持续消费""生态消费""低碳消费"等概念与"绿色消费"的关系进行了研究。汪玲萍、刘庆新（2012）对这四个概念的起源和内涵进行了探讨，提出：可持续消费是人类理想消费模式的总称；绿色消费是可持续消费的形象化称谓；生态消费更应该说是"生态消费观"，它是可持续消费中所体现出的价值和伦理方面的要求；低碳消费则是可持续消费在当前全球气候变暖危机下的暂时应急措施。

2016 年 2 月 17 日，国家发改委、中宣部、科技部等十部门联合出台了《关于促进绿色消费的指导意见》，明确提出以下主要目标："到 2020 年，绿色消费理念成为社会共识，长效机制基本建立，奢侈浪费行为得到有效遏制，绿色产品市场占有率大幅提高，勤俭节约、绿色低碳、文明健康的生活方式和消费模式基本形成。"

当前我国社会仍处于绿色消费意识培养与行为养成的初期阶段，初步建立了以法律政策为核心的绿色消费机制，引导消费者将绿色消费行为融入日常生活，引导企业调整技术与产品结构、形成绿色生产产业链，规定政府切实落实绿色采购政策，在全社会营造绿色消费的氛围，促进生态文明的建设。在绿色消费宣传教育方面，形成了以政府为主，校园、企业、媒体等为辅的宣传教育体系，宣传绿色消费价值观，普及绿色消费知识。在政府采购方面，形成了"节能产品政府采购清单"和"环境标志产品政府采购清单"两大清单体系，近年来产品范围不断扩大，政府绿色采购规模不断增加。在绿色产品认证体系方面，我国形成了涵盖节能、节水、循环、低碳、再生、有机等产品领域，第三方认证、自我声明等多种认证模式并存的认证体系，当前的主要目标是建立统一的绿色产品认证标准，更好地引领绿色产品的设计、生产、使用，促进绿色消费市场发展。

当前众多企业已经在全力进行绿色产品改革。物流行业已通过快递箱回收再利用、绿色智能配送、智能回收等方式对配送链进行全面绿色化升级。以福特、大众等企业为代表的汽车制造业企业，以目前对于新能源汽车的政策支持为契机，加快新能源汽车的开发与升级，提高汽车的能源利用效率，对废气排放的净化进行升级，在绿色出行领域加速前进。自 2013 年开始，上海市联合各相关单位，开始推出"100＋企业绿色链动计划"，在衣用住行等全方面推进典型企业在生产、消费的供应链中施行绿色化升级，树立企业绿色生产的典范与可复制模型。武汉市发布两型社会建设白皮书，其中对绿色消费示范社区建设进行了专项部署。

9.2　生态消费的特征和现实意义

9.2.1　生态消费的特征

（1）生态消费是一种生态行为文明的消费模式

在生态文明体制下，绿色消费从消费观念、消费选择、消费过程等方面进行了全面规制，是一种生态行为文明的消费模式，以尊重自然规律为基础，顺应了社会与自然环境协调发展的趋势，保护了人类赖以生存的生态环境，是加强生态文明建设的重要途径之一。

（2）戒除不良消费嗜好，树立"新节俭主义"消费理念

奢华已成为个别现代人生活和消费中流行的价值观，但这种消费价值观给资源与环境增加了巨大的负担。因此绿色消费观要求大家戒除"一次性消费""面子消费""炫耀性消费""奢侈消费""挥霍性消费"。在人与环境矛盾愈发突出的情况下，我们所倡导的改变不可持续的消费方式并不是要求降低人们的生活水平，而是力图以日常消费为突破口，通过改变不适当的享乐主义、奢侈主义的生活方式，确立绿色的、科学的、可持续的消费模式。

（3）建立政府绿色采购制度

政府绿色采购是生态文明建设的重要举措。政府绿色采购对倡导绿色消费具有示范效应。当前我国政府正在大力推广绿色采购制度，依靠法律法规的强制力、政府引导与监督、公众监督等手段，逐步推进政府绿色采购，提高其在我国政府采购中所占比例。我国的政府绿色采购规模仍处于较低水平，相关配套政策仍需不断完善，需要出台完善的绿色采购专项法律为其发展提供保障。

（4）健全企业技术创新激励制度

由于绿色技术创新需要企业持续、大量的资金和人力投入，且其利润回报周期长、风险较大，只依靠市场调配不能满足企业的绿色化生产转型，因此需要政府建立健全对应的政策保障体系，从财政、信贷等政策性经济方面激励企业自主研发，调控市场向绿色产品倾斜，为企业绿色技术创新保驾护航。当前应用的手段包括排污收费、排污许可证、排污权交易、节能交易等经济措施。

个人消费行为基数庞大，影响社会氛围与企业生产行为；企业提供的服务和生产的产品为绿色消费提供更广阔的选择；政府的政策引导、奖惩措施可以促进个人消费与企业生产的可持续化，同时政府采购行为也可以加速企业生产模式、产品性质的"绿色化"进程。由此可见，生态文明建设应与绿色消费的原则有机结合，这是因为绿色消费不仅为生态文明建设提供了可知可感的现实图景，而且为生态文明建设提供了重要的切入点和着力点。建设生态文明，必须在全社会形成绿色消费的消费模式。

9.2.2　生态消费的现实意义

（1）生态消费有利于转变经济增长方式，是实现可持续发展的必由之路。传统经济增长方式难以为继，而生态消费不仅对消费者提出要求，也对生产者提出要求：要十分注重环保，注重资源节约和可持续利用，做到无污染、无公害、无废、少废。要实现这些要求，就必须转变经济增长方式，实施可持续发展战略。

（2）生态消费有利于促进人与自然和谐相处。生产活动和消费活动是人类社会系统与自然生态系统进行物质、信息、能量交换的中介环节。人类生产方式和消费方式不当是人与自然矛盾激化的根本原因。生态消费促进工业消费方式变革，并推动工业生产方式的变革，达到节约资源、保护环境、实现人与自然和谐相处的目的。

（3）生态消费有利于全面满足人类生存和健康的需要，促进人的自由、全面发展，从而实现人类社会公平、合理和可持续发展。生态消费有助于消费由数量扩张向质量提升转变，推动消费层次、消费质量的提高和消费结构合理化，不仅能够更好地满足人们的物质文化需要，而且能够使生态需要得到满足。生态消费还可以促进人们思想道德素质和科学文化素质的提高，有利于人的精神境界的全面提升，因而有利于人的自由、全面发展，从而实现人类社会公平、合理和可持续发展。

9.3　生态消费的法规政策

9.3.1　生态消费的法律体系

以宪法为指导，以现行的涉及绿色消费的全部法律规范为主体的，相互补充、相互促进、有机融合的法律法规，初步形成了包括环境产品认证制度、政府绿色采购制度等多层次的法律政策体系框架，构成了我国绿色消费的法律体系。

现行法律体系中对绿色消费过程及消费后的资源回收相关规定主要由《中华人民共和国宪法》（2018年修正案）、《中华人民共和国环境保护法》、《中华人民共和国固体废物污染环境防治法》、《中华人民共和国循环经济促进法》、《中华人民共和国环境保护税法》、《中华人民共和国水法》、《中华人民共和国节约能源法》构成。其中《中华人民共和国宪法》作为根本法，指明了资源合理使用与分配、反对浪费的原则。其他各项法律针对整体环境、能源、环境要素、废弃物处理等情况，从环境与资源保护、生产与消费促进、社会宣传教育、政府采购、税收与经济鼓励等方面做出相关规定，鼓励消费者选择绿色产品或绿色服务、企业进行产品绿色升级，在全社会形成绿色生产、绿色消费、环境与资源保护的氛围，以达到生态与社会和谐的最终目标。

9.3.2　生态消费的法规与政策

我国有多部行政法规和部门规章对绿色产品采购及资源回收利用进行规范。其中，行政法规包括 2008 年修订的《中华人民共和国消费税暂行条例》、2009 年制定的《废弃电器电子产品回收处理管理条例》、2014 年制定的《中华人民共和国政府采购法实施条例》等；部门规章如国家认证认可监督管理委员会与商务部于 2003 年联合发布的《绿色市场认证管理办法》、于 2004 年联合发布的《绿色市场认证实施规则》，环境保护部于 2008 年发布的《中国环境标志使用管理办法》，财政部与国家税务总局于 2008 年联合发布的《中华人民共和国消费税暂行条例实施细则》，农业部于 2012 年发布的《绿色食品标志管理办法》，建设部于 2007 年发布并于 2015 年修正的《城市生活垃圾管理办法》，由工业和信息化部牵头的八部委于 2016 年发布的《电器电子产品有害物质限制使用管理办法》等。

我国还制定了一系列政策性文件来引导和推动绿色消费。国务院于 2005 年发布了《关于加快发展循环经济的若干意见》，指明了绿色消费的实现路径。该文件强调要形成有利于节约资源、保护环境的生产方式和消费方式，推进绿色消费，完善再生资源回收利用体系，鼓励使用能效标识产品、节能节水认证产品和环境标志产品、绿色标志食品和有机标志食品，减少过度包装和一次性用品的使用，同时要求政府机构实行绿色采购。为了细化落实该意见，国家各部委陆续出台了政策性文件，包括：国家环境保护总局等四部门于 2006 年发布的《废弃家用电器与电子产品污染防治技术政策》，国务院办公厅于 2007 年发布的《关于限制生产销售使用塑料购物袋的通知》、于 2009 年发布的《关于治理商品过度包装工作的通知》，国家新闻出版总署、环境保护部于 2011 年联合发布的《关于实施绿色印刷的公告》等。

近几年来，更多涉及绿色消费的政策性文件陆续出台，如国家发展和改革委员会等十部委于 2016 年发布的《关于促进绿色消费的指导意见》，环境保护部于 2015 年发布的《关于加快推动生活方式绿色化的实施意见》，工业和信息化部于 2015 年发布的《关于在消费品生产领域倡行勤俭节约、反对奢华浪费的通知》，中国绿色食品发展中心于 2014 年发布的《绿色食品标志使用证书管理办法》和《绿色食品颁证程序》，国务院办公厅于 2016 年发布的《关于建立统一的绿色产品标准、认证、标识体系的意见》、2017 年发布的《关于转发国家发展改革委住房城乡建设部生活垃圾分类制度实施方案的通知》等。国务院出台《关于加强质量认证体系建设促进全面质量管理的意见》，对认证组织机构间合作、技术与人才交流、在新消费中推进绿色低碳做出了要求。2011 年中国环境与发展国际合作委员会就"可持续消费与绿色发展课题组"主题召开相关会议，为课题组内中外研究者提供合作基础，促进双方在框架构建、中国绿色消费模型构建、可持续消费建议等方面进行开放且深入的合作。在金融领域，《重点用能单位节能管理办法》要求金融机构对企业节能生产、清洁生产项目进行信贷、融资等方面的倾斜。2018 年以来，我国继续出台政策性文件促进绿色消费，加快对生态文明建设的部署。在众多的法规、政策、中央文件中，《关于促进绿色消费的指导意见》对绿色产品、绿色服务从生产、消费、金融、政策等方面进行了较为全面的规定，是当前绿色消费的主要依据。

9.4 生态消费的绿色标识

9.4.1 绿色产品的认证标准体系

绿色产品主要有绿色食品和绿色节能产品，是指生产过程及其本身节能、节水、低污染、低毒、可再生、可回收的一类产品。绿色产品对比传统产品，其优势在于在产品的设计、生产、运输、使用与回收过程中做到环境友好、符合环境保护要求，对生态环境无害或者危害极小，能够通过节约与回收再利用等方式大幅提高资源利用率、减少能源消耗。因此，绿色产品在改善环境、提高社会生活品质等功能上与传统产品产生了根本区别。如今绿色产品消费在发达国家发展迅速，成为消费潮流的引领者。

为了推动绿色产品被大众广泛认可，不少国家相继实行和开展绿色标识与认证，以提高产品的环境品质和特征。绿色标识是企业生产绿色产品的身份认证，是企业获得政府支持、获取消费者信任、顺利开展绿色营销的重要保证。而对于消费者，绿色产品认证便于在购物时辨别绿色产品，增强环保意识，满足其绿色消费需求，有助于获取准确、权威的信息，保护其合法利益。德国、加拿大、日本、美国、法国、瑞士、芬兰、澳大利亚等国家纷纷实行绿色标识，中国于1989年开始实行绿色食品标识制度。为了统一绿色标识与认证的定义、标准以及测试方法，国际标准化组织环境战略咨询组于1991年成立了环境标识分组，以促进社会、经济与环境的协调发展。

9.4.2 绿色产品认证标志

各类绿色产品认证标志是标示在产品或其包装上的"证明性商标"，用以区别于一般商标，表示该产品在制造、使用、处置全过程中符合各类环保标准。以下列举常见绿色产品认证标志。

（1）中国环境标志

中国环境标志（俗称"十环"），以绿色为底色，由青山、绿水、太阳以及十环图案组成，是国内综合性绿色产品认证标志。中国环境标志的含义为产品合格并符合环保要求，寓意为"全民联系起来，共同保护人类赖以生存的环境"。目前家电、日用品、汽车等产品进行中国环境标志认证。

保护环境为环境标志发放的最终目标。为实现这一目标，一般采取如下两步骤：以环境标志为载体向消费者传递产品的环境友好属性的信息，引导消费者购买并使用有益于环境保护、资源能源节约的产品；通过消费市场中消费者购买行为，引导企业在市场竞争中调整产品结构，使用清洁生产工艺，生产消费者优先选择的、环境友好的绿色产品，从而使企业遵守国家环境规定，逐步转型为绿色环保企业。目前适用于中国环境标志的产品种类如表9-1所示。北京市自2006年起在饭店行业启用环境标志认证，推动饭店行业选用绿色产品、正确回收处理餐厨垃圾、节水节电。

表 9-1 中国环境标志产品种类汇总

序号	环境标志产品技术要求	序号	环境标志产品技术要求
1	轻型汽车 HJ/T 182—2005	43	毛纺织品 HJ/T 309—2006
2	水性涂料 HJ/T 201—2005	44	盘式蚊香 HJ/T 310—2006
3	一次性餐饮具 HJ/T 202—2005	45	燃气灶具 HJ/T 311—2006
4	飞碟靶 HJ/T 203—2005	46	陶瓷、微晶玻璃和玻璃餐具 HJ/T 312—2006
5	包装用纤维干燥剂 HJ/T 204—2005	47	微型计算机、显示器 HJ/T 313—2006
6	再生纸制品 HJ/T 205—2005	48	生态住宅（住区）HJ/T351—2007
7	无石棉建筑制品 HJ/T 206—2005	49	太阳能集热器 HJ/T 362—2007
8	建筑砌块 HJ/T 207—2005	50	家用太阳能热水系统 HJ/T 363—2007
9	灭火器 HJ/T 208—2005	51	胶印油墨 HJ/T 370—2007
10	包装制品 HJ/T 209—2005	52	凹印油墨和柔印油墨 HJ/T 371—2007
11	软饮料 HJ/T 210—2005	53	复印纸 HJ/T 410—2007
12	化学石膏制品 HJ/T 211—2005	54	水嘴 HJ/T 411—2007
13	光动能手表 HJ/T 216—2005	55	预拌混凝土 HJ/T 412—2007
14	防虫蛀剂 HJ/T 217—2005	56	再生鼓粉盒 HJ/T 413—2007
15	压力炊具 HJ/T 218—2005	57	室内装饰装修用溶剂型木器涂料 HJ/T 414—2007
16	空气卫生香 HJ/T 219—2005	58	杀虫气雾剂 HJ/T 423—2008
17	胶粘剂 HJ/T 220—2005	59	数字式多功能复印设备 HJ/T 424—2008
18	家用微波炉 HJ/T 221—2005	60	厨柜 HJ/T 432—2008
19	气雾剂 HJ/T 222—2005	61	建筑装饰装修工程 HJ 440—2008
20	轻质墙体板材 HJ/T 223—2005	62	防水卷材 HJ 455—2009
21	干式电力变压器 HJ/T 224—2005	63	刚性防水材料 HJ 456—2009
22	消耗臭氧层物质替代产品 HJ/T 225—2005	64	防水涂料 HJ 457—2009
23	建筑用塑料管材 HJ/T 226—2005	65	家用洗涤剂 HJ 458—2009
24	磁电式水处理器 HJ/T 227—2005	66	木质门和钢质门 HJ 459—2009
25	节能灯 HJ/T 230—2006	67	数字式一体化速印机 HJ 472—2009
26	再生塑料制品 HJ/T 231—2006	68	皮革和合成革 HJ 507—2009
27	管型荧光灯镇流器 HJ/T 232—2006	69	采暖散热器 HJ 508—2009
28	泡沫塑料 HJ/T 233—2006	70	木制玩具 HJ 566—2010
29	金属焊割气 HJ/T 234—2006	71	喷墨墨水 HJ 567—2010
30	工商用制冷设备 HJ/T 235—2006	72	箱包 HJ 569—2010
31	家用制冷器具 HJ/T 236—2006	73	鼓粉盒 HJ 570—2010
32	塑料门窗 HJ/T 237—2006	74	人造板及其制品 HJ 571—2010
33	充电电池 HJ/T 238—2006	75	文具 HJ 572—2010
34	干电池 HJ/T 239—2006	76	喷墨盒 HJ 573—2010
35	卫生陶瓷 HJ/T 296—2006	77	电线电缆 HJ 2501—2010
36	陶瓷砖 HJ/T 297—2006	78	壁纸 HJ 2502—2010
37	打印机、传真机和多功能一体机 HJ/T 302—2006	79	印刷第一部分:平版印刷 HJ 2503—2011
38	家具 HJ/T 303—2006	80	照相机 HJ 2504—2011
39	房间空气调节器 HJ/T 304—2006	81	移动硬盘 HJ 2505—2011
40	鞋类 HJ/T 305—2006	82	彩色电视广播接收机 HJ 2506—2011
41	生态纺织品 HJ/T 307—2006	83	网络服务器 HJ 2507—2011
42	家用电动洗衣机 HJ/T 308—2006	84	电话 HJ 2508—2011

（2）中国节能认证标志

节能产品认证是指产品通过国家相关规定与认定程序，证明其符合相应节能标准的认证标志。中国节能标志由形似长城烽火台的汉字"节"与外环"e"组成。《中华人民共和国节约能源法》规定，通过节能产品资格认证的企业、获得节能认证的产品可以在产品标识其节能标志。因此，消费者可以依据产品或其包装上的节能标志识别和选择高效节能型产品。其主要作用为引导消费者从长远角度考虑，选择节能产品以降低能源消耗支出、减少生活污染排放，从而提高整体生活质量。其次此类产品均需要经过严格审核与检验以通过节能产品认证，这为产品质量背书。从社会角度而言，环保意识、绿色消费意识与节能产品的购买和使用为双向促进关系，节能产品的购买和使用能够促进社会环保意识的发展。

（3）中国能效标识

能效标识又称能源效率标识，是为消费者提供产品能源消耗性能信息的重要标志。能效标识按照产品的能源消耗水平划分为 $1 \sim 5$ 级，能源消耗量随数字增大而增多。其中 1 级标识能源消耗量最小，达到国际领先水平；5 级表明该产品能源消耗水平低于市场准入标准，不允许该商品生产、销售。

（4）中国节水产品认证（"节"字标认证）

中国节水产品认证，是根据国际产品质量要求，对符合水资源节约使用产品的第三方认证。该认证获得财政部采信，经过认证的产品可以进入节能产品政府采购清单。

（5）绿色食品认证标志

绿色食品标准为绿色食品生产企业必须遵循的执行标准，由农业部发布。绿色食品标准涵盖生产技术、产品质量、产品包装、环境质量等六方面内涵。绿色食品标准认证分为 A 级与 AA 级两类，其中 A 级允许限量使用规定的化学合成物质，AA 级禁止使用化学合成物质。绿色食品认证标志为绿色，由太阳、蓓蕾、叶片三部分组成。

9.5　政府绿色采购机制

政府绿色采购激励绿色技术开发，降低绿色产品成本，倡导绿色消费观念，促进绿色产业形成。欧盟委员会将政府绿色采购概括为"政府当局利用其购买力选择环境友好型产品、服务、工程，从而促进可持续消费和生产"，即政府绿色采购主要包含绿色技术、绿色产品、绿色功能和绿色采购过程四大要素。政府绿色采购是将政府采购的政策目标与绿色发展的理念与要求相结合，通过政府主体发挥作用，主动促进绿色产品消费。政府绿色采购通过选择符合国家绿色标准的产品和服务，引导企业产品全过程符合环保要求。实施政府绿色采购是引领绿色消费的重要手段，将绿色理念纳入消费产品中，推动改变传统的"大量生产、大量消费、大量废弃"的生产消费模式，促进资源节约、绿色生产、废物循环利用。政府绿色采购强调提供绿色产品和服务，与政府采购政策和资金工具联合作用，形成综合放大效应，能够促进全社会绿色消费、推动生活方式绿色化转型，对于我国转型阶段意义重大。

十八大"大力推进生态文明建设"战略决策的提出，实际上是将可持续发展提升到绿色发展高度。"十三五"规划纲要中将"生产方式和生活方式绿色、低碳水平上升"作为今后五年经济社会发展的主要目标之一。《关于促进绿色消费的指导意见》提出要全面推进公共机构带头绿色消费。政府绿色采购将是我国未来几年引领绿色消费方式转变的重要方式。2015年《关于加快推进生态文明建设的意见》中提出以推广节能环保产品拉动消费需求，建立与国际接轨、适应我国国情的能效和环保标识认证制度。《生态文明体制改革总体方案》中明确要求建立统一的绿色产品体系，将目前分头设立的环保、节能、节水、循环、低碳、再生、有机等产品统一整合为绿色产品，建立统一的绿色产品标准、认证、标识等体系。2015年《关于积极发挥新消费引领作用加快培育形成新供给新动力的指导意见》、2016年《关于促进绿色消费的指导意见》和"十三五"规划纲要都提出以健康节约绿色消费方式引导生产方式变革，要完善绿色采购制度，扩大政府绿色采购范围与规模等要求。

近年来，我国政府绿色采购清单产品涵盖品类与产品增多，采购规模大幅度增加。"节能产品清单"自2004年至今更新了24期，从8类产品发展到26大类、44小类；"环境标志产品清单"自2006年至今更新了22期，产品从14类增加到37大类、61小类。如今，两项清单中的产品已经涵盖了电子设备、汽车、生活用电器、照明设备、办公用品、建筑材料、节水设备和动力设备等多个行业和领域。在采购规模方面，2006年到2018年，我国政府节能环保产品采购规模及占我国政府采购资金的比例都逐年扩大。2018年全国政府采购金额占全国财政支出比重为10.5%，占GDP比重为4%。2018年，全国强制和优先采购节能、节水产品1653.8亿元，占同类产品采购规模的90.1%；全国优先采购环保产品1647.4亿元，占同类产品采购规模的90.2%。而发达国家政府采购金额占GDP的比重为15%~25%，社会性支出和环保支出在财政支出中所占的比重较大，很多国家达到50%~60%。由此，我国政府绿色采购规模仍需扩大，以促进绿色市场的拓展，树立"绿色消费者"的形象，引领企业、公众的绿色消费。

当前我国推行政府绿色采购的主要依据为《中华人民共和国政府采购法》和《中华人民共和国政府采购法实施条例》《中华人民共和国环境保护法》等，《中华人民共和国政府采购法》和《中华人民共和国政府采购法实施条例》中确定了政府的采购活动应该满足环境要求、达到环境保护的目标。《中华人民共和国清洁生产促进法》和新《中华人民共和国环境保护法》提出政府采购应该选择能源节约、资源节约、利于回收等有利于环境、资源的产品。目前实践中开展的政府绿色采购主要依据2004年出台的《节能产品政府采购实施意见》和2006年出台的《关于环境标志产品政府采购实施的意见》，给出"节能产品政府采购清单"和"环境标志产品政府采购清单"。当前我国各省、市政府也正积极推进政府绿色采购进程，青岛市出台并实施《青岛市绿色采购环保产品管理暂行办法》，山东省发布《山东省节能环保产品政府采购评审办法》，天津市政府采购中心对政府采购产品做出节能产品限定范围，沈阳市多部门联合推出了政府采购绿色产品确认计划，同时各省市依据所出台的方案、规定也确立了对应的评审方案、评审机构、评审流程等，并对绿色产品认证与标志认定做出规定。然而当前我国政府绿色采购认证工作对绿色产品的认证主要停留在节能、环保单个方面，尚需出台范围更大的绿色产品清单。同时绿色产品在我国仍需扩大使用范围，个别省市对绿色产品政府采购的执行未能带来规模效应；在政府绿色采购的监管方面，专门的管理与监督部门、监管规章与流程仍需健全，这可能带来单一的以价格为导向的评价结果，产品的环境效益、资源利用效益等评价结果容易受到忽视，不利于绿色采购的推进。

当前我国政府绿色采购的产品范围取自清单——"节能产品政府采购清单"和"环境标志产品政府采购清单"，如今消费品更新换代速度快，两项清单的更新速度远远达不到绿色消费品更新换代的速度，导致很多绿色产品未能列入清单，只能在国际市场畅销，影响我国政府绿色产品采购和我国绿色产品创新、技术开发进度。因此，绿色采购清单尚需进一步扩充，并根据企业生产经营、技术革新等实际情况加以调整，进一步放宽新产品、新业态市场准入条件。当前我国绿色产品认证标准主要是由各认证中心颁布，如中国质量认证中心颁布的强制性产品国家标准，中标认证中心颁布的环保产品标准，中环联合认证中心颁布的国家环境保护行业标准等，认证中存在认证标准种类较多、认证标准不统一、国内认证要求远低于国际标准等问题，影响了绿色产品的认可度；同时，绿色产品认证程序复杂也影响了企业的积极性，增加了相同功能绿色产品选择的难度，不利于提高采购效率。目前国内尚需建立统一的绿色产品标准，进一步简化认证程序，搭建绿色产品的评估体系，为采购人员提供更多的意见。

政府绿色采购同时推进了企业的绿色化转型。2009 年北京市正式通过财政手段推广新能源汽车的购买与使用。自 2011 年起，北京市正式推广电动出租车运营。自 2012 年起，北京市政府公务车采购开始考虑新能源汽车。北京市政府采购新能源汽车，不仅提高了空气质量，而且推动了新能源汽车的科技成果转化。研究表明：北京市政府对于新能源汽车的支持与采购，有效推进了福田公司在新能源汽车领域的自主创新水平，对福田汽车公司开发项目支出及专利批准数量增加的贡献度分别高达 86.16％和 56.25％。而福田新能源汽车自主创新水平的提高又促进了相关科技成果转化，对福田汽车公司主营业务收入及主营业务利润率增加的贡献度分别达到 17.89％和 74.24％。

9.6 绿色产品认证机制

我国绿色产品认证体系建设始于 20 世纪 90 年代。国家环境保护局于 1996 年开始建立环境保护资质认可制度并实施环保产品认定制度。国家环保总局为此制（修）订了环保产品认定标准，同时建设并发展了一批环保产品检测机构，逐步建立起我国的环境保护产品的监测体系、认定标准等，推进了我国环保产品标准化、系列化的进程，为绿色产品认证体系奠定了基础。同时，环保产品认定制度为提高产品质量、提高环境保护投资效益、引导技术进步、发展绿色消费市场起到了积极作用。自 2002 年起中国环境标志产品认证委员会秘书处在全国十余个城市开展"中国公众绿色消费调查"，从环保意识、绿色消费认知、绿色产品选购等多角度对我国公众进行广泛的调查与了解。调查结果显示，我国公众对于绿色产品、产品认证的认知程度得到了大幅度提升，这得益于我国对于绿色产品认证、节能产品认证、绿色食品认证的大力推广，但同时仍有近半数公众对绿色产品认证标识表示迷茫，众多的认证标志会对其选购造成困扰，因此仍需不断推进构建统一的绿色产品认证体系的工作进程，拓宽公众绿色消费知识宣传范围。

当前，我国形成了涵盖环境与能源的产品与服务领域，第三方认证、自我声明等多种认证模式并存的认证体系，以提供绿色产品的统一化的认证。

第三方认证是指产品认证由生产企业外的第三方机构完成，其要求为产品质量满足相关规定，在产品的生命周期中符合相关环境保护、资源节约、绿色产品标准要求。第三方认证中，部分认证由国家部委牵头组织，并纳入相关的采信体系。如中国环境标志认证，以认证标志的加贴为最终呈现形式，为符合生态环境部行业标准、获得认证的产品进行环境标志认证。该认证获得财政部的认可与引用，并构成了政府采购的清单范围，即政府采购清单中的产品只能在通过中国环境标志认证的产品中进行选择。部分第三方认证由非政府第三方机构进行管理，如中国质量认证中心的环保产品认证、方圆认证集团的方圆标志认证、赛西认证公司的绿色低碳评价。

另一类被广泛使用的认证模式为自我声明。在此模式下，企业可自行测试产品的质量、能耗等指标，并标示其测试结果，自己为标示信息的可靠性负责，而无须申请第三方认证。目前，我国能效标识属于自我声明标识。以能效标识为例，由国家发展改革委、国家市场监督总局和国家认监委负责建立并实施标识认证制度。目录内产品在销售与使用过程中，企业应在产品的最小包装或产品本身显著位置标明统一的能效标识，并对其能耗情况进行详细说明。能效等级由企业自行检测、标记，主管部门负责备案监督。

本章重要知识点

（1）生态消费的核心思想（绿色消费）：一是要求消费者消费的产品或服务不会危害消费者或他人的健康，同时在产品或服务的全生命周期中尽量减少对环境的污染、破坏及不利影响；二是要求消费者树立环保节约理性的消费观念，在满足自身需要的消费过程中，注重保护环境、节约资源，自觉拒绝和抵制铺张浪费的消费行为。

（2）中国生态消费的主要目标：到2020年，绿色消费理念成为社会共识，长效机制基本建立，奢侈浪费行为得到有效遏制，绿色产品市场占有率大幅提高，勤俭节约、绿色低碳、文明健康的生活方式和消费模式基本形成。

（3）绿色产品：主要有绿色食品和绿色节能产品，是指生产过程及其本身节能、节水、低污染、低毒、可再生、可回收的一类产品。绿色产品对比传统产品，其优势在于在产品的设计、生产、运输、使用与回收过程中做到环境友好、符合环境保护要求，对生态环境无害或者危害极小，能够通过节约与回收再利用等方式大幅提高资源利用率、减少能源消耗。

（4）绿色产品认证标志：是标示在产品或其包装上的"证明性商标"，用以区别于一般商标，表示该产品在制造、使用、处置全过程中符合各类环保标准。

（5）政府绿色采购及其作用：政府绿色采购通过选择符合国家绿色标准的产品和服务，引导企业产品全过程符合环保要求。实施政府绿色采购是引领绿色消费的重要手段，将绿色理念纳入消费产品中，推动改变传统的"大量生产、大量消费、大量废弃"的生产消费模式，促进资源节约、绿色生产、废物循环利用。政府绿色采购强调提供绿色产品和服务，与政府采购政策和资金工具联合作用，形成综合放大效应，能够促进全社会绿色消费、推动生活方式绿色化转型，对于我国转型阶段意义重大。

思考题

（1）根据个人消费行为，请尝试分析推进绿色消费对于生产供应端的作用。

（2）请分析推动绿色消费对中国推进生态文明建设的意义。

（3）在日常生活中，你是否购买过绿色产品？你是如何识别出这些产品的？影响你选择购买或者不购买这些产品的因素主要有哪些？

（4）什么是政府绿色采购？为什么要建立政府绿色采购机制？

（5）你觉得当前中国绿色消费理念达到何种程度？有哪些方法可以促进绿色消费理念的提高？

参考文献

[1] 陈凯.绿色消费模式构建及政府干预策略 [J].中国特色社会主义研究，2016，1 (3)：86-91.

[2] 仇立.基于绿色品牌的消费者行为研究 [D].天津：天津大学，2012.

[3] 崔文婷.绿色消费动力机制模型研究 [D].天津：天津大学，2010.

[4] 付伟，冷天玉，杨丽.生态文明视角下绿色消费的路径依赖及路径选择 [J].生态经济，2018，34 (7)：227-231.

[5] 付新华，郑翔.完善绿色消费法律制度的设想 [J].北京交通大学学报（社会科学版），2010，9 (3)：115-118.

[6] 何志毅，杨少琼.对绿色消费者生活方式特征的研究 [J].南开管理评论，2004 (3)：6-12.

[7] 黄嗣翔.城市低碳消费评价指标体系构建及应用研究 [D].杭州：浙江工业大学，2017.

[8] 景侠，刘晓娜.实现我国可持续消费的对策研究 [J].哈尔滨商业大学学报（社会科学版），2007 (1)：26-28.

[9] 蓝娟.论生态消费及其实现 [D].成都：成都理工大学，2007.

[10] 劳可夫，吴佳.基于 Ajzen 计划行为理论的绿色消费行为的影响机制 [J].财经科学，2013 (2)：91-100.

[11] 黎建新.绿色购买的影响因素分析及启示 [J].长沙理工大学学报（社会科学版），2006 (4)：71-75.

[12] 李静，刘丽雯.中国家庭消费的能源环境代价 [J].中国人口·资源与环境，2017 (12)：34-42.

[13] 刘伯雅.我国发展绿色消费存在的问题及对策分析：基于绿色消费模型的视角 [J].当代经济科学，2009 (1)：121-125，134.

[14] 彭妍妍，蔺昊欣.我国绿色消费政策概况 [J].标准科学，2016 (S1)：113-118.

[15] 秦书生，逄永娟，王宽.绿色消费与生态文明建设 [J].学术交流，2013 (5)：138-141.

[16] 王敬，张忠潮.生态文明视角下的适度消费观 [J].消费经济，2011，27 (2)：62-65.

[17] 徐盛国，楚春礼，鞠美庭，等."绿色消费"研究综述 [J].生态经济，2014，30 (7)：65-69.

[18] 闫缨.云南生态文明建设中绿色消费的必要性探讨 [J].学术探索，2012 (5)：57-59.

[19] 袁芳英.论绿色消费目标下的消费方式变革 [D].湘潭：湘潭大学，2006.

[20] 展刘洋，鞠美庭，刘英华.欧盟可持续消费政策及启示 [J].环境保护，2013 (9)：81-82.

[21] 展刘洋，鞠美庭，杨娟.我国政府绿色采购政策的完善建议 [J].生态经济，2013 (6)：95-98.

[22] 易必武.绿色消费问题及其绿色营销促进 [J].吉首大学学报（自然科学版），2003，24 (4)：64-68.

[23] 潘家耕.论绿色消费与可持续发展 [J].安徽电力职工大学学报，2003，8 (4)：113-116.

[24] 汪玲萍，刘庆新.绿色消费、可持续消费、生态消费及低碳消费评析 [J].东华理工大学学报（社会科学版），2012 (3)：19-22.

[25] 汪秀英.绿色消费与生态消费的规则界定与分析 [J].现代经济探讨，2005 (8)：6-10.

[26] 李慧明，刘倩."深绿色消费"：基于循环经济的绿色消费 [J].生态经济，2008 (1)：79-81，105.

[27] 唐锡阳.环球绿色行 [M].桂林：漓江出版社，1993.

[28] 文可，关茹萍.循环经济发展需要绿色消费 [J].理论与现代化，2008 (2)：23-26.